즐거움이 가득한 배색 무늬 손뜨개 양말

샬럿 스톤 지음

이순선 옮김

지금
이책

JOYFUL COLORWORK SOCKS:
25 New Knitting Patterns for Fun & Whimsical Footwear Featuring Pets, Games, Food, Hobbies & More
Copyright © 2024 by Charlotte Stone
Published by arrangement with Page Street Publishinc Co.
All rights reserved.
Korean translation copyright ©2025 by JIGEUM:CHAEK
Korean translation rights arranged with Page Street Publishing Co. through EYA Co.,Ltd

즐거움이 가득한 배색 무늬 손뜨개 양말

초판 1쇄 인쇄 2026년 1월 5일
초판 1쇄 발행 2026년 1월 10일

지은이   샬럿 스톤
옮긴이   이순선

펴낸이   최정이
펴낸곳   지금이책
등록   제2015-000174호
주소   경기도 고양시 일산서구 킨텍스로 410
전화   070-8229-3755
팩스   0303-3130-3753
이메일   now_book@naver.com
블로그   blog.naver.com/now_book
인스타그램   nowbooks_pub

ISBN   979-11-88554-92-8 (13590)

남편 알렉스에게
정작 그를 위한 양말을 떠줄 시간은 없는…

차례

책 소개

여러분을 위한 또 다른 멋진 배색 무늬 양말 도안 컬렉션으로 돌아오게 되어 기쁩니다. 여러분이 뜨는 것도 신는 것도 좋아하실 만한 새롭고 독특한 양말이 25가지나 있습니다. 제 도안이 처음인 분들도 환영합니다! 이 책을 찾아주셔서 매우 기쁘고, 재미있는 양말에 대한 저의 열정과 집착을 여러분과 공유하게 되어 신납니다. 분명 이 책에서 소개하는 양말 디자인이 마음에 드실 거예요. 양말 뜨기 기법을 배우고 나면 더 이상 따분한 양말에 만족하지 않아도 된답니다.

저는 거의 10년 동안 매일 양말을 뜨고 있으며, 2017년부터는 가로배색 무늬 뜨개 기법을 디자인하고 가르치고 있습니다. 제가 알게 된 모든 지식을 많은 사람들과 공유하는 것, 뜨는 재미가 있고 발 사이즈에 상관없이 모든 사람이 신을 수 있게 디자인하는 것을 좋아합니다!

저는 누구나 자신만의 컬러풀한 양말을 뜨고 즐길 수 있다고 믿어요. 과감하고 특이한 무늬와 색상의 양말을 신어도 너무 튀지 않으면서 개성을 뽐낼 수 있다는 점이 좋아요(튀는 것이 잘못은 아니지만요!). 은행원이나 변호사도 별다른 논란 없이 엉뚱한 양말을 신을 수 있습니다!

뜨개를 하며 영감을 얻을 수 있는 다양한 양말 도안을 여러분에게 소개하게 되어 매우 기쁩니다. 나만의 양말 서랍을 멋지게 채우고 싶거나, 소중한 사람들을 위해 선물할 양말을 만들고 싶을 때 유용하게 활용할 수 있습니다.

이 책은 우리에게 즐거움을 가져다주는 것들에 초점을 맞췄습니다. 세상과 마주하고 긴 하루를 보낸 후 편안하고 안전한 공간으로 돌아와 뜨개바늘과 실을 준비해 여유로운 시간을 보내는 것보다 더 좋은 것은 없죠. 바늘이 움직이기 시작하면 걱정이 조금은 녹아내리는 것을 느낄 수 있을 거예요. 그게 바로 목표입니다!

이 책은 우리를 행복하게 해주는 것들에 대한 챕터로 이루어져 있습니다.

우선, 반려동물이 있는 사람이라면 동물 친구를 위해 뜨개를 하거나 양말을 신는 것을 거부할 수 있을까요? 이 챕터에서는 사랑스러운 털북숭이 친구부터 화려한 새와 재미있는 양서류까지 모든 종류의 반려동물을 포함하려고 노력했습니다. 알레르기가 있는 분들도 문제없이 뜨고 신을 수 있을 거예요!

다음은 정원 가꾸기 챕터입니다. 비록 정원은 없더라도, 자연을 사랑하는 사람, 발코니와 창턱에서 식물을 돌보는 사람을 위한 양말입니다! 채소나 과일나무를 기르든 꽃이나 작은 곤충을 좋아하든, 이 챕터에는 누구나 마음이 끌릴 만한 무언가가 있다고 생각해요.

저는 특별한 날을 맞아 양말을 뜨는 것을 좋아하는데요. (제 이전 책을 보고 뜬 많은 양말 사진으로 미루어보면 아마 여러분도 같은 마음이겠죠!) 축하하는 기분을 간직할 수 있거든요. 여기에는 밸런타인데이, 핼러윈, 크리스마스를 기념할 수 있는 양말이 준비되어 있습니다. 여러분에게 새로운 기념일 양말을 선보이게 되어 설레네요.

《사랑스러운 배색 무늬 손뜨개 양말》을 쓴 지 2년이 지나고 더 많은 양말을 디자인했는데, 그 과정에서 제가 배운 것들을 '배색뜨기 다시 보기'(8쪽)에서 여러분과 더 많이 공유할 수 있게 되어 기분이 좋습니다. 저는 배색 무늬 양말 뜨는 법에 대한 질문을 많이 받는데, 여기서 많은 질문에 답하고 팁을 공유할 수 있었습니다. 많은 양말을 성공적으로 뜨는 데 도움이 되길 바랍니다.

저 역시 두 번째 양말 증후군을 숱하게 겪어본 터라, 이 증후군을 피하는 방법을 동료 니터들과 공유할 때가 되었다고 생각했습니다. 우리가 기쁜 마음으로 새로운 양말을 뜨기 시작할 때, 파트너가 나타나기를 참을성 있게 기다리는 한 짝의 양말보다 더 슬픈 것은 없으니까요. 저도 그런 적이 있어요!

마지막으로 제가 디자인하는 과정을 조금 소개하고, 자신만의 양말을 위한 기본적인 배색 무늬 모티프를 만들어보고 싶은 분들에게 몇 가지 팁과 실용적인 지식을 알려드리고자 합니다. 저는 여러분이 자신과 사랑하는 사람들의 관심사에서 영감을 받아 만든 독특하고 재미있는 무늬를 보는 것을 좋아한답니다.

여기에서 다양한 디자인을 즐기고, 어떤 양말부터 뜰지 결정해보세요! 이제 바늘을 들고 양말 실을 뒤져서 몇 시간 동안 즐거운 양말 뜨기를 할 준비를 하세요. 여러분이 어떤 양말을 만들게 될지 벌써 기대됩니다!

행복한 양말 뜨기를 기원합니다!

니터들이 혼자만의 시간을 좋아하는 건 알지만, 하우스파티 챕터에서는 손님을 초대해 가족 및 친구들과 함께 즐거운 시간을 보내는 것을 기념합니다. 생일을 축하하러 모인 사람들을 위한 컵케이크 양말, 밝고 화려한 해피아워 양말, 또는 차를 마실 때 신을 수 있는 아늑한 양말은 어떨까요? 저는 원래 영국 출신이라서 차를 좋아하거든요! 여기서 좋아하는 간식이나 음료 한두 가지를 찾을 수 있을 거예요.

마지막으로 취미에 대한 우리의 사랑을 다룬 챕터도 만들고 싶었습니다. 물론 뜨개가 가장 큰 취미겠지만, 이 양말들은 우리의 다른 많은 관심사를 위한 것이며 신는 것만으로도 큰 즐거움을 선사합니다. 게임, 메이크업, 캠핑(또는 타로카드로 운세 보기!) 등 다양한 취미를 가진 분들을 위한 양말이 준비되어 있습니다. 발을 따뜻하게 유지하면서 여러분의 관심사를 마음껏 표현하세요.

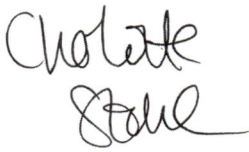

배색뜨기 다시 보기

제 첫 번째 책《사랑스러운 배색 무늬 손뜨개 양말》에서 배색 무늬 양말 뜨기에 대해 썼던 내용에 추가할 수 있는 것이 없을까 고민했습니다! 몇 년 더 뜨개를 하고, 더 많은 새로운 배색 무늬 양말 도안을 디자인하고, 전 세계의 열의와 호기심이 넘치는 이들에게 흥미로운 양말 뜨개를 가르치고 이 주제에 대한 많은 질문에 답한 후, 여러분과 공유하고 싶은 이야기가 더 많아졌거든요.

저는 니터로서 규칙에 얽매이지 않는 것을 정말 중요하게 생각해요. 저는 인생에서 규칙을 무작정 따르는 편은 아닌데, 뜨개를 할 때도 이런 면이 빛을 발하죠. 규칙은 우리를 안전하게 지켜주지만, 새롭고 흥미로운 것을 창조하는 데는 제한이 될 수 있습니다. 때로는 규칙을 한쪽에 치워두고 뜨개에 약간의 창의성과 혁신을 수용해야 합니다.《사랑스러운 배색 무늬 손뜨개 양말》에서 말씀드렸듯이, 그리고 여기서 다시 한번 강조하지만, 배색뜨기에 가장 좋은 방법은 없습니다. 가장 좋은 뜨개 방법은 여러분이 선호하고 편하다고 느끼는 뜨개 방법이라고 과감하게 말씀드리고 싶습니다. 그래야 더 자주 뜨고 싶을 테니까요! 그리고 다음 배색 무늬 양말 프로젝트를 위해 뜨개바늘을 집어 드는 것을 두려워하지 않을 테니까요.

가로배색뜨기를 할 때는 두 가닥(또는 그 이상)의 실이 필요하므로 이 두 실을 어떻게 잡고 뜰지 결정해야 합니다. 저는 영국인 할머니와 어머니에게 배운 잉글리시 스타일 니터입니다. 아메리칸 스타일이라고도 하죠. 저는 오른손으로 실을 잡고 무늬도안에서 필요한 대로 한 가닥씩 집었다 내려놓는 방식으로 뜨개를 합니다. 하지만 여러분은 왼손으로 실을 잡는 콘티넨털 스타일이어서 원한다면 왼손으로 실을 한 가닥씩 집었다가 내려놓을 수도 있겠죠. 또는 왼손 집게손가락으로 두 가닥을 단단히 잡고 뜨는 것을 선호할 수도 있습니다. 이 기법을 도와주는 뜨개 골무도 있는데, 손가락에 끼우면 실을 각각 분리해 잡아준답니다. 왼손의 다른 손가락으로 실을 잡도록 가닥을 배치하는 것도 가능합니다. 또는 손가락에 큰 반지(얀 가이드)를 껴서 한 손으로도 실을 분리해 뜨는 분들도 보았습니다!

이런 방법은 뜨개를 할 때 실이 엉키는 것을 방지하는 데 도움이 되지만, 어떤 방식으로 실을 잡든 실은 엉킬 수 있습니다. 실이 엉키면 뜨개를 잠시 멈추고 실을 풀면 됩니다. 실이 엉킨 상태에서 뜨개를 계속하면 점점 더 엉키고 불쾌해질 뿐입니다! 다시 말하지만, 뜨개의 즐거움은 항상 저에게 주된 목표이므로 가능한 한 실이 엉키는 것을 피하는 게 가장 좋습니다.

원한다면 왼손으로 한 색상 실을, 오른손으로 한 색상 실을 잡고 뜨는 법을 배울 수 있습니다. 그리고 세 번째 색이 필요한 경우 실 중 하나를 내려놓고 필요할 때 세 번째 색을 집어 올리면 됩니다. 저는 시간이 지나면서 양손으로 뜨는 법을 배웠지만, 꼭 이렇게 '해야 한다'고 생각해서 배색뜨기를 꺼리는 사람들이 많다는 것을 알고 있습니다. 양손으로 실을 잡는 것은 한 손으로 머리를 두드리면서 다른 손으로 배를 문지르는 동작과 비슷할 수 있어요!

물론 뜨개(그리고 인생!)의 모든 것이 그렇듯이, 연습을 많이 할수록 더 잘할 수 있습니다. 당장 모든 것이 완벽해질 거라고 기대하지 마세요. 실수해도 괜찮아요. 실수를 통해 가장 잘 배울 수 있으니까요! 유튜브는 자신에게 잘 맞는 배색뜨기를 배울 수 있는 훌륭한 도구입니다. 전 세계 어디서나 (인터넷만 있으면) 거의 모든 사람이 이용할 수 있지요. 온갖 언어로 제공되는 놀라운 뜨개 튜토리얼이 정말 많아요. 저는 미국의 뜨개 튜토리얼 제작자인 베리핑크 니트VeryPink Knits를 통해 많은 기법을 배웠는데, 이 유튜브 채널에서 모든 배색 무늬 뜨개 방법을 볼 수 있습니다(종종 슬로 모션으로도 볼 수 있어요). 양말 실을 사러 간 가까운 실 가게에서 뜨개 방법을 배울 수도 있고, 운이 좋다면 지역 뜨개 모임에서 자신이 선호하는 방법을 보고 익힐 수도 있습니다. 제가 배색 무늬 양말 뜨는 방법을 처음부터 끝까지 정확히 보고 싶으신 분들을 위해 도메스티카Domestika 사이트에 초보자를 위한 배색 무늬 양말 뜨기 튜토리얼 강좌도 열었습니다.

플로트

플로트float를 다시 언급하지 않고 이 책을 쓸 수는 없었어요. 가로배색뜨기로 배색 무늬 양말을 뜨는 초보자에게 플로트는 문제를 일으킬 수 있는 요소입니다. 외면하지 마세요! 플로트 문제를 방지하도록 도와드릴게요.

　우선 플로트란 대체 뭘까요? 색상이 사용되지 않을 때 편물의 안면에 걸쳐지는 실 가닥을 말합니다. 뜨개에는 규칙이 없다고 말씀드렸지만, 여기에는 예외가 있습니다! 플로트는 느슨하게 떠야 합니다! 배색뜨기를 하면 단색으로 뜰 때보다 더 탄탄한 편물을 만들 수 있습니다. 일반적으로 양말은 신축성이 떨어지게 됩니다. 저는 이 문제를 보완하기 위해 만드는 법을 설명하면서 배색뜨기를 할 때는 더 높은 호수의 바늘로 변경할 수 있도록 안내하고, 양말 도안에서 배색 무늬 부분의 콧수를 늘리기도 합니다. (저를 포함해서!) 많은 사람들이 배색 무늬 부분을 뜰 때는 메리야스뜨기나 고무뜨기보다 더 타이트한 게이지로 뜨기 마련이거든요. 배색뜨기로 만들어지는 편물의 특성상 일반 양말만큼 신축성이 좋지는 않지만, 양말은 발뒤꿈치를 덮을 수 있게 늘어나야 합니다. 또한 양말이 발목이나 종아리에 밀착되어 흘러내리지 않도록 마이너스 여유분이 있는 타이트한 디자인이어야 합니다.

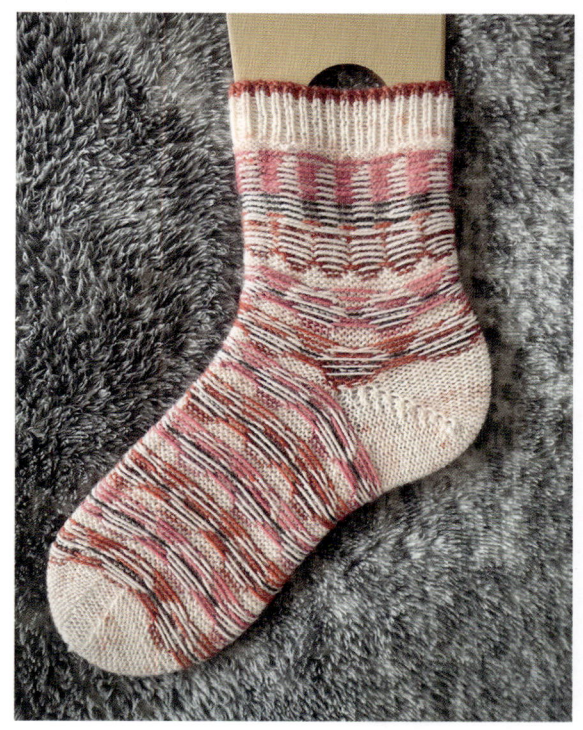

제가 강조하고 싶은 가장 중요한 권장사항은 **플로트를 너무 자주 안면에 끼우거나 꼬아서 고정하지 말라는 것입니다.** 저는 이제 한 가지 색상만 사용하는 배색 무늬 도안에서 9~10코 이상의 간격이 있지 않은 한 실을 꼬지 말라고 말할 정도입니다.

　(저의 뜨개 바이블인!)《보그 니팅Vogue Knitting》에서는 플로트의 길이가 약 2.5cm를 넘지 않아야 한다고 제안합니다. 손뜨개 양말의 작은 코와 게이지를 고려하면 말 그대로 9~10코 정도입니다. 위의 사진에 나온 '패션은 나의 열정'(145쪽) 양말 안쪽을 보면 플로트가 얼마나 길고 느슨하며 꼬지 않았는지 알 수 있습니다. 그런데도 양말이 얼마나 깔끔한지 보세요. 거의 뒤집어서 신을 수 있을 정도입니다! 여러분의 플로트도 연습하면 이렇게 깔끔해질 거예요.

배색 무늬 손모아장갑이나 스웨터의 소매를 뜨개질할 때는 손가락에 걸릴 가능성이 크기 때문에 플로트를 자주 꼬거나 고정하는 것이 중요합니다. 손을 내려다보고 손가락을 쭉 펴보세요. 각 손가락이 얼마나 멀리 떨어져 있는지 확인합니다. 이제 맨발을 내려다보고 발가락을 쭉 펴보세요. 손가락에 비해 발가락이 얼마나 적게 펴지는지 보이시나요? 양말을 신은 발가락은 장갑을 긴 손가락보다 플로트에 걸리는 일이 훨씬 적습니다. 상상할 수 있다시피 저는 수백 개의 배색 무늬 양말을 가지고 있지만, 솔직히 발가락에 플로트가 걸리거나 그 때문에 양말이 망가진 적은 없습니다.

예를 들어 '마음속의 그루브'(87쪽) 1단과 10단, '카드로 보는 운세'(169쪽)와 '세잎클로버'(81쪽)의 몇 단은 색이 바뀐 사이에 많은 코를 떠야 하므로 플로트를 고정해야 합니다. 뜨개 자체와 마찬가지로 플로트를 잡는 방법도 여러 가지가 있습니다. 개인적으로는 뜨개할 때 서로 다른 색의 실을 번갈아 집어 사용하는 것을 좋아하기 때문에 다른 색의 실들을 손으로 꼬아가며 뜹니다. 다시 말해두지만, 어떤 방법이 자신에게 가장 적합한지 유튜브에서 동영상 튜토리얼을 찾아보세요. 또한 플로트를 꼰 후에는 실을 가능한 한 느슨하고 신축성 있게 남겨두는 것이 좋습니다. 양쪽 끝이 뾰족한 장갑바늘을 쓰거나 매직루프 방식으로 뜨는 경우 바늘이 서로 만나는 가장자리 근처에서 플로트를 꼬지 마세요. 23cm 줄바늘로 뜨는 경우는 바늘의 가장자리가 없기 때문에 이 문제가 완전히 해결됩니다! 또한 최근에 알게 된 것인데, 타이트한 배색 무늬 양말을 뜨기가 너무 힘들다면 안면과 겉면을 뒤집어서 뜨는 방법도 있습니다. 이렇게 뜨면 실이 이동해야 하는 거리가 늘어나기 때문에 걸쳐지는 실이 항상 느슨해집니다.

이런 방법이 모두 통하지 않는다면, 바늘 호수를 하나 더 높여서 코와 게이지를 더 크게 만들어보세요! 그리고 게이지가 권장되는 것과 같은지 확인하세요. 뜨고 있는 양말의 사이즈가 내 발 사이즈와도 일치하는지 확인하세요! 사이즈가 맞지 않는다면 언제든지 도안에 나온 더 큰 사이즈로 변경해도 됩니다.

어떤 사람들은 발밑에 배색 무늬 플로트가 있는 느낌을 싫어하기도 합니다. 이 부분에 민감하다면 발에는 배색 무늬를 뜨지 않고 양말목에만 뜨는 것으로 수정할 수 있습니다.

마찬가지로, 되돌아뜨기 뒤꿈치가 마음에 들지 않고 발에 잘 맞지 않는다면 원하는 뒤꿈치로 대체할 수 있습니다(도안에 명시된 사이즈와 동일한 콧수만 있으면 됩니다). 다만 발에 배색 무늬가 없는 도안에서 많이 사용하는 힐플랩, 가터뜨기 뒤꿈치는 거짓의 콧수가 줄어들기 때문에 전체 배색 무늬가 있는 도안에서는 사용할 수 없습니다. 이런 뒤꿈치는 배색 모티프와 잘 어울리지 않습니다.

저는 여러분이 양말 뜨기를 즐기고 신는 것도 즐기기를 진심으로 바랍니다! 그러니 제 도안을 자유롭게 수정해서 여러분에게 최대한의 즐거움을 주는 양말을 만들어보세요.

실과 바늘

이 책의 테스트 니팅 팀이 확인한 대로, 모든 도안은 장갑바늘을 쓰거나, 80cm짜리 긴 줄바늘을 이용해 매직루프 기법으로 뜰 수 있고, 23cm의 짧은 줄바늘로 뜰 수도 있습니다. 저는 처음에는 장갑바늘로 배색 무늬 양말을 뜨기 시작했지만, 바늘을 자주 잃어버리기도 했고 바늘 끝을 맞추기가 불편하다는 것을 알게 되었습니다. 그래서 긴 줄바늘을 사용한 매직루프 기법을 (유튜브에서) 배웠고, 덕분에 제 양말은 빠르게 완성되기 시작했습니다.

작년에 저는 23cm 줄바늘을 사용해 모든 배색 무늬 양말을 뜨려고 시도해봤습니다. 배색 무늬 플로트 문제를 없애는 데 도움이 된다고 추천하는 말을 많이 들었거든요. 하지만 이 작은 바늘로는 뒤꿈치를 뜨거나 발끝 코줄임 작업을 하기가 쉽지 않았습니다. 그래서 두 개의 장갑바늘로 코를 옮기거나 두 개의 줄바늘을 사용해야 했고, 결국 자연스럽게 제가 좋아하는 매직루프 기법으로 돌아오게 되었습니다.

배색 무늬 양말을 뜨는 방법은 여러분이 선호하는 대로 하세요. 배색 무늬 양말 뜨기에 처음 도전하신다면, 각각의 방법을 다 시도해보세요. 어떤 방법이 여러분의 뜨개질 방식에 적합하고 손에 잘 맞는지 확인해보세요! 우리는 모두 다릅니다. 모든 방법과 모든 스타일로 동일한 배색 무늬 양말 뜨기를 성공적으로 완수할 수 있습니다.

바늘의 경우, 저는 주로 금속바늘을 사용합니다. 매직루프 기법에서 실을 빠르게 이동시킬 수 있기 때문입니다. 나무바늘은 제 속도를 늦추는 느낌이 들더라고요. 양말 뜨개질은 경주가 아니지만, 한 쌍의 양말을 뜨다 보면 수많은 작은 코들을 떠야 해서 너무 느리게 뜨고 싶지는 않거든요. 또한 나무바늘은 매끄럽게 떠지는 느낌도 덜해요. 하지만 이건 개인적인 취향일 뿐입니다.

실 선택, 실 대체 및 색상 조합에 대해

이 책의 도안에서는 제가 사용한 양말 실을 항상 알려드릴 것입니다(전체 목록은 182쪽에서 확인할 수 있습니다). 그러나 저는 이 책에 있는 실들을 여러분이 가지고 있는 양말 실이나 쉽게 구할 수 있는 동일한 굵기의 실로 대체하는 것을 적극 권장합니다. 배색 무늬 양말의 매력 중 하나는 바로 이전 프로젝트에서 남은 자투리 양말 실을 모두 활용할 수 있다는 점입니다. 100g 타래 실의 경우, 보통 여섯 켤레 이상의 양말에 적은 양을 나눠 사용하는데, 그 실을 남김없이 쓰면 정말 뿌듯합니다. 값비싼 손염색 실이라도 여러 켤레의 양말을 만들 수 있다고 생각하면 꽤 저렴하게 느껴질 것입니다.

실 브랜드와 종류에 상관없이 함께 사용해보세요. 저는 상업적인 대형 브랜드의 양말 실을 사용하는 것도 추천합니다. 이런 실은 종종 훨씬 저렴하고 구하기 쉽습니다. 양말 뜨개질 세계에서 인디 손염색 양말 실은 페라리의 슈퍼카와 같습니다. 색상 선택이 더 다양하고, 대량 생산에서는 재현하기 힘든 작은 얼룩이나 반점을 넣는 등의 염색 기법을 사용하며, 때로는 상업용 실에서는 찾아볼 수 없는 색상 옵션도 있습니다. 게다가 그런 실을 사면 작은 예술적 사업체를 지원하는 셈이기도 합니다. 손염색 실은 비쌀 수 있고 모든 사람의 예산에 맞지 않을 수 있지만, 저는 양말을 뜨기 시작하고서는 종종 제 생일이나 크리스마스 선물로 한두 타래를 부탁하곤 해요.

양말 한 켤레를 만들 때 실 굵기와 게이지만 맞추면, 꼭 같은 브랜드의 실을 사용하지 않아도 됩니다. 여기 있는 많은 뜨개 도안을 보면 알 수 있듯, 저는 상업용 실과 인디 손염색 실을 섞어 아름다운 양말을 만들어내는 걸 즐긴답니다!

만약 화가가 물감을 쓰는 것처럼 실을 사용한다면, 색상 선택은 끝이 없습니다. 저는 이제 실을 색상별로 정리하는 것이 가장 좋고, 저에게 영감을 주는 방법이라고 생각합니다. 디자인을 하거나 뜨려는 도안어 어울리는 색상을 고를 때, 원하는 정확한 빨간색을 찾을 때 정말 도움이 됩니다.

양말에 적합한 섬유에는 다양한 종류가 있습니다. 양모, 알파카, 야크, 모헤어, 대나무, 쐐기풀, 면, 아크릴 등이 있지요. 저는 배색 무늬 양말에는 양모가 가장 좋다고 생각합니다. 양모는 배색 무늬를 뜰 때 코가 잘 유지되고, 실이 매우 탄력이 있어 양말에 적합합니다. 양모는 추운 날씨에 발을 따뜻하게 해주고, 습기를 흡수하며 항균 성질도 있습니다. 그러나 일부 사람들은 양모에 알레르기가 있을 수 있고, 너무 더운 나라에서는 양모 양말을 신기 어려울 수 있다는 점을 알아두세요.

저는 슈퍼워시 양모를 즐겨 사용합니다. 세 명의 십대 자녀가 있다 보니 양말을 세탁기에 넣고 울 세탁 코스로 돌려도 줄어들지 않는 것이 좋습니다. 논슈퍼워시 양모를 사용한 적도 있지만, 줄어들지 않도록 손세탁을 해야 했습니다.

양말 실에는 종종 나일론이나 폴리아미드와 같은 소량의 합성섬유가 포함되어 있습니다. 이는 양말을 더 오래 신을 수 있게 도와줍니다. 양말은 신발이나 바닥과 마찰되기 마련인데, 제 경험상 합성섬유가 포함된 실을 선택하면 구멍이 빨리 나지 않더라고요. 이 섬유는 매우 탄력이 있어서 양말이 잘 맞도록 도와주는 중요한 역할도 합니다.

저의 주요 팁은 여러분이 선호하는, 예산에 닿는, 그리고 쉽게 구할 수 있는 양말 실을 선택하라는 것입니다. 양말 뜨개질은 즐거움을 위한 것이며, 선호도나 가격대와 관계없이 모두가 즐길 수 있어야 합니다! 또한 양말 뜨기는 실용적이고 유용한 아이템을 만드는 것이기도 합니다. 양말은 용도가 발에 밟히는 것인 만큼 너무 귀한 것은 의미가 없습니다! 이 실용성 덕분에 양말 뜨기가 더욱더 즐거워지지요.

색상 선택

양말에는 원하는 색상을 자유롭게 사용할 수 있습니다. 평소에 절대 입지 않을 색상도 써보세요. 저는 자주 네온색 양말을 뜨지만, 아마 네온색 상의를 입지는 않을 거예요. 저는 여러분이 양말의 색상을 택할 때 규칙을 깨는 것을 추천합니다.

배색 무늬가 잘 보일 수 있도록 충분히 대비되는 색을 선택하세요. 위에는 제가 함께 사용하려고 했던 세 가지 색상을 담은 두 가지 사진이 있습니다. 하나는 원본이고, 하나는 흑백으로 수정한 사진입니다. 색상이 충분히 대조되는지 확인하려면, 사진을 찍은 후 설정에서 흑백으로 변환해서 확인해보세요. 이렇게 했을 때 실이 정확히 같은 회색 톤이라면, 대비가 충분하지 않은 것입니다.

또한 실 색상이 잘 어울리는지 확인하려면 작은 샘플을 만들어보세요. 예를 들어 '아삭한 당근'(73쪽)을 처음 디자인했을 때, 스와치를 떠보니 당근의 주황색과 땅의 갈색의 대비가 충분하지 않다는 것을 알게 되었어요. 그래서 실을 다시 찾아서 더욱 선명하고 눈에 띄는 주황색을 골라야 했습니다. 색상이 제대로 대비되지 않으면, 편물에서 바늘을 빼고 처음부터 다시 뜰 준비가 되어 있어야 합니다.

다른 팁 하나 더, 새로운 색상을 양말에 추가할 때 중요한 점은 자연광 아래에서 뜨개질을 하는 것입니다. 저녁의 인공조명 아래에서는 색상이 조화를 이루는지 판단하기 어려울 수 있습니다. 저는 종종 저녁에 새로운 디자인을 시작했다가 낮에 자연광 아래에서 색상이 완전히 다르게 보이는 것을 보고 실망해서 풀어낸 경험이 많습니다.

개인적으로는 색상 조합을 모은 사진을 저장해두었다가 자주 참고합니다. 온라인에서 이미지를 찾아보기도 하고, 외출 중에 의류, 인테리어, 도자기, 꽃, 자연, 떨어진 나뭇잎, 사람들의 옷차림 등 저를 자극하는 모든 것을 사진으로 찍는 걸 좋아합니다! 영감을 받으세요. 여러분을 설레게 하는 색상을 찾아 눈여겨보세요. 사진을 찍거나 핸드폰에 메모를 남겨두세요. 그 색상 조합을 양말에 적용해보세요!

마지막으로, 이 책의 도안으로 뜬 다양한 버전의 양말을 보고 다른 니터들의 색상 선택과 도안 수정에 영감을 얻고 싶다면, 소셜미디어 사이트나 래블리Ravelry에서 다른 사람들의 색상 조합과 실 선택을 살펴보세요! 저는 다양한 색상 조합으로 같은 도안을 여러 번 떠서 저 자신과 친구, 가족을 위해 양말을 만드는 것을 참을 수 없었습니다.

'두 번째 양말 증후군'을 극복하는 팁과 트릭

양말을 뜨는 사람들은 첫 번째 양말을 완성하고는 신나서 다른 프로젝트로 넘어가 두 번째 양말을 잊어버리거나 미루는 일이 종종 있습니다. 그 결과 두 번째 양말은 아주 오랫동안 뜨지 않거나 아예 뜨지 않게 되곤 합니다! 이건 누구에게나 쉽게 일어날 수 있는 일이고, 저에게는 이런 일이 절대로 없었다고 말한다면 거짓말일 것입니다.

종종 새로운 프로젝트, 새로운 디자인, 새로운 실은 이미 뜬 양말을 반복해서 뜨는 것보다 훨씬 더 흥미롭고, 시도하고 싶어집니다. 첫 번째 양말을 다 뜨고 나면, 이미 그 양말이 어떤 과정으로 만들어지는지, 우리가 선택한 실이 어떤 모습이 될지 다 알게 되죠. 아마도 새로운 것을 시작하는 설렘이 사라지고 첫 번째 양말을 뜰 때만큼 재미있지 않게 느껴질 수 있습니다. 이런 상황을 보통 '두 번째 양말 증후군'이라고 합니다. 두 번째 양말은 첫 번째 양말보다 훨씬 더디게 떠지는 것처럼 느껴지기도 합니다! 이 느낌은 스웨터를 뜨는 사람들도 두 번째 소매를 뜨면서 종종 경험할 수 있습니다!

하지만 정말 중요한 것은 새로운 양말을 신고 자랑하는 거예요. 단언하건대 손뜨개 양말은 세상에서 가장 좋은 양말이며, 모든 사람이 그 양말을 보고 감탄하고, 직접 만들다니 솜씨가 굉장하다고 생각할 것입니다. 물론 마음에 드는 도안을 즐겁게 뜰 수 있는 실로 뜨고 있다면 더욱 동기부여가 됩니다. 이건 두 번째 양말을 계속 뜨게 하는 큰 동기가 될 수 있어요.

저는 누군가를 위해 양말을 뜨는 경우, 종종 스스로 마감기한을 정합니다. 기념일, 이벤트, 생일을 의해 도안을 고를 때도 마찬가지입니다. 마감기한은 종종 계속 뜨게 하는 동기를 부여할 수 있습니다. 예를 들어, 저는 매년 크리스마스 양말을 뜨는 걸 좋아하는데, 크리스마스 이브에 그 양말을 신고 싶은 거지, 1월에 신고 싶지는 않아요! 하지만 만약 이런 일이 발생한다면, 절망하지 마세요. 다음 크리스마스에 신으면 되니까요.

제가 할 수 있는 최선의 제안은, 첫 번째 양말의 코를 메리야스잇기로 마무리한 후 바로 두 번째 양말을 시작하는 것입니다. 두 번째 양말을 시작하기 위해 첫 번째 양말에서 막 해방된 바늘로 고무뜨기를 몇 단 뜨세요. 자리에서 일어나거나 다른 일을 하지 마세요! 바늘을 잡고 두 번째 양말의 코를 만드세요.. 일단 두 번째 양말을 시작하면 프로젝트가 끝났다고 느끼는 것을 방지할 수 있습니다. 바늘은 이미 두 번째 양말을 위해 사용 중이고, 실도 준비된 상태입니다. 이미 코를 만들고 조금 뜬 양말은 무시하기가 더 어려워요. 하지만 저처럼 새로운 양말을 시작하려고 바늘을 더 사지 않게 조심하세요.

또한 뜨고 있는 양말을 항상 보이는 곳에 두는 것도 추천합니다. 만약 구석으로 치워버리면 눈에서 멀어지고 마음에서도 멀어지게 됩니다. 항상 손이 닿을 수 있고 눈에 잘 띄는 곳에 두세요. 외출할 때 가방에 넣어 다니면서 버스나 약속을 기다리며 여기저기서 몇 단씩 뜨는 것도 좋습니다. 초보자라면 배색 무늬 부분이나 뒤꿈치는 피해야겠지만, 나머지 부분은 언제든 작업하기 좋습니다. 이렇게 하면 기다리는 동안 지루할 일이 없답니다. 짧은 순간에도 얼마나 많이 뜰 수 있는지 놀라울 거예요.

두 번째 양말을 동시에 뜨는 것도 가능합니다. 저는 아직 이 방법을 받아들이지 못했지만, 어떤 니터가 실을 둘로 나누어 하나의 바늘 세트로 한쪽 발목단을 뜨고, 다른 바늘 세트로 또 다른 쪽 발목단을 뜨는 식으로 두 양말을 동시에 뜨는 것을 본 적이 있습니다.

또 하나 제가 개인적으로 자주 사용하는 팁은, 여러 개의 양말 프로젝트를 동시에 진행하는 것입니다. 하나의 디자인으로 첫 번째 양말을 완성하면, 보상으로 새로운 양말 디자인을 시작하는 방식이에요. 그 양말 한 쪽을 다 뜬 후, 다시 처음 디자인의 두 번째 양말을 뜨는 거죠. 첫 번째 양말을 뜬 경험을 조금 잊어버리고 나면, 두 번째 양말을 뜨는 게 덜 지루해집니다!

마지막 팁은 첫 번째 양말을 완성하면 소셜미디어에 올리는 거예요. 다른 니터들이 두 번째 양말에 대해 물을 테고, 그들의 기대에 대한 압박감이 여러분이 두 번째 양말을 완성하는 데 도움이 될 수 있습니다.

그럼에도 두 번째 양말을 뜨는 것이 정말 힘들다면, 색상을 반대로 바꿔서 같은 디자인을 뜨는 방법도 있습니다. 이상한 양말을 신는 것도 재미있을 수 있어요! '마음속의 그루브'(87쪽) 도안이 이걸 시도해보기에 좋습니다. 두 번째 양말은 첫 번째 양말의 바탕실과 배색실을 반대로 뜨면 양말 두 짝이 어울리면서도 똑같지는 않게 되고, 새로운 것을 뜨는 기쁨을 계속 느낄 수 있습니다.

나만의 배색 무늬
-양말을 위한 기본 배색 무늬 디자인

제 첫 번째 책에서 소개한 25개의 도안과 이 책에서 새로 소개한 25개의 도안이 여러분에게 영감을 주었기를 바랍니다. 이제 여러분은 자신에게 중요한 양말을 위한 모티프를 디자인해보고 싶을 수 있습니다. 자신이나 사랑하는 사람에게 특별한 무언가를 넣은 모티프를 말이죠.

창의력을 발휘할 시간입니다! 손뜨개 양말을 디자인하거나 뜨기 전에 저는 종종 연필로 전체 디자인을 스케치합니다. 이렇게 하면 모티프가 양말에 잘 맞을지 확인할 수 있고, 배색 무늬를 이루는 색상 대비가 충분한지, 색들이 잘 어울리는지를 시각적으로 확인하고 선택하는 데 도움이 됩니다. 그림 그리기에 재능이 없어도, 종이 한 구석에 대충 윤곽만 그려도 괜찮습니다. 중요한 것은 모티프가 어떻게 보일지, 색상 배치가 어떻게 될지 대략적인 아이디어를 얻는 것입니다. 제 조언을 기억하세요: 실

은 어떤 브랜드든 핑거링 굵기 양말 실이라면 사용할 수 있습니다![실 굵기를 표기할 때 가닥 즉 합수ply 혹은 1인치 안에 돌려 감은 횟수 wpi(wrap per inch)를 기준으로 삼는다. 핑거링은 4ply-14wpi에 해당하는 가는 실이다.—옮긴이]

디자인을 할 때, 자신이 정말 좋아하는 독특한 것을 시도해보라고 조언합니다. 자신이 진정으로 열정을 느끼는 것을 디자인할 때 그것이 정말 빛을 발합니다. 또한 모티프를 직접 고안해보기를 강력히 추천합니다. 뜨개질에서 항상 새로운 것을 창조하는 게 어려운 일임을 압니다. 때때로 모든 것이 이미 어디서 본 것 같다고 느낄 수 있습니다. 하지만 저는 다른 사람의 무늬도안을 복사하거나 온라인에서 무료로 제공되는 도안을 그대로 따라 하는 것은 피하려고 해요. 독창성을 발휘해보세요, 자신만의 것을 만들어보세요! 새로운 것을 창조했을 때의 만족감과 자부심을 이길 수는 없습니다.

양말목 부분에 반복할 수 있는 모티프를 만들어보세요. 사이즈를 단순하게 하기 위해, 가로 12코 단위 모티프를 만들어 양말 전체에 반복하는 것을 추천합니다. '아삭한 당근'(73쪽)과 '모닥불의 밤'(93쪽) 도안에서 사용한 12코 무늬에서 볼 수 있듯이, 이는 세 가지 사이즈의 양말에 적합합니다. 제가 이 도안들에서 사용한 콧수와 단수를 그대로 써도 되지만, 책에 실린 무늬도안 대신 직접 만든 무늬도안으로 떠보세요.

다음 쪽에는 12코 34단으로 이루어진 빈 무늬 도안이 있습니다(양말목 부분에 들어갈 배색 무늬 크기로 적합합니다). 이 빈 도안에 자신의 양말 디자인을 위한 모티프를 만들어보세요. 또한 제가 디자인할 때 쓰는 그리드 프로그램인 스티치 피들Stitch Fiddle을 사용할 수도 있습니다. 이 프로그램은 온라인(www.stitchfiddle.com)에서 무료로 사용할 수 있으며, 최대 10개의 무늬도안을 만들 수 있습니다. 이 프로그램을 사용해보기를 강력히 추천하지만, 이 책에서 제공되는 만드는 법과 도안은 저작권이 있으

므로 판매용으로 이용해서는 안 됩니다.

디자인이 정확하게 보이도록 무늬도안을 이리저리 조정하는 데는 시간이 걸릴 수 있습니다. 한 코 한 코가 무늬를 인식할 수 있도록 만드는 데 중요한 역할을 합니다. 마치 픽셀로 그림을 그리는 것과 같아요!

우선, 색상들의 간격은 9코를 넘지 않는 것이 좋습니다. 그럴 경우 정말 긴 플로트가 생길 수 있거든요. 물론 이러한 작업에 익숙하다면 그렇게 해도 좋습니다. 저는 종종 플로트를 끊기 위해 작은 점이나 간단한 십자 모티프를 추가합니다. 이렇게 하면 그리려는 무늬를 방해하지 않으면서 플로트를 끊을 수 있습니다.

한 단에 세 가지 색상 이상을 사용하는 것은 추천하지 않습니다. 그 이유는 많은 색상이 양말의 신축성을 감소시켜 뒤꿈치를 다 덮을 만큼 늘어나지 않을 수 있기 때문입니다. 하지만 세부적인 요소를 더 넣고 싶다면 언제든지 덧수duplicate stitch(185쪽)를 사용해서 디테일을 추가할 수 있습니다. 저도 자주 그렇게 합니다!

이 책에 실린 모든 무늬도안에서 보시다시피, 양말은 모두 발목부터 뜨기 시작해 발끝에서 끝납니다. 그래서 이 책의 모든 무늬도안은 거꾸로 그려지고 떠집니다. 하지만 디자인 단계에서부터 거꾸로 하는 것은 추천하지 않습니다. 원하는 디자인을 먼저 만들고, 뜰 준비가 되었을 때 디자인을 뒤집으면 됩니다.

디자인이 무늬도안에서는 멋져 보이지만 실제로 양말로 뜨면 의도한 대로 나오지 않을 수 있다는 점을 유의하세요. 무늬도안을 제대로 보지 못했을 수도 있고, 색상들이 어울리지 않을 수도 있습니다. 이런 일이 생기면 실망하지 말고 무늬도안을 다시 살펴보며 무엇을 바꿀 수 있을지 고민하고, 필요하다면 처음부터 다시 시작해보세요!

저도 무늬도안이 생각과 다르게 떠진 적이 여러 번 있었습니다. 의도한 대로 보이지 않거나, 긴 플로트로 뜨기에는 적합하지 않은 적도 있었습니다. 종종 아이디어를 버리거나 몇 달 동안 그 아이디어를 보류하기도 했습니다. 뜨개질 자체도 그렇지만, 실수는 다음에 더 잘할 수 있는 방법을 배우는 완벽한 기회입니다. 처음 시도할 때 잘 안 될까 봐 두려워하지 마세요.

이 섹션이 여러분이 스스로 무엇인가를 시도해볼 수 있도록 격려가 되었기를 바랍니다! 만약 그렇지 않다면, 제가 여러분이 활용할 수 있는 새로운 아이디어를 계속 만들어갈게요. 제 디자인을 다른 니터들이 자신만의 방식으로 만들어내는 모습을 보는 것만큼 만족스럽고 즐거운 일은 없답니다. 결코 질리지 않는 즐거움이죠. 제가 가장 사랑하는 일을 지원해주셔서 정말 감사합니다.

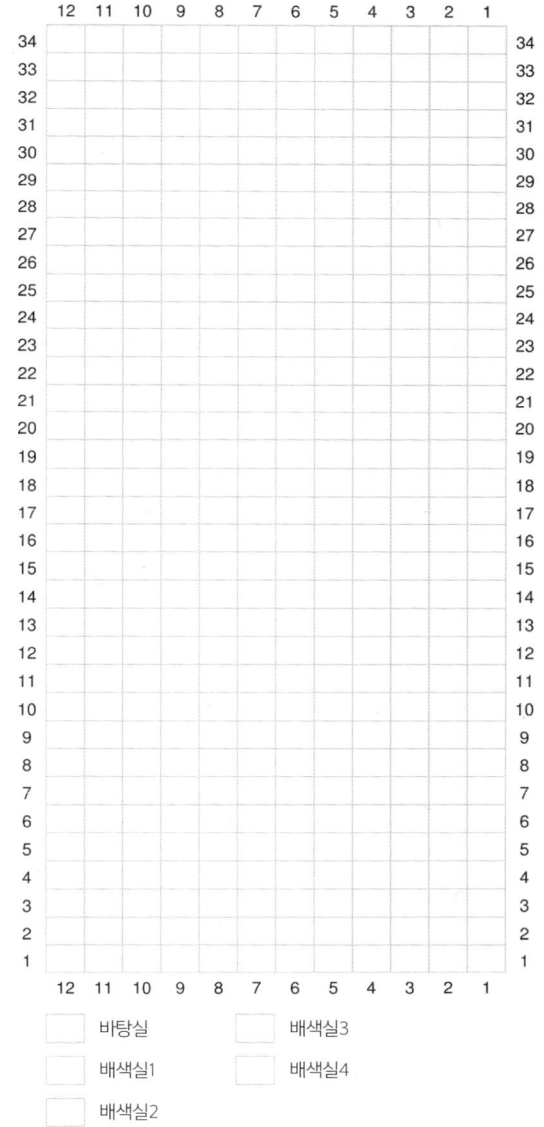

바탕실　　　배색실3
배색실1　　　배색실4
배색실2

반려동물과 함께하면
삶이 더 행복해져요
Life Is Better with Pets

정말 그렇습니다! 저를 잘 아는 사람이라면 알 테지만, 스톤 니츠Stone Knits의 숨은 진정한 브레인은 제 고양이 아이비랍니다. 우리 가족은 몇 년 전 지역 동물보호소에서 그녀를 입양했습니다. 보호소에서는 아이비가 사람 손을 타지 않아 입양이 불가능하다고 판단했었고, 우리는 곧 그녀가 꽤 까다로운 디바라는 것을 알게 되었습니다. 실과 바늘을 발견한 이후, 그녀는 대부분의 깨어 있는 시간을 (많지 않지만!) 양말 도안 디자인과 지휘에 바쳤습니다. 이 챕터 전체는 아이비가 감독했으며, 그녀가 좋아하는 동물 친구들이 많이 등장합니다. 아이비는 사람들이 왜 개가 그려진 양말을 원하는지 혼란스러워하지만, 개 애호가들이 그 철없는 생물들에 헌정된 양말을 받을 자격이 있다는 것은 이해하고 있습니다. 여러분은 화려하고 알록달록한 새(43쪽), 또는 재미있는 개구리(33쪽), 또는 활기찬 물고기(37쪽) 양말을 선택할 수 있습니다. 물론 아이비는 우리가 고양이(27쪽) 양말 역시 만들어야 한다고 주장했습니다. 이 양말은 아이비의 친구들(그리고 적들)로부터 영감을 얻었으며, 그녀는 이 양말이 완벽하다고 주장합니다! 저는 여러분이 이 양말들을 만들면서 사랑스러운 반려동물을 기념하거나, 재미있는 동물 테마 양말을 신으면서 유쾌한 기분을 느끼길 바랍니다.

누가 개들을 내보냈지?
Who Let the Dogs Out?

우리가 개를 기를 자격이 있을까요? 이 글을 쓰는 동안 제 고양이가 제 무릎에 앉아 절대적인 혐오감을 드러내며 저를 쳐다보고 있습니다(사실 이 양말을 뜨는 내내 그랬답니다!). 개는 정말 훌륭한 반려동물입니다! 충성스럽고 사랑이 넘치지요. 개들은 삶을 최대로 즐기고 열정적으로 살아가기를 좋아합니다. 기쁨을 발산하는 것처럼 보이고 매우 똑똑하기도 해요. 많은 개들이 전 세계에서 사람들을 돕고 일을 하기도 합니다. '누가 개들을 내보냈지?'는 인간의 가장 친한 친구인 개에게 바치는 양말 디자인입니다. 어떤 견종을 기념할지 고르기가 어려웠지만, 가능한 한 많은 견종을 한 쌍의 양말에 담으려고 했습니다! 이 디자인에 여러분이 가장 좋아하는 견종이 있다면, 그것만 골라서 양말을 만들어도 좋습니다. 아니면 모든 개를 다 넣고, 모두 밖으로 내보내세요!

양말 구조
이 양말은 위에서 아래로 내려 뜨며, 배색 무늬도안이 양말목 위쪽에서 시작하여 발끝까지 이어집니다. 여덟 가지 견종 모티프와 발자국 세트가 포함되어 있습니다. 여러 가지 자투리 실을 사용해서 다양한 개들을 뜹니다. 양말은 꼬아고무뜨기 발목단에서 시작하고, 되돌아뜨기 뒤꿈치가 특징입니다. 마지막으로 발끝에서 코를 줄인 다음 메리야스잇기로 마무리합니다.

사이즈
1 (2, 3)
발 둘레: 19~21 (22.5~24.5, 26~28)cm
완성치수: 17.5 (21, 25)cm
권장 여유분: 마이너스 2.5cm. 발 둘레는 발의 가장 넓은 부분을 잰다. 바늘 호수를 높이거나 낮춰서 더 크거나 더 작은 사이즈를 뜰 수 있다.
양말목/발 길이는 쉽게 조정할 수 있다. 자세한 내용은 만드는 법을 참고할 것.

사진 속 작품은 사이즈2(US 8.5/EU 39/UK 6), 발 둘레 22.5cm로 떴다.

재료

실
핑거링 굵기, 필콜라나의 아르웨타 클래식(슈퍼워시 메리노 울 80%, 나일론 20%), 1타래 210m 50g

사진 속 작품에서는 다음 색상을 사용
바탕실: 주시 그린Juicy Green 279 1 (2, 2)타래
배색실: 실바구니에 남아 있는 다양한 양말 실 자투리.
강아지 세트당 약 3g.
같은 게이지 치수를 얻을 수 있다면 핑거링 굵기의 실은 무엇이든 사용할 수 있다.

바늘
고무뜨기와 메리야스뜨기에 사용: 2.25mm
80cm 길이 줄바늘(매직루프)/23cm 길이 줄바늘 1개 또는 2개/장갑바늘 중 선호하는 바늘 사용
배색뜨기에 사용: 2.5mm
80cm 길이 줄바늘(매직루프)/23cm 길이 줄바늘 1개 또는 2개/장갑바늘 중 선호하는 바늘 사용
주의: 잘 맞는 양말을 뜨기 위해 게이지를 체크할 것.

부자재
표시링, 가위, 돗바늘

게이지
36코×44단=10cm×10cm 고무뜨기와 메리야스뜨기
34코×38단=10cm×10cm 배색뜨기

팁 & 스페셜 기법
배색뜨기 다시 보기(8쪽)
발끝 메리야스잇기(186쪽)
주요 기법(184쪽 참고)

만드는 법

발목단
바탕실과 2.25mm 바늘을 사용해서 56 (64, 72)코 만든다. 2개의 바늘에 동일하게 콧수를 나눈다. 장갑바늘을 사용할 경우, 3개(또는 4개)의 바늘에 콧수를 동일하게 나눠 옮긴다. 단 시작에 표시링을 건다. 코가 꼬이지 않도록 조심하며 원통으로 잇는다.
고무뜨기 단: *꼬아뜨기로 겉뜨기1, 안뜨기1*, *~*을 단 끝까지 반복한다.
바탕실을 사용해서 꼬아고무뜨기 단으로 총 11단 뜬다(약 2.5cm).

양말목
바탕실을 사용해서 겉뜨기로 1단 뜬다.
바탕실을 사용해서 코를 2.5mm 바늘로 옮기면서 다음과 같이 코늘림 단을 뜬다:
사이즈1: *겉뜨기14, M1L코늘림*, *~*을 단 끝까지 반복한다. 4코 늘어남. 총 60코.
사이즈2: *겉뜨기8, M1L코늘림*, *~*을 단 끝까지 반복한다. 8코 늘어남. 총 72코.
사이즈3: *겉뜨기6, M1L코늘림*, *~*을 단 끝까지 반복한다. 12코 늘어남. 총 84코.
도안이 지시하는 곳에서 배색실을 연결하면서, 배색뜨기 무늬도안 1~42단(25쪽)을 뜬다. 무늬도안은 각 단마다 5 (6, 7)회 반복한다.

되돌아뜨기 뒤꿈치
이제 바탕실을 사용해서 2.25mm 바늘1만 가지고, 선택한 사이즈에 맞는 뒤꿈치 지시사항을 따라 뜰 것이다.

사이즈1(바늘1에 30코 있음):
1단(겉면): 1코걸러뜨기, [겉뜨기12, 왼코줄임]을 2회 반복. 안면이 보이도록 편물을 뒤집는다(1코는 뜨지 않고 둔다). 2코 줄어듦. 이제 뒤꿈치에 총 28코 있다.
2단(안면): 1코걸러뜨기, 안뜨기25(끝의 1코는 뜨지 않고 둔다). 겉면이 보이도록 편물을 뒤집는다.
3단: 1코걸러뜨기, 겉뜨기24(끝의 2코는 뜨지 않고 둔다). 편물을 뒤집는다.
4단: 1코걸러뜨기, 안뜨기23(구멍 1코 전까지). 편물을 뒤집는다.
5단: 1코걸러뜨기, 겉뜨기22(구멍 1코 전까지). 편물을 뒤집는다.
6단: 1코걸러뜨기, 안뜨기21(구멍 1코 전까지). 편물을 뒤집는다.
7단: 1코걸러뜨기, 구멍 1코 전까지 겉뜨기. 편물을 뒤집는다.
8단: 1코걸러뜨기, 구멍 1코 전까지 안뜨기. 편물을 뒤집는다.
7~8단을 5회 더 반복한다.
19단: 1코걸러뜨기, 구멍 1코 전까지 겉뜨기. 편물을 뒤집는다.
20단: 1코걸러뜨기, 안뜨기7.
중심에 8개의 안뜨기 코가 있고 그 양옆에 뜨지 않은 코가 10코씩 있다. 편물을 뒤집는다.

이제 편물을 뒤집어서 생긴 구멍을 막으면서 뒤꿈치를 평면뜨기로 편물을 뒤집어가며 뜬다.
21단(겉면): 1코걸러뜨기, 겉뜨기6, (구멍 양쪽의 각 1코를 이용해서) 오른코줄임, M1L코늘림. 편물을 뒤집는다.
22단(안면): 1코걸러뜨기, 안뜨기7, 안뜨기로 2코모아뜨기, M1P코늘림. 편물을 뒤집는다.
23단: 1코걸러뜨기, 겉뜨기8, 오른코줄임, M1L코늘림. 편물을 뒤집는다.
24단: 1코걸러뜨기, 안뜨기9, 안뜨기로 2코모아뜨기, M1P코늘림. 편물을 뒤집는다.
계속해서 이미 만들어진 규칙대로 14단 더 뜬다.
39단(겉면): 1코걸러뜨기, 겉뜨기24, 오른코줄임, M1L코늘림. 편물을 뒤집는다.
40단(안면): 1코걸러뜨기, 안뜨기25, 안뜨기로 2코모아뜨기, M1P코늘림. 편물을 뒤집는다.

41단(겉면): 1코걸러뜨기, [겉뜨기13, M1L코늘림]을 2회 반복, 겉뜨기1. 2코 늘어남.
이제 바늘1에 30코 있다.
계속해서 발 섹션(24쪽)을 진행한다.

사이즈2(바늘1에 36코 있음):
1단(겉면): 1코걸러뜨기, [겉뜨기6, 왼코줄임]을 4회 반복, 겉뜨기2. 안면이 보이도록 편물을 뒤집는다(1코는 뜨지 않고 둔다). 4코 줄어듦. 이제 뒤꿈치에 총 32코 있다.
2단(안면): 1코걸러뜨기, 안뜨기29(끝의 1코는 뜨지 않고 둔다). 겉면이 보이도록 편물을 뒤집는다.
3단: 1코걸러뜨기, 겉뜨기28(끝의 2코는 뜨지 않고 둔다). 편물을 뒤집는다.
4단: 1코걸러뜨기, 안뜨기27(구멍 1코 전까지). 편물을 뒤집는다.
5단: 1코걸러뜨기, 겉뜨기26(구멍 1코 전까지). 편물을 뒤집는다.
6단: 1코걸러뜨기, 안뜨기25(구멍 1코 전까지). 편물을 뒤집는다.
7단: 1코걸러뜨기, 구멍 1코 전까지 겉뜨기. 편물을 뒤집는다.
8단: 1코걸러뜨기, 구멍 1코 전까지 안뜨기. 편물을 뒤집는다.
7~8단을 5회 더 반복한다.
19단: 1코걸러뜨기, 구멍 1코 전까지 겉뜨기. 편물을 뒤집는다.
20단: 1코걸러뜨기, 안뜨기11.
중심에 안뜨기 12코가 있고 그 양옆에 뜨지 않은 코가 10코씩 있다. 편물을 뒤집는다.

이제 편물을 뒤집어서 생긴 구멍을 막으면서 뒤꿈치를 평면뜨기로 편물을 뒤집어가며 뜬다.
21단(겉면): 1코걸러뜨기, 겉뜨기10, (구멍 양쪽의 각 1코를 이용해서) 오른코줄임, M1L코늘림. 편물을 뒤집는다.
22단(안면): 1코걸러뜨기, 안뜨기11, 안뜨기로 2코모아뜨기, M1P코늘림. 편물을 뒤집는다.
23단: 1코걸러뜨기, 겉뜨기12, 오른코줄임, M1L코늘림. 편물을 뒤집는다.
24단: 1코걸러뜨기, 안뜨기13, 안뜨기로 2코모아뜨기, M1P코늘림. 편물을 뒤집는다.
계속해서 이미 만들어진 규칙대로 14단 더 뜬다.

39단(겉면): 1코걸러뜨기, 겉뜨기28, 오른코줄임, M1L코늘림. 편물을 뒤집는다.
40단(안면): 1코걸러뜨기, 안뜨기29, 안뜨기로 2코모아뜨기, M1P코늘림. 편물을 뒤집는다.
41단(겉면): [겉뜨기8, M1L코늘림]을 4회 반복한다. 4코 늘어남.
이제 바늘1에 36코 있다.
계속해서 발 섹션(24쪽)을 진행한다.

사이즈3(바늘1에 42코 있음):
1단(겉면): 1코걸러뜨기, [겉뜨기5, 왼코줄임]을 5회 반복, 겉뜨기3, 왼코줄임. 안면이 보이도록 편물을 뒤집는다(1코는 뜨지 않고 둔다). 6코 줄어듦. 이제 뒤꿈치에 총 36코 있다.
2단(안면): 1코걸러뜨기, 안뜨기33(끝의 1코는 뜨지 않고 둔다). 겉면이 보이도록 편물을 뒤집는다.
3단: 1코걸러뜨기, 겉뜨기32(끝의 2코는 뜨지 않고 둔다). 편물을 뒤집는다.
4단: 1코걸러뜨기, 안뜨기31(구멍 1코 전까지). 편물을 뒤집는다.
5단: 1코걸러뜨기, 겉뜨기30(구멍 1코 전까지). 편물을 뒤집는다.
6단: 1코걸러뜨기, 안뜨기29(구멍 1코 전까지). 편물을 뒤집는다.
7단: 1코걸러뜨기, 구멍 1코 전까지 겉뜨기. 편물을 뒤집는다.
8단: 1코걸러뜨기, 구멍 1코 전까지 안뜨기. 편물을 뒤집는다.
7~8단을 6회 더 반복한다.
21단: 1코걸러뜨기, 구멍 1코 전까지 겉뜨기. 편물을 뒤집는다.
22단: 1코걸러뜨기, 안뜨기13.
중심에 안뜨기 14코가 있고 그 양옆에 뜨지 않은 코가 11코씩 있다. 편물을 뒤집는다.

이제 편물을 뒤집어서 생긴 구멍을 막으면서 뒤꿈치를 평면뜨기로 편물을 뒤집어가며 뜬다.
23단(겉면): 1코걸러뜨기, 겉뜨기12, (구멍 양쪽의 각 1코를 이용해서) 오른코줄임, M1L코늘림. 편물을 뒤집는다.
24단(안면): 1코걸러뜨기, 안뜨기13, 안뜨기로 2코모아뜨기, M1P코늘림. 편물을 뒤집는다.

25단: 1코걸러뜨기, 겉뜨기14, 오른코줄임, M1L코늘림. 편물을 뒤집는다.

26단: 1코걸러뜨기, 안뜨기15, 안뜨기로 2코모아-뜨기, M1P코늘림. 편물을 뒤집는다.

계속해서 이미 만들어진 규칙대로 16단 더 뜬다.

43단(겉면): 1코걸러뜨기, 겉뜨기32, 오른코줄임, M1L코늘림. 편물을 뒤집는다.

44단(안면): 1코걸러뜨기, 안뜨기33, 안뜨기로 2코모아뜨기, M1P코늘림. 편물을 뒤집는다.

45단(겉면): 1코걸러뜨기, [겉뜨기5, M1L코늘림]을 6회 반복, 겉뜨기5.

6코 늘어남.

이제 바늘1에 42코 있다.

발(모든 사이즈)

다시 원통으로 연결해서 바탕실과 2.5mm 바늘(혹은 배색뜨기 게이지 치수를 얻을 수 있는 호수의 바늘)을 사용해 뜬다. 다시 바늘1과 바늘2를 둘 다 사용해서 진행한다.

단 시작을 다시 만날 때까지 바늘2의 30 (36, 42)코를 겉뜨기한다(이것은 배색뜨기 무늬도안의 43단으로 셀 것이다). 바탕실과 배색실을 사용해서, 25쪽의 배색뜨기 무늬도안을 44단부터 다시 뜬다. 88단에 이르면, 발 길이가 원하는 완성품 길이에서 3 (4, 4.5)cm 모자란지 확인한다. 그렇지 않다면 계속해서 88~94단을 뜬다. 추가로 뜬 후에도 원하는 길이에 미치지 못한다면, 다음의 코줄임을 뜬 후 바탕실로 원하는 길이까지 뜰 수 있다.

코를 다시 2.25mm 바늘로 옮기면서 바탕실을 사용해 다음과 같이 코줄임 단을 뜬다:

사이즈1: *겉뜨기13, 왼코줄임*, *~*을 단 끝까지 반복한다. 4코 줄어듦. 총 56코.

사이즈2: *겉뜨기7, 왼코줄임*, *~*을 단 끝까지 반복한다. 8코 줄어듦. 총 64코.

사이즈3: *겉뜨기5, 왼코줄임*, *~*을 단 끝까지 반복한다. 12코 줄어듦. 총 72코.

아직 발 길이가 충분하지 않다면, 원하는 완성품 길이보다 3 (4, 4.5)cm 모자랄 때까지 바탕실로 몇 단 더 겉뜨기한다.

발끝

이제 바늘1과 바늘2에 동일한 콧수가 있어야 한다. 단 시작 표시링을 제거한다. 바늘1에는 발바닥 28 (32, 36)코가 있다. 바늘2에는 발등 28 (32, 36)코가 있다.

바탕실과 바늘1을 사용해서 14 (16, 18)코 겉뜨기한다. 방금 뜬 코 다음에 단 시작 표시링을 건다. 이곳은 발바닥 부분인 바늘1의 가운데여야 한다.

바탕실을 사용해서:

1단(코줄임 단):
> **바늘1:** 3코 남을 때까지 겉뜨기, 왼코줄임, 겉뜨기1.
> **바늘2:** 겉뜨기1, 오른코줄임, 3코 남을 때까지 겉뜨기, 왼코줄임, 겉뜨기1.
> **바늘1:** 겉뜨기1, 오른코줄임, 단 시작 표시링까지 겉뜨기.
> 4코 줄어듦.

2단: 모든 코 겉뜨기한다.

각 바늘에 20코 남을 때까지 1~2단을 반복한다(총 40코). 계속해서 각 바늘에 10코 남을 때까지 1단만 반복한다(매 단 코줄임한다)(총 20코).

단 시작 표시링을 제거한다. 양말의 옆선을 만날 때까지 5코 겉뜨기한다. 각 바늘에 남은 10코를 메리야스잇기로 연결한다.

마무리

실끝을 정리한다. 두 번째 양말을 뜬다. 찬물에 부드럽게 손빨래하고 평평하게 뉘어 말린다.

배색뜨기 무늬도안

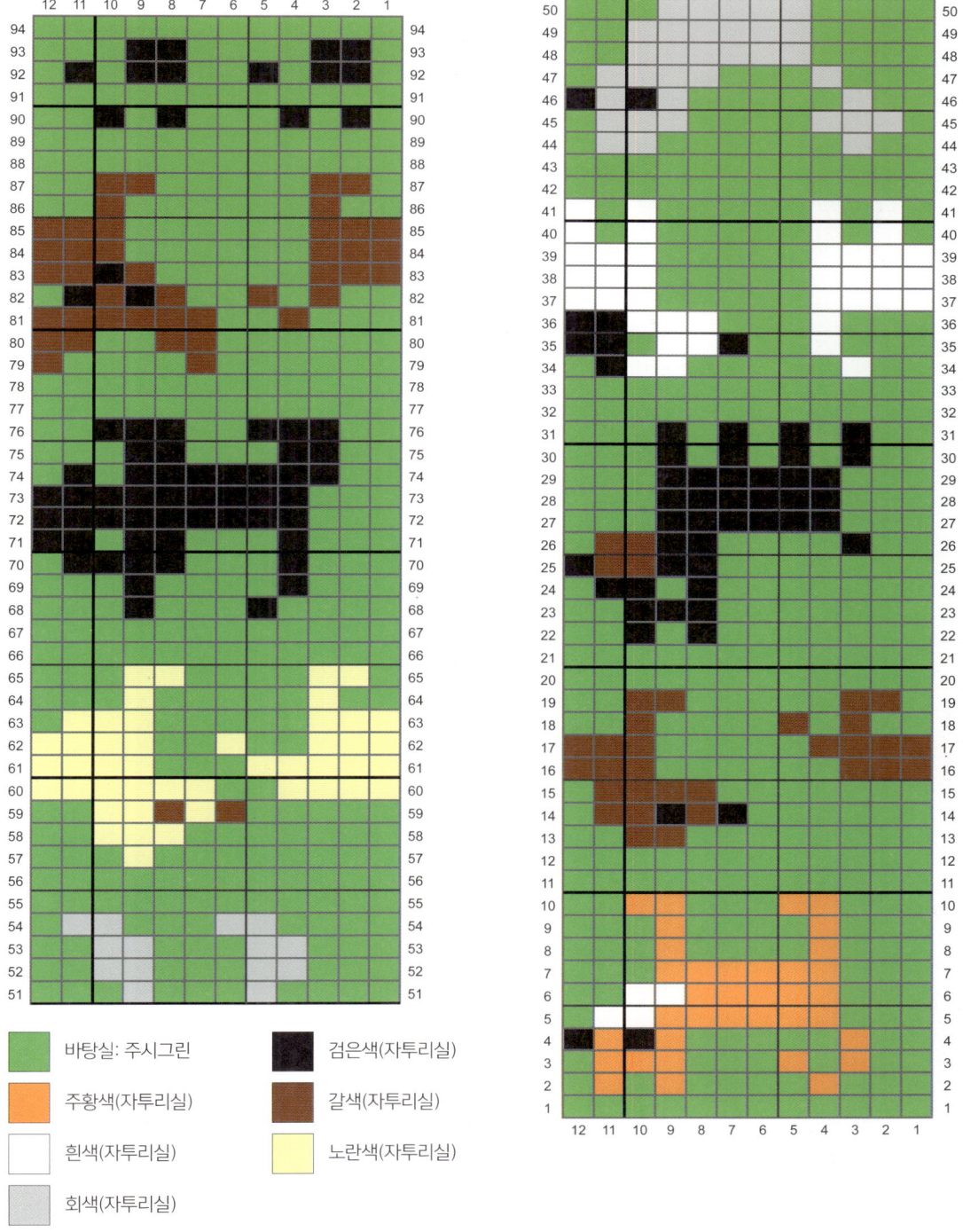

바탕실: 주시그린

주황색(자투리실)

흰색(자투리실)

회색(자투리실)

검은색(자투리실)

갈색(자투리실)

노란색(자투리실)

냥벽해
Purr-fect

고양이에 대한 집착이 계속 커짐에 따라, 고양이 양말에 대한 사랑도 커지고 있습니다. 저는 고양이의 귀여운 얼굴에 집중해, 그 얼굴들이 양말 전체에 반복되는 도안을 원했습니다. 창의력을 발휘해 주변에 있는 사랑스러운 고양이의 털 색상을 표현하거나, 원한다면 과감하게 무지개색을 사용해도 좋습니다! 아니면 간단하게 양말 전체에 좋아하는 고양이 색 한 가지만 반복해도 좋습니다. 고양이는 분명히 그들을 위한 양말을 받을 자격이 있습니다. 그 양말을 보고 고양이들은 숭배받던 고대 이집트의 조상들을 떠올릴지도 모릅니다!

양말 구조
이 양말은 위에서 아래로 내려 뜹니다. 간단한 고양이 얼굴 모티프가 양말목 위쪽에서 시작하여 발끝까지 반복됩니다. 고양이 얼굴에 디테일을 추가하는 몇몇 단은 한 단에서 세 가지 색상을 사용합니다. 고양이 색상이 어두운 경우에는 얼굴 디테일을 밝은색으로, 고양이 색상이 밝은 경우에는 얼굴 디테일을 어두운 색으로 해서 최고의 대비를 만들어보세요. 덧수로 이러한 디테일을 추가하는 것이 더 쉽다고 생각되면 덧수를 사용해도 좋습니다. 양말은 고무뜨기 양말목으로 시작하며 되돌아뜨기 뒤꿈치가 특징입니다. 마지막으로 발끝에서 코를 줄인 다음 메리야스잇기로 마무리합니다.

사이즈
1 (2, 3)
발 둘레: 19~21 (22.5~24.5, 26~28)cm
완성 치수: 17.5 (21, 25)cm
권장 여유분: 마이너스 2.5cm. 발 둘레는 발의 가장 넓은 부분을 잰다. 바늘 호수를 높이거나 낮춰서 더 크거나 더 작은 사이즈를 뜰 수 있다.
양말목/발 길이는 쉽게 조정할 수 있다. 자세한 내용은 만드는 법을 참고할 것.

사진 속 작품은 사이즈2(US 8.5/EU 39/UK 6), 발 둘레 22.5cm로 떴다.

재료

실
핑거링 굵기, 랑 얀의 알파카 삭스 4ply(슈퍼파인 알파카 70%, 나일론 30%), 1타래 390m 100g

사진 속 작품에서는 다음 색상을 사용
바탕실: 핑크멜란지Pink Melange 1타래
배색실1: 오렌지멜란지Orange Melange 1타래
고양이 배색실: 핑거링 굵기 양말 실 자투리.
고양이 세트당 약 5g.
같은 게이지 치수를 얻을 수 있다면 핑거링 굵기의 실은 무엇이든 사용할 수 있다.

바늘
고무뜨기와 메리야스뜨기에 사용: 2.25mm
80cm 길이 줄바늘(매직루프)/23cm 길이 줄바늘 1개 또는 2개/장갑바늘 중 선호하는 바늘 사용
배색뜨기에 사용: 2.5mm
80cm 길이 줄바늘(매직루프)/23cm 길이 줄바늘 1개 또는 2개/장갑바늘 중 선호하는 바늘 사용
주의사항: 잘 맞는 양말을 뜨기 위해 게이지를 체크할 것.

부자재
표시링, 가위, 돗바늘

게이지
34코×44단=10cm×10cm 고무뜨기와 메리야스뜨기
34코×38단=10cm×10cm 배색뜨기

팁 & 스페셜 기법

배색뜨기 다시 보기(8쪽)

덧수(185쪽)

발끝 메리야스잇기(186쪽)

주요 기법(184쪽 참고)

만드는 법

발목단

배색실1과 2.25mm 바늘을 사용해서 56 (64, 72)코 만든다. 2개의 바늘에 동일하게 콧수를 나눈다. 장갑바늘을 사용할 경우, 3개(또는 4개)의 바늘에 동일하게 콧수를 나눠 옮긴다. 단 시작에 표시링을 건다. 코가 꼬이지 않도록 조심하며 원통으로 잇는다.

고무뜨기 단: *꼬아뜨기로 겉뜨기1, 안뜨기1*, *~*을 단 끝까지 반복한다.

꼬아고무뜨기로 총 13단 뜬다(약 2.75cm).

양말목

바탕실을 사용해서 겉뜨기로 1단 뜬다.

바탕실을 사용해서 코를 2.5mm 바늘로 옮기면서 다음과 같이 코늘림 단을 뜬다:

사이즈1: *겉뜨기14, M1L코늘림*, *~*을 단 끝까지 반복한다. 4코 늘어남. 총 60코.

사이즈2: *겉뜨기8, M1L코늘림*, *~*을 단 끝까지 반복한다. 8코 늘어남. 총 72코.

사이즈3: *겉뜨기6, M1L코늘림*, *~*을 단 끝까지 반복한다. 12코 늘어남. 총 84코.

도안이 지시하는 곳에서 고양이 배색실을 연결하며, 배색뜨기 무늬도안(31쪽) 1~22단을 뜬다. 무늬도안을 각 단마다 5 (6, 7)회 반복한다. 1~22단을 1회 더 반복한다.

되돌아뜨기 뒤꿈치

이제 배색실1을 사용해서 2.25mm 바늘1만 가지고, 선택한 사이즈에 맞는 뒤꿈치 지시사항을 따라 뜰 것이다-.

사이즈1(바늘1에 30코 있음):

1단(겉면): 1코걸러뜨기, [겉뜨기12, 왼코줄임]을 2회 반복. 안면이 보이도록 편물을 뒤집는다(1코는 뜨지 않고 둔다). 2코 줄어듦. 이제 뒤꿈치에 총 28코 있다.

2단(안면): 1코걸러뜨기, 안뜨기25(끝의 1코는 뜨지 않고 둔다). 겉면이 보이도록 편물을 뒤집는다.

3단: 1코걸러뜨기, 겉뜨기24(끝의 2코는 뜨지 않고 둔다). 편물을 뒤집는다.

4단: 1코걸러뜨기, 안뜨기23(구멍 1코 전까지). 편물을 뒤집는다.

5단: 1코걸러뜨기, 겉뜨기22(구멍 1코 전까지). 편물을 뒤집는다.

6단: 1코걸러뜨기, 안뜨기21(구멍 1코 전까지). 편물을 뒤집는다.

7단: 1코걸러뜨기, 구멍 1코 전까지 겉뜨기. 편물을 뒤집는다.

8단: 1코걸러뜨기, 구멍 1코 전까지 안뜨기. 편물을 뒤집는다. 7~8단을 5회 더 반복한다.

19단: 1코걸러뜨기, 구멍 1코 전까지 겉뜨기. 편물을 뒤집는다.

20단: 1코걸러뜨기, 안뜨기7.

중심에 안뜨기 8코가 있고 그 양옆에 뜨지 않은 코가 10코씩 있다. 편물을 뒤집는다.

이제 편물을 뒤집어서 생긴 구멍을 막으면서 뒤꿈치를 평면 뜨기로 편물을 뒤집어가며 뜬다.

21단(겉면): 1코걸러뜨기, 겉뜨기6, (구멍 양옆의 각 1코를 이용해서) 오른코줄임, M1L코늘림. 편물을 뒤집는다.

22단(안면): 1코걸러뜨기, 안뜨기7, 안뜨기로 2코모아뜨기, M1P코늘림. 편물을 뒤집는다.

23단: 1코걸러뜨기, 겉뜨기8, 오른코줄임, M1L코늘림. 편물을 뒤집는다.

24단: 1코걸러뜨기, 안뜨기9, 안뜨기로 2코모아뜨기, M1P코늘림. 편물을 뒤집는다.

계속해서 이미 만들어진 규칙대로 14단 더 뜬다.

39단(겉면): 1코걸러뜨기, 겉뜨기24, 오른코줄임, M1L코늘림. 편물을 뒤집는다.

40단(안면): 1코걸러뜨기, 안뜨기25, 안뜨기로 2코모아뜨기, M1P코늘림. 편물을 뒤집는다.

41단(겉면): 1코걸러뜨기, [겉뜨기13, M1L코늘림]을 2회 반복, 겉뜨기1. 2코 늘어남.
이제 바늘1에 30코 있다.
계속해서 발 섹션(30쪽)을 진행한다.

사이즈2(바늘1에 36코 있음):

1단(겉면): 1코걸러뜨기, [겉뜨기6, 왼코줄임]을 4회 반복, 겉뜨기2. 안면이 보이도록 편물을 뒤집는다(1코는 뜨지 않고 둔다). 4코 줄어듦. 이제 뒤꿈치에 총 32코 있다.
2단(안면): 1코걸러뜨기, 안뜨기29(끝의 1코는 뜨지 않고 둔다). 겉면이 보이도록 편물을 뒤집는다.
3단: 1코걸러뜨기, 겉뜨기28(끝의 2코는 뜨지 않고 둔다). 편물을 뒤집는다.
4단: 1코걸러뜨기, 안뜨기27(구멍 1코 전까지). 편물을 뒤집는다.
5단: 1코걸러뜨기, 겉뜨기26(구멍 1코 전까지). 편물을 뒤집는다.
6단: 1코걸러뜨기, 안뜨기25(구멍 1코 전까지). 편물을 뒤집는다.
7단: 1코걸러뜨기, 구멍 1코 전까지 겉뜨기. 편물을 뒤집는다.
8단: 1코걸러뜨기, 구멍 1코 전까지 안뜨기. 편물을 뒤집는다.
7~8단을 5회 더 반복한다.
19단: 1코걸러뜨기, 구멍 1코 전까지 겉뜨기. 편물을 뒤집는다.
20단: 1코걸러뜨기, 안뜨기11.
중심에 안뜨기 12코가 있고 그 양옆에 뜨지 않은 코가 10코씩 있다. 편물을 뒤집는다.

이제 편물을 뒤집어서 생긴 구멍을 막으면서 뒤꿈치를 평면뜨기로 편물을 뒤집어가며 뜬다.
21단(겉면): 1코걸러뜨기, 겉뜨기10, (구멍 양쪽의 각 1코를 이용해서) 오른코줄임, M1L코늘림. 편물을 뒤집는다.
22단(안면): 1코걸러뜨기, 안뜨기11, 안뜨기로 2코모아뜨기, M1P코늘림. 편물을 뒤집는다.
23단: 1코걸러뜨기, 겉뜨기12, 오른코줄임, M1L코늘림. 편물을 뒤집는다.

24단: 1코걸러뜨기, 안뜨기13, 안뜨기로 2코모아뜨기, M1P코늘림. 편물을 뒤집는다.
계속해서 이미 만들어진 규칙대로 14단 더 뜬다.
39단(겉면): 1코걸러뜨기, 겉뜨기28, 오른코줄임, M1L코늘림. 편물을 뒤집는다.
40단(안면): 1코걸러뜨기, 안뜨기29, 안뜨기로 2코모아뜨기, M1P코늘림. 편물을 뒤집는다.
41단(겉면): [겉뜨기8, M1L코늘림]을 4회 반복한다. 4코 늘어남.
이제 바늘1에 36코 있다.
계속해서 발 섹션(30쪽)을 진행한다.

사이즈3(바늘1에 42코 있음):

1단(겉면): 1코걸러뜨기, [겉뜨기5, 왼코줄임]을 5회 반복, 겉뜨기3, 왼코줄임. 안면이 보이도록 편물을 뒤집는다(1코는 뜨지 않고 둔다). 6코 줄어듦. 이제 뒤꿈치에 총 36코 있다.
2단(안면): 1코걸러뜨기, 안뜨기33(끝의 1코는 뜨지 않고 둔다). 겉면이 보이도록 편물을 뒤집는다.
3단: 1코걸러뜨기, 겉뜨기32(끝의 2코는 뜨지 않고 둔다). 편물을 뒤집는다.
4단: 1코걸러뜨기, 안뜨기31(구멍 1코 전까지). 편물을 뒤집는다.
5단: 1코걸러뜨기, 겉뜨기30(구멍 1코 전까지). 편물을 뒤집는다.
6단: 1코걸러뜨기, 안뜨기29(구멍 1코 전까지). 편물을 뒤집는다.
7단: 1코걸러뜨기, 구멍 1코 전까지 겉뜨기. 편물을 뒤집는다.
8단: 1코걸러뜨기, 구멍 1코 전까지 안뜨기. 편물을 뒤집는다.
7~8단을 6회 더 반복한다.
21단: 1코걸러뜨기, 구멍 1코 전까지 겉뜨기. 편물을 뒤집는다.
22단: 1코걸러뜨기, 안뜨기13.
중심에 안뜨기 14코가 있고 그 양옆에 뜨지 않은 코가 11코씩 있다. 편물을 뒤집는다.

이제 편물을 뒤집어서 생긴 구멍을 막으면서 뒤꿈치를 평면 뜨기로 편물을 뒤집어가며 뜬다.

23단(겉면): 1코걸러뜨기, 겉뜨기12, (구멍 양쪽의 각 1코를 이용해서) 오른코줄임, M1L코늘림. 편물을 뒤집는다.

24단(안면): 1코걸러뜨기, 안뜨기13, 안뜨기로 2코모아뜨기, M1P코늘림. 편물을 뒤집는다.

25단: 1코걸러뜨기, 겉뜨기14, 오른코줄임, M1L코늘림. 편물을 뒤집는다.

26단: 1코걸러뜨기, 안뜨기15, 안뜨기로 2코모아뜨기, M1P코늘림. 편물을 뒤집는다.

계속해서 이미 만들어진 규칙대로 16단 더 뜬다.

43단(겉면): 1코걸러뜨기, 겉뜨기32, 오른코줄임, M1L코늘림. 편물을 뒤집는다.

44단(안면): 1코걸러뜨기, 안뜨기33, 안뜨기로 2코모아뜨기, M1P코늘림. 편물을 뒤집는다.

45단(겉면): 1코걸러뜨기, [겉뜨기5, M1L코늘림]을 6회 반복, 겉뜨기5. 6코 늘어남.

이제 바늘1에 42코 있다.

발(모든 사이즈)

다시 원통으로 연결해서 바탕실과 고양이 배색실 및 2.5mm 바늘(또는 배색뜨기 게이지 치수를 얻을 수 있는 호수의 바늘)을 사용해 뜬다. 바탕실을 사용해서 단 시작 표시링까지 바늘2의 30 (36, 42)코를 겉뜨기한다(이것은 배색뜨기 무늬도안의 1단으로 셀 것이다). 바늘1로 시작해서, 배색뜨기 무늬도안을 2단부터 다시 뜬다. 계속해서 발 길이가 원하는 완성품 길이에서 약 3 (4, 4.5)cm 모자랄 때까지 매 단 겉뜨기하는데, 마지막으로 뜨는 단이 10단 혹은 21단이 되도록 끝낸다. 고양이 배색실을 자른다.

(아직 발끝을 시작하기에 필요한 치수가 되지 않는다면, 다음의 코줄임을 뜬 후 바탕실을 사용해서 원하는 지수까지 몇 단 더 겉뜨기한다.)

바탕실을 사용해서 코를 2.25mm 바늘로 다시 옮기면서, 다음과 같이 코줄임 단을 뜬다:

사이즈1: *겉뜨기13, 왼코줄임*, *~*을 단 끝까지 반복한다. 4코 줄어듦. 총 56코.

사이즈2: *겉뜨기7, 왼코줄임*, *~*을 단 끝까지 반복한다. 8코 줄어듦. 총 64코.

사이즈3: *겉뜨기5, 왼코줄임*, *~*을 단 끝까지 반복한다. 12코 줄어듦. 총 72코.

바탕실을 자른다.

발끝

이제 바늘1과 바늘2에 동일한 콧수가 있어야 한다. 단 시작 표시링을 제거한다. 바늘1에는 발바닥 28 (32, 36)코가 있다. 바늘2에는 발등 28 (32, 36)코가 있다.

배색실1과 바늘1을 사용해서 14 (16, 18)코 겉뜨기한다. 방금 뜬 코 다음에 단 시작 표시링을 건다. 이곳은 발바닥 부분인 바늘1의 가운데여야 한다.

배색실1을 사용해서:

1단(코줄임 단):

바늘1: 3코 남을 때까지 겉뜨기, 왼코줄임, 겉뜨기1.

바늘2: 겉뜨기1, 오른코줄임, 3코 남을 때까지 겉뜨기, 왼코줄임, 겉뜨기1.

바늘1: 겉뜨기1, 오른코줄임, 단 시작 표시링까지 겉뜨기. 4코 줄어듦.

2단: 모든 코 겉뜨기한다.

각 바늘에 20코 남을 때까지 1~2단을 반복한다(총 40코). 계속해서 각 바늘에 10코 남을 때까지 1단만 반복한다(매 단 코줄임한다)(총 20코).

단 시작 표시링을 제거한다. 양말의 옆선을 만날 때까지 5코 겉뜨기한다. 각 바늘에 남은 10코를 메리야스잇기로 연결한다.

마무리

실끝을 정리한다. 두 번째 양말을 뜬다. 찬물에 부드럽게 손빨래하고 평평하게 뉘어 말린다.

배색뜨기 무늬도안

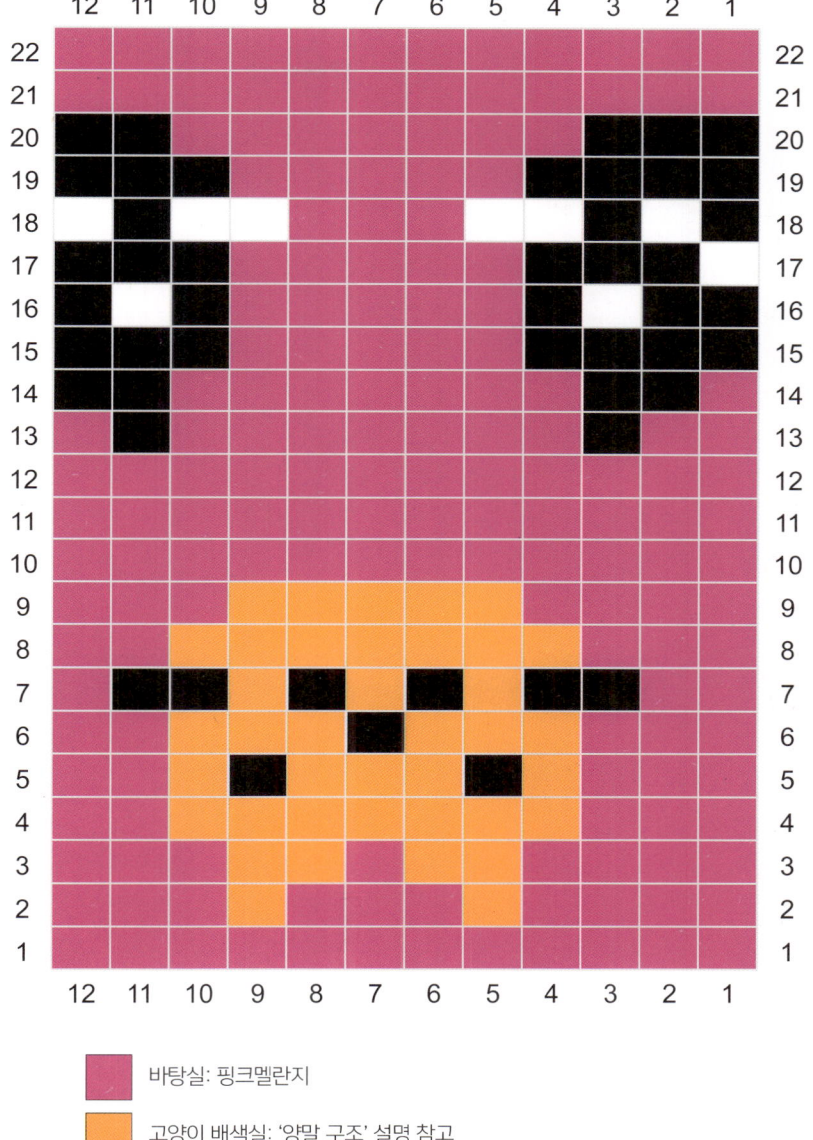

바탕실: 핑크멜란지

고양이 배색실: '양말 구조' 설명 참고

고양이 배색실: '양말 구조' 설명 참고

고양이 배색실: '양말 구조' 설명 참고

개구리에게 키스
Kiss a Frog

제 동생이 자주 하는 말이 있는데, 저도 꽤 그럴듯하다고 생각해요. 고양이가 개구리처럼 행동하고 생김새가 개구리 같았다면, 우리는 절대 고양이를 집에 들이지 않았을 거라고요. 하지만 제가 최근에 알게 된 사실은, 잡아서 적절히 기른 개구리는 정말 멋진 반려동물이 된다는 것입니다! 개구리는 고양이만큼 수명이 길며, 털이나 깃털에 알레르기가 있는 사람들에게도 완벽한 반려동물이 됩니다. 실제 개구리를 생각하면 별로 내키지 않을 수도 있지만, 양말에 가득한 귀엽고 행복한 개구리 얼굴은 누구나 좋아하지 않겠어요? 요즘 소셜미디어에서 개구리가 인기를 끌고 있으니, 귀여운 양말 한 켤레를 만들어보는 것도 좋겠죠!

양말 구조

이 양말은 위에서 아래로 내려 뜹니다. 간단하게 뜰 수 있는 개구리 얼굴 모티프가 특징으로, 양말목 위쪽에서 시작해 발끝까지 반복됩니다. 개구리 눈의 흰 부분은 원하는 경우 덧수로 처리할 수 있습니다(이렇게 하면 한 단에 세 가지 색을 사용하지 않아도 됩니다). 양말은 고무뜨기로 시작하며, 되돌아뜨기 뒤꿈치가 특징입니다. 발끝은 코줄임하고 메리야스잇기로 마무리합니다.

사이즈

1 (2, 3)

발 둘레: 19~21 (22.5~24.5, 26~28)cm

완성치수: 17.5 (21, 25)cm

권장 여유분: 마이너스 2.5cm. 발 둘레는 발의 가장 넓은 부분을 잰다. 바늘 호수를 높이거나 낮춰서 더 크거나 더 작은 사이즈를 뜰 수 있다.

양말목/발 길이는 쉽게 조정할 수 있다. 자세한 내용은 만드는 법을 참고할 것.

사진 속 작품은 사이즈2(US 8.5/EU 39/UK 6), 발 둘레 22.5cm로 떴다.

재료

실

핑거링 굵기, 랑 얀의 야볼 삭(울 75%, 나일론/폴리아미드 25%), 1타래 210m 50g

사진 속 작품에서는 다음 색상을 사용

바탕실: 파인Pine 118 2타래

배색실1: 피그린Pea Green 216 1타래

배색실2: 화이트White 001 1타래

같은 게이지 치수를 얻을 수 있다면 핑거링 굵기의 실은 무엇이든 사용할 수 있다.

바늘

고무뜨기와 메리야스뜨기에 사용: 2.25mm

80cm 길이 줄바늘(매직루프)/23cm 길이 줄바늘 1개 또는 2개/장갑바늘 중 선호하는 바늘 사용

배색뜨기에 사용: 2.5mm

80cm 길이 줄바늘(매직루프)/23cm 길이 줄바늘 1개 또는 2개/장갑바늘 중 선호하는 바늘 사용

주의: 잘 맞는 양말을 뜨기 위해 게이지를 체크할 것.

바늘 호수를 높이거나 낮춰서 추가 사이즈를 뜰 수 있다

부자재

표시링, 가위, 돗바늘

게이지

34코×44단=10cm×10cm 고무뜨기와 메리야스뜨기

34코×38단=10cm×10cm 배색뜨기

팁 & 스페셜 기법

배색뜨기 다시 보기(8쪽)

덧수(185쪽)

발끝 메리야스잇기(186쪽)

주요 기법(184쪽 참고)

만드는 법

발목단

바탕실과 2.25mm 바늘을 사용해서 56 (64, 72)코 만든다. 2개의 바늘에 동일하게 콧수를 나눈다. 장갑바늘을 사용할 경우, 3개(또는 4개)의 바늘에 동일하게 콧수를 나눠 옮긴다. 단 시작에 표시링을 건다. 코가 꼬이지 않도록 조심하며 원통으로 잇는다.

고무뜨기 단: *꼬아뜨기로 겉뜨기1, 안뜨기1*, *~*을 단 끝까지 반복한다.

꼬아고무뜨기로 총 10단 뜬다(약 2.75cm).

양말목

바탕실을 사용해서 겉뜨기로 1단 뜬다.

2.5mm 바늘로 코를 옮기면서 다음과 같이 코늘림 단을 뜬다:

사이즈1: *겉뜨기14, M1L코늘림*, *~*을 단 끝까지 반복한다. 4코 늘어남. 총 60코.

사이즈2: *겉뜨기8, M1L코늘림*, *~*을 단 끝까지 반복한다. 8코 늘어남. 총 72코.

사이즈3: *겉뜨기6, M1L코늘림*, *~*을 단 끝까지 반복한다. 12코 늘어남. 총 84코.

도안이 지시하는 곳에서 배색실1과 배색실2를 연결하면서, 배색뜨기 무늬도안(36쪽) 1~24단을 뜬다. 무늬도안은 각 단마다 5 (6, 7)회 반복한다. 1~24단을 1회 더 반복한다.

되돌아뜨기 뒤꿈치

이제 바탕실을 사용해서 2.25mm 바늘1만 가지고, 선택한 사이즈에 맞는 뒤꿈치 지시사항을 따라 뜰 것이다.

사이즈1(바늘1에 30코 있음):

1단(겉면): 1코걸러뜨기, [겉뜨기12, 왼코줄임]을 2회 반복. 안면이 보이도록 편물을 뒤집는다(1코는 뜨지 않고 둔다). 2코 줄어듦. 이제 뒤꿈치에 총 28코 있다.

2단(안면): 1코걸러뜨기, 안뜨기25(끝의 1코는 뜨지 않고 둔다). 겉면이 보이도록 편물을 뒤집는다.

3단: 1코걸러뜨기, 겉뜨기24(끝의 2코는 뜨지 않고 둔다). 편물을 뒤집는다.

4단: 1코걸러뜨기, 안뜨기23(구멍 1코 전까지). 편물을 뒤집는다.

5단: 1코걸러뜨기, 겉뜨기22(구멍 1코 전까지). 편물을 뒤집는다.

6단: 1코걸러뜨기, 안뜨기21(구멍 1코 전까지). 편물을 뒤집는다.

7단: 1코걸러뜨기, 구멍 1코 전까지 겉뜨기. 편물을 뒤집는다.

8단: 1코걸러뜨기, 구멍 1코 전까지 안뜨기. 편물을 뒤집는다. 7~8단을 5회 더 반복한다.

19단: 1코걸러뜨기, 구멍 1코 전까지 겉뜨기. 편물을 뒤집는다.

20단: 1코걸러뜨기, 안뜨기7.

중심에 안뜨기 8코가 있고 그 양옆에 뜨지 않은 코가 10코씩 있다. 편물을 뒤집는다.

이제 편물을 뒤집어서 생긴 구멍을 막으면서 뒤꿈치를 평면뜨기로 편물을 뒤집어가며 뜬다.

21단(겉면): 1코걸러뜨기, 겉뜨기6, (구멍 양옆의 각 1코를 이용해서) 오른코줄임, M1L코늘림. 편물을 뒤집는다.

22단(안면): 1코걸러뜨기, 안뜨기7, 안뜨기로 2코모아뜨기, M1P코늘림. 편물을 뒤집는다.

23단: 1코걸러뜨기, 겉뜨기8, 오른코줄임, M1L코늘림. 편물을 뒤집는다.

24단: 1코걸러뜨기, 안뜨기9, 안뜨기로 2코모아뜨기, M1P코늘림. 편물을 뒤집는다.

계속해서 이미 만들어진 규칙대로 14단 더 뜬다.

39단(겉면): 1코걸러뜨기, 겉뜨기24, 오른코줄임, M1L코늘림. 편물을 뒤집는다.

40단(안면): 1코걸러뜨기, 안뜨기25, 안뜨기로 2코모아뜨기, M1P코늘림. 편물을 뒤집는다.

41단(겉면): 1코걸러뜨기, [겉뜨기13, M1L코늘림]을 2회 반복, 겉뜨기1. 2코 늘어남.

이제 바늘1에 30코 있다.

계속해서 발 섹션(36쪽)을 진행한다.

사이즈2(바늘1에 36코 있음):

1단(겉면): 1코걸러뜨기, [겉뜨기6, 왼코줄임]을 4회 반복, 겉뜨기2. 편물을 뒤집는다(1코는 뜨지 않고 둔다). 4코 줄어듦. 이제 뒤꿈치에 총 32코 있다.

2단(안면): 1코걸러뜨기, 안뜨기29(끝의 1코는 뜨지 않고 둔다). 겉면이 보이도록 편물을 뒤집는다.
3단: 1코걸러뜨기, 겉뜨기28(끝의 2코는 뜨지 않고 둔다). 편물을 뒤집는다.
4단: 1코걸러뜨기, 안뜨기27(구멍 1코 전까지). 편물을 뒤집는다.
5단: 1코걸러뜨기, 겉뜨기26(구멍 1코 전까지). 편물을 뒤집는다.
6단: 1코걸러뜨기, 안뜨기25(구멍 1코 전까지). 편물을 뒤집는다.
7단: 1코걸러뜨기, 구멍 1코 전까지 겉뜨기. 편물을 뒤집는다.
8단: 1코걸러뜨기, 구멍 1코 전까지 안뜨기. 편물을 뒤집는다.
7~8단을 5회 더 반복한다.
19단: 1코걸러뜨기, 구멍 1코 전까지 겉뜨기. 편물을 뒤집는다.
20단: 1코걸러뜨기, 안뜨기11.
중심에 안뜨기 12코가 있고 그 양옆에 뜨지 않은 코가 10코씩 있다. 편물을 뒤집는다.

이제 편물을 뒤집어서 생긴 구멍을 막으면서 뒤꿈치를 평면뜨기로 편물을 뒤집어가며 뜬다.
21단(겉면): 1코걸러뜨기, 겉뜨기10, (구멍 양쪽의 각 1코를 이용해서) 오른코줄임, M1L코늘림. 편물을 뒤집는다.
22단(안면): 1코걸러뜨기, 안뜨기11, 안뜨기로 2코모아뜨기, M1P코늘림. 편물을 뒤집는다.
23단: 1코걸러뜨기, 겉뜨기12, 오른코줄임, M1L코늘림. 편물을 뒤집는다.
24단: 1코걸러뜨기, 안뜨기13, 안뜨기로 2코모아뜨기, M1P코늘림. 편물을 뒤집는다.
계속해서 이미 만들어진 규칙대로 14단 더 뜬다.
39단(겉면): 1코걸러뜨기, 겉뜨기28, 오른코줄임, M1L코늘림. 편물을 뒤집는다.
40단(안면): 1코걸러뜨기, 안뜨기29, 안뜨기로 2코모아뜨기, M1P코늘림. 편물을 뒤집는다.
41단(겉면): [겉뜨기8, M1L코늘림]을 4회 반복한다. 4코 늘어남.
이제 바늘1에 36코가 있다.
계속해서 발 섹션(36쪽)을 진행한다.

사이즈3(바늘1에 42코 있음):
1단(겉면): 1코걸러뜨기, [겉뜨기5, 왼코줄임]을 5회 반복, 겉뜨기3, 왼코줄임. 안면이 보이도록 편물을 뒤집는다(1코는 뜨지 않고 둔다). 6코 줄어듦. 이제 뒤꿈치에 총 36코 있다.
2단(안면): 1코걸러뜨기, 안뜨기33(끝의 1코는 뜨지 않고 둔다). 겉면이 보이도록 편물을 뒤집는다.
3단: 1코걸러뜨기, 겉뜨기32(끝의 2코는 뜨지 않고 둔다). 편물을 뒤집는다.
4단: 1코걸러뜨기, 안뜨기31(구멍 1코 전까지). 편물을 뒤집는다.
5단: 1코걸러뜨기, 겉뜨기30(구멍 1코 전까지). 편물을 뒤집는다.
6단: 1코걸러뜨기, 안뜨기29(구멍 1코 전까지). 편물을 뒤집는다.
7단: 1코걸러뜨기, 구멍 1코 전까지 겉뜨기. 편물을 뒤집는다.
8단: 1코걸러뜨기, 구멍 1코 전까지 안뜨기. 편물을 뒤집는다.
7~8단을 6회 더 반복한다.
21단: 1코걸러뜨기, 구멍 1코 전까지 겉뜨기. 편물을 뒤집는다.
22단: 1코걸러뜨기, 안뜨기13.
중심에 안뜨기 14코가 있고 그 양옆에 뜨지 않은 코가 11코씩 있다. 편물을 뒤집는다.

이제 편물을 뒤집어서 생긴 구멍을 막으면서 뒤꿈치를 평면뜨기로 편물을 뒤집어가며 뜬다.
23단(겉면): 1코걸러뜨기, 겉뜨기12, (구멍 양쪽의 각 1코를 이용해서) 오른코줄임, M1L코늘림. 편물을 뒤집는다.
24단(안면): 1코걸러뜨기, 안뜨기13, 안뜨기로 2코모아뜨기, M1P코늘림. 편물을 뒤집는다.
25단(겉면): 1코걸러뜨기, 겉뜨기14, 오른코줄임, M1L코늘림. 편물을 뒤집는다.
26단: 1코걸러뜨기, 안뜨기15, 안뜨기로 2코모아뜨기, M1P코늘림. 편물을 뒤집는다.
계속해서 이미 만들어진 규칙대로 16단 더 뜬다.
43단(겉면): 1코걸러뜨기, 겉뜨기32, 오른코줄임, M1L코늘림. 편물을 뒤집는다.
44단(안면): 1코걸러뜨기, 안뜨기33, 안뜨기로 2코모아뜨기, M1P코늘림. 편물을 뒤집는다.
45단(겉면): 1코걸러뜨기, [겉뜨기5, M1L코늘림]을 6회 반복, 겉뜨기5. 6코 늘어남.
이제 바늘1에 42코 있다.

발(모든 사이즈)
다시 원통으로 연결해서 바탕실과 2.5mm(또는 배색뜨기 게이지에 맞는 호수의) 바늘을 사용해 뜬다. 단 시작을 다시 만날 때까지 바늘2의 30 (36, 42)코를 겉뜨기한다(이것은 배색뜨기 무늬도안의 1단으로 셀 것이다).
배색실1과 배색실2를 다시 연결해, 바늘1로 시작해서 배색뜨기 무늬도안 2단부터 다시 뜬다. 계속해서, 원하는 양말 길이에서 3 (4, 4.5)cm 모자랄 때까지 모든 단 겉뜨기하는데, 마지막으로 뜨는 단이 12단 혹은 24단이 되도록 끝낸다. 배색실1과 배색실2를 자른다. (아직 발끝을 시작하기에 필요한 치수가 되지 않는다면, 바탕실을 사용해서 다음의 코줄임을 뜬 후 원하는 치수까지 몇 단 더 겉뜨기한다.)

코를 다시 2.25mm 바늘로 옮기면서 바탕실을 사용해 다음과 같이 코줄임 단을 뜬다:
사이즈1: *겉뜨기13, 왼코줄임*, *~*을 단 끝까지 반복한다. 4코 줄어듦. 총 56코.
사이즈2: *겉뜨기7, 왼코줄임*, *~*을 단 끝까지 반복한다. 8코 줄어듦. 총 64코.
사이즈3: *겉뜨기5, 왼코줄임*, *~*을 단 끝까지 반복한다. 12코 줄어듦. 총 72코.

발끝
이제 바늘1과 바늘2에 동일한 콧수가 있어야 한다. 단 시작 표시링을 제거한다.
바늘1에는 발바닥 28 (32, 36)코가 있다. 바늘2에는 발등 28 (32, 36)코가 있다.
바탕실과 바늘1을 사용해서 14 (16, 18)코를 겉뜨기한다. 방금 뜬 코 다음에 단 시작 표시링을 건다. 이곳은 발바닥 부분인 바늘1의 가운데여야 한다.
바탕실을 사용해서:
1단(코줄임 단)
　바늘1: 3코 남을 때까지 겉뜨기, 왼코줄임, 겉뜨기1.
　바늘2: 겉뜨기1, 오른코줄임, 3코 남을 때까지 겉뜨기, 왼코줄임, 겉뜨기1.

　바늘1: 겉뜨기1, 오른코줄임, 단 시작 표시링까지 겉뜨기. 4코 줄어듦.
2단: 모든 코 겉뜨기한다.
각 바늘에 20코 남을 때까지 1~2단을 반복한다(총 40코).
계속해서 각 바늘에 10코 남을 때까지 1단만 반복한다(매 단 코줄임한다)(총 20코).
단 시작 표시링을 제거한다. 양말의 옆선을 만날 때까지 5코 겉뜨기한다. 각 바늘에 남은 10코를 메리야스잇기로 연결한다.

마무리
실끝을 정리한다. 두 번째 양말을 뜬다. 찬물에 부드럽게 손빨래하고 평평하게 뉘어 말린다.

배색뜨기 무늬도안

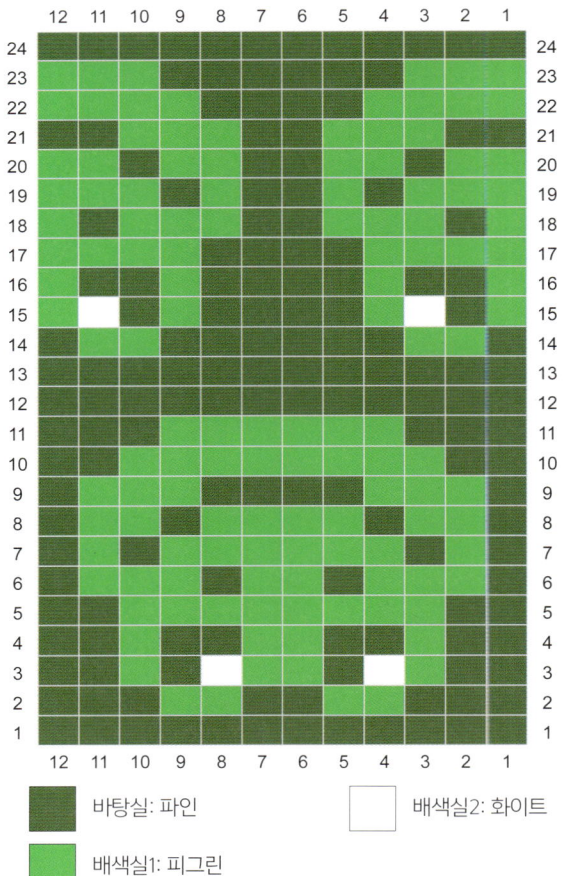

바탕실: 파인　　배색실1: 피그린　　배색실2: 화이트

지느러미가 멋진 물고기
Fintastic Fish

모든 사람이 털이 있는 반려동물을 키울 수 있는 것은 아닙니다. 알레르기 때문일 수도 있고 반려동물을 금지하는 까다로운 집주인 때문일 수도 있어요. 하지만 금붕어는 이 문제의 완벽한 해결책이며 가장 쉽게 돌볼 수 있는 물고기입니다! 일부 문화에서는 금붕어를 집에 두면 행운과 번영을 가져온다고 생각합니다. 금붕어는 제대로 돌보면 최대 14년까지 살 수 있다는 사실을 아시나요? 다만 근처에 고양이가 있다면 뚜껑이 꽉 닫히는 어항을 구입하는 걸 추천해요… 흥미로운 사실은, 여기 스위스에서는 2008년부터 금붕어를 한 마리만 키우는 것이 불법이라는 점입니다. 물고기는 사실 매우 사회적인 동물이거든요. 따라서 이 양말에는 법을 어기지 않도록 많은 금붕어가 함께 있고, 그들도 이 상황을 즐기고 있는 것 같습니다!

양말 구조
이 양말은 위에서 아래로 내려 뜨며, 고무뜨기 발목단과 약간 대비되는 색상의 테두리 장식, 뚜렷하게 대비되는 색상의 되돌아뜨기 뒤꿈치가 특징입니다. 양말 목에는 재미있고 간단한 금붕어 배색 무늬 모티프가 있으며, 선택적으로 덧수로 눈을 추가할 수 있습니다. 금붕어의 테두리와 맞춘 작은 장식 디테일을 발끝의 배색 부분 바로 전에 뜹니다.

사이즈
1 (2, 3)
발 둘레: 19~21 (21.5~23.5, 24~26)cm
완성치수: 17.5 (20, 22.5)cm
권장 여유분: 마이너스 2.5cm. 발 둘레는 발의 가장 넓은 부분을 잰다. 바늘 호수를 높이거나 낮춰서 더 크거나 더 작은 사이즈를 뜰 수 있다.
양말목/발 길이는 쉽게 조정할 수 있다. 자세한 내용은 만드는 법을 참고할 것.
사진 속 작품은 사이즈2(US 8.5/EU 39/UK 6), 발 둘레 22.5cm로 떴다.

재료

실
바탕실: 핑거링 굵기, 매들린토시의 트위스트 라이트(슈퍼워시 메리노 울 75%, 나일론 25%), 1타래 384m 115g
배색실1: 핑거링 굵기, 트레리즈의 아레스(슈퍼워시 메리노 울 85%, 나일론 15%), 1타래 400m 100g

사진 속 작품에서는 다음 색상을 사용
바탕실: 버튼 자 블루Button Jar Blue 1타래
배색실1: 마나위Manawee 1타래
옵션: 눈 덧수에 쓸 검은색 자투리실
같은 게이지 치수를 얻을 수 있다면 핑거링 굵기의 실은 무엇이든 사용할 수 있다.

바늘
고무뜨기와 메리야스뜨기에 사용: 2.25 mm
80cm 길이 줄바늘(매직루프)/23cm 길이 줄바늘 1개 또는 2개/장갑바늘 중 선호하는 바늘 사용
배색뜨기에 사용: 2.5mm
80cm 길이 줄바늘(매직루프)/23cm 길이 줄바늘 1개 또는 2개/장갑바늘 중 선호하는 바늘 사용
주의사항: 잘 맞는 양말을 뜨기 위해 게이지를 체크할 것. 바늘 호수를 높이거나 낮춰서 추가 사이즈를 뜰 수 있다.

부자재
표시링, 가위, 돗바늘

게이지
32코×44단=10cm×10cm 고무뜨기와 메리야스뜨기
34코×38단=10cm×10cm 배색뜨기

팁 & 스페셜 기법

배색뜨기 다시 보기(8쪽)

덧수(185쪽)

발끝 메리야스잇기(186쪽)

주요 기법(184쪽 참고)

만드는 법

발목단

배색실1과 2.25mm 바늘을 사용해서 56 (64, 72)코 만든다. 2개의 바늘에 동일하게 콧수를 나눈다. 장갑바늘을 사용할 경우, 3개(또는 4개)의 바늘에 동일하게 콧수를 나눠 옮긴다. 단 시작에 표시링을 건다. 코가 꼬이지 않도록 조심하며 원통으로 잇는다.

고무뜨기 단: *겉뜨기1, 안뜨기1*, *~*을 단 끝까지 반복한다. 배색실1을 자른다.

바탕실을 연결해서 고무뜨기로 총 10단 뜬다(약 2.5cm).

양말목

바탕실을 사용해서 겉뜨기로 1단 뜬다.

바탕실을 사용해서 코를 2.5mm 바늘로 옮기면서 다음과 같이 코늘림 단을 뜬다:

사이즈1: *겉뜨기14, M1L코늘림*, *~*을 단 끝까지 반복한다. 4코 늘어남. 총 60코.

사이즈2: *겉뜨기8, M1L코늘림*, *~*을 단 끝까지 반복한다. 8코 늘어남. 총 72코.

사이즈3: *겉뜨기6, M1L코늘림*, *~*을 단 끝까지 반복한다. 12코 늘어남. 총 84코.

도안이 지시하는 곳에서 배색실1을 연결하며, 배색뜨기 무늬도안(42쪽) 1~28단을 뜬다, 무늬도안은 각 단마다 5 (6, 7)회 반복한다. 원한다면 양말을 뜬 후 검은색 실로 눈을 덧수로 수놓는다. 무늬도안을 완성하면 배색실1을 자른다.

코를 다시 2.25mm 바늘로 옮기면서 바탕실을 사용해 다음과 같이 코줄임 단을 뜬다:

사이즈1: *겉뜨기13, 왼코줄임*, *~*을 단 끝까지 반복한다. 4코 줄어듦. 총 56코.

사이즈2: *겉뜨기7, 왼코줄임*, *~*을 단 끝까지 반복한다. 8코 줄어듦. 총 64코.

사이즈3: *겉뜨기5, 왼코줄임*, *~*을 단 끝까지 반복한다. 12코 줄어듦. 총 72코.

겉뜨기로 12단 더 뜬다(약 2.5cm).

(양말을 더 길게 뜨려면, 계속해서 바탕실을 사용해서 원하는 양말목 길이까지 겉뜨기한다. 두 번째 양말을 동일하게 뜰 수 있게 몇 단을 더 떴는지 기록한다.)

되돌아뜨기 뒤꿈치

이제 배색실1과 2.25mm 바늘1만 사용해서, 선택한 사이즈에 맞는 뒤꿈치 지시사항을 따라 뜰 것이다.

사이즈1(바늘1에 28코 있음):

1단(겉면): 1코걸러뜨기, 겉뜨기26. 안면이 보이도록 편물을 뒤집는다(1코는 뜨지 않고 둔다).

2단(안면): 1코걸러뜨기, 안뜨기25(끝의 1코는 뜨지 않고 둔다). 겉면이 보이도록 편물을 뒤집는다.

3단: 1코걸러뜨기, 겉뜨기24(끝의 2코는 뜨지 않고 둔다). 편물을 뒤집는다.

4단: 1코걸러뜨기, 안뜨기23(구멍 1코 전까지). 편물을 뒤집는다.

5단: 1코걸러뜨기, 겉뜨기22(구멍 1코 전까지). 편물을 뒤집는다.

6단: 1코걸러뜨기, 안뜨기21(구멍 1코 전까지). 편물을 뒤집는다.

7단: 1코걸러뜨기, 구멍 1코 전까지 겉뜨기. 편물을 뒤집는다.

8단: 1코걸러뜨기, 구멍 1코 전까지 안뜨기. 편물을 뒤집는다. 7~8단을 5회 더 반복한다.

19단: 1코걸러뜨기, 구멍 1코 전까지 겉뜨기. 편물을 뒤집는다.

20단: 1코걸러뜨기, 안뜨기7.

중심에 안뜨기 8코가 있고 그 양옆에 뜨지 않은 코가 10코씩 있다. 편물을 뒤집는다.

이제 편물을 뒤집어서 생긴 구멍을 막으면서 뒤꿈치를 평면 뜨기로 편물을 뒤집어가며 뜬다.

21단(겉면): 1코걸러뜨기, 겉뜨기6, (구멍 양옆의 각 1코를 이용해서) 오른코줄임, M1L코늘림. 편물을 뒤집는다.

22단(안면): 1코걸러뜨기, 안뜨기7, 안뜨기로 2코모아뜨기, M1P코늘림. 편물을 뒤집는다.

23단: 1코걸러뜨기, 겉뜨기8, 오른코줄임, M1L코늘림. 편물을 뒤집는다.

24단: 1코걸러뜨기, 안뜨기9, 안뜨기로 2코모아뜨기, M1P코늘림. 편물을 뒤집는다.

계속해서 이미 만들어진 규칙대로 14단 더 뜬다.

39단(겉면): 1코걸러뜨기, 겉뜨기24, 오른코줄임, M1L코늘림. 편물을 뒤집는다.

40단(안면): 1코걸러뜨기, 안뜨기25, 안뜨기로 2코모아뜨기, M1P코늘림. 편물을 뒤집는다.

이제 바늘1에 28코 있다.

계속해서 발 섹션(41쪽)을 진행한다.

사이즈2(바늘1에 32코 있음):

1단(겉면): 1코걸러뜨기, 겉뜨기30. 안면이 보이도록 편물을 뒤집는다(1코는 뜨지 않고 둔다).

2단(안면): 1코걸러뜨기, 안뜨기29(끝의 1코는 뜨지 않고 둔다). 겉면이 보이도록 편물을 뒤집는다.

3단: 1코걸러뜨기, 겉뜨기28(끝의 2코는 뜨지 않고 둔다). 편물을 뒤집는다.

4단: 1코걸러뜨기, 안뜨기27(구멍 1코 전까지). 편물을 뒤집는다.

5단: 1코걸러뜨기, 겉뜨기26(구멍 1코 전까지). 편물을 뒤집는다.

6단: 1코걸러뜨기, 안뜨기25(구멍 1코 전까지). 편물을 뒤집는다.

7단: 1코걸러뜨기, 구멍 1코 전까지 겉뜨기. 편물을 뒤집는다.

8단: 1코걸러뜨기, 구멍 1코 전까지 안뜨기. 편물을 뒤집는다.

7~8단을 5회 더 반복한다.

19단: 1코걸러뜨기, 구멍 1코 전까지 겉뜨기. 편물을 뒤집는다.

20단: 1코걸러뜨기, 안뜨기11.

중심에 안뜨기 12코가 있고 그 양옆에 뜨지 않은 코가 10코씩 있다. 편물을 뒤집는다.

이제 편물을 뒤집어서 생긴 구멍을 막으면서 뒤꿈치를 평면 뜨기로 편물을 뒤집어가며 뜬다.

21단(겉면): 1코걸러뜨기, 겉뜨기10, (구멍 양쪽의 각 1코를 이용해서) 오른코줄임, M1L코늘림. 편물을 뒤집는다.

22단(안면): 1코걸러뜨기, 안뜨기11, 안뜨기로 2코모아뜨기, M1P코늘림. 편물을 뒤집는다.

23단: 1코걸러뜨기, 겉뜨기12, 오른코줄임, M1L코늘림. 편물을 뒤집는다.

24단: 1코걸러뜨기, 안뜨기13, 안뜨기로 2코모아뜨기, M1P코늘림. 편물을 뒤집는다.

계속해서 이미 만들어진 규칙대로 14단 더 뜬다.

39단(겉면): 1코걸러뜨기, 겉뜨기28, 오른코줄임, M1L코늘림. 편물을 뒤집는다.

40단(안면): 1코걸러뜨기, 안뜨기29, 안뜨기로 2크모아뜨기, M1P코늘림. 편물을 뒤집는다.

이제 바늘1에 32코 있다.

계속해서 발 섹션(41쪽)을 진행한다.

사이즈3(바늘1에 36코 있음):

1단(겉면): 1코걸러뜨기, 겉뜨기34. 안면이 보이도록 편물을 뒤집는다(1코는 뜨지 않고 둔다).

2단(안면): 1코걸러뜨기, 안뜨기33(끝의 1코는 뜨지 않고 둔다). 겉면이 보이도록 편물을 뒤집는다.

3단: 1코걸러뜨기, 겉뜨기32(끝의 2코는 뜨지 않고 둔다). 편물을 뒤집는다.

4단: 1코걸러뜨기, 안뜨기31(구멍 1코 전까지). 편물을 뒤집는다.

5단: 1코걸러뜨기, 겉뜨기30(구멍 1코 전까지). 편물을 뒤집는다.

6단: 1코걸러뜨기, 안뜨기29(구멍 1코 전까지). 편물을 뒤집는다.

7단: 1코걸러뜨기, 구멍 1코 전까지 겉뜨기. 편물을 뒤집는다.

8단: 1코걸러뜨기, 구멍 1코 전까지 안뜨기. 편물을 뒤집는다.

7~8단을 6회 더 반복한다.

21단: 1코걸러뜨기, 구멍 1코 전까지 겉뜨기. 편물을 뒤집는다.

22단: 1코걸러뜨기, 안뜨기13.

중심에 안뜨기 14코가 있고 그 양옆에 뜨지 않은 코가 11코씩 있다. 편물을 뒤집는다.

이제 편물을 뒤집어서 생긴 구멍을 막으면서 뒤꿈치를 평면 뜨기로 편물을 뒤집어가며 뜬다.

23단(겉면): 1코걸러뜨기, 겉뜨기12, (구멍 양쪽의 각 1코를 이용해서) 오른코줄임, M1L코늘림. 편물을 뒤집는다.

24단(안면): 1코걸러뜨기, 안뜨기13, 안뜨기로 2코모아뜨기, M1P코늘림. 편물을 뒤집는다.

25단: 1코걸러뜨기, 겉뜨기14, 오른코줄임, M1L코늘림. 편물을 뒤집는다.

26단: 1코걸러뜨기, 안뜨기15, 안뜨기로 2코모아뜨기, M1P코늘림. 편물을 뒤집는다.

계속해서 이미 만들어진 규칙대로 16단 더 뜬다.

43단(겉면): 1코걸러뜨기, 겉뜨기32, 오른코줄임, M1L코늘림. 편물을 뒤집는다.

44단(안면): 1코걸러뜨기, 안뜨기33, 안뜨기로 2코모아뜨기, M1P코늘림. 편물을 뒤집는다.

이제 바늘1에 36코 있다.

발(모든 사이즈)

배색실1을 자른다. 바탕실을 사용해서 발 길이가 원하는 완성품 길이에서 5 (6, 7)cm 모자랄 때까지 매 단 겉뜨기한다.

바탕실을 사용해서 코를 2.5mm 바늘로 옮기면서 다음과 같이 코늘림 단을 뜬다:

사이즈1: *겉뜨기14, M1L코늘림*, *~*을 단 끝까지 반복한다. 4코 늘어남. 총 60코.

사이즈2: *겉뜨기8, M1L코늘림*, *~*을 단 끝까지 반복한다. 8코 늘어남. 총 72코.

사이즈3: *겉뜨기6, M1L코늘림*, *~*을 단 끝까지 반복한다. 12코 늘어남. 총 84코.

도안이 지시하는 곳에서 배색실1을 연결하면서, 배색뜨기 무늬도안(42쪽) 1단을 뜬다. 무늬도안은 각 단마다 5 (6, 7)회 반복한다.

바탕실을 사용해서 겉뜨기로 1단 뜬다.

코를 다시 2.25mm 바늘로 옮기면서 바탕실을 사용해 다음과 같이 코줄임 단을 뜬다:

사이즈1: *겉뜨기13, 왼코줄임*, *~*을 단 끝까지 반복한다. 4코 줄어듦. 총 56코.

사이즈2: *겉뜨기7, 왼코줄임*, *~*을 단 끝까지 반복한다. 8코 줄어듦. 총 64코.

사이즈3: *겉뜨기5, 왼코줄임*, *~*을 단 끝까지 반복한다. 12코 줄어듦. 총 72코.

발끝

이제 바늘1과 바늘2에 동일한 콧수가 있어야 한다. 단 시작 표시링을 제거한다. 바늘1에는 발바닥 28 (32, 36)코가 있다. 바늘2에는 발등 28 (32, 36)코가 있다.

바탕실과 바늘1을 사용해서 14 (16, 18)코 겉뜨기한다. 방금 뜬 코 다음에 단 시작 표시링을 건다. 이곳은 발바닥 부분인 바늘1의 가운데여야 한다. 바탕실을 자른다.

배색실1을 사용해서:

1단(코줄임 단):
바늘1: 3코 남을 때까지 겉뜨기, 왼코줄임, 겉뜨기1.
바늘2: 겉뜨기1, 오른코줄임, 3코 남을 때까지 겉뜨기, 왼코줄임, 겉뜨기1.
바늘1: 겉뜨기1, 오른코줄임, 단 시작 표시링까지 겉뜨기. 4코 줄어듦.

2단: 모든 코 겉뜨기한다.

각 바늘에 20코 남을 때까지 1~2단을 반복한다(총 40코). 계속해서 각 바늘에 10코 남을 때까지 1단만 반복한다(매 단 코줄임한다)(총 20코).

단 시작 표시링을 제거한다. 양말의 옆선을 만날 때까지 5코 겉뜨기한다. 각 바늘에 남은 10코를 메리야스잇기로 연결한다.

마무리

실끝을 정리한다. 두 번째 양말을 뜬다. 원한다면 무늬도안에서 위치를 참고해 덧수로 눈을 수놓는다. 찬물에 부드럽게 손빨래하고 평평하게 뉘어 말린다.

배색뜨기 무늬도안

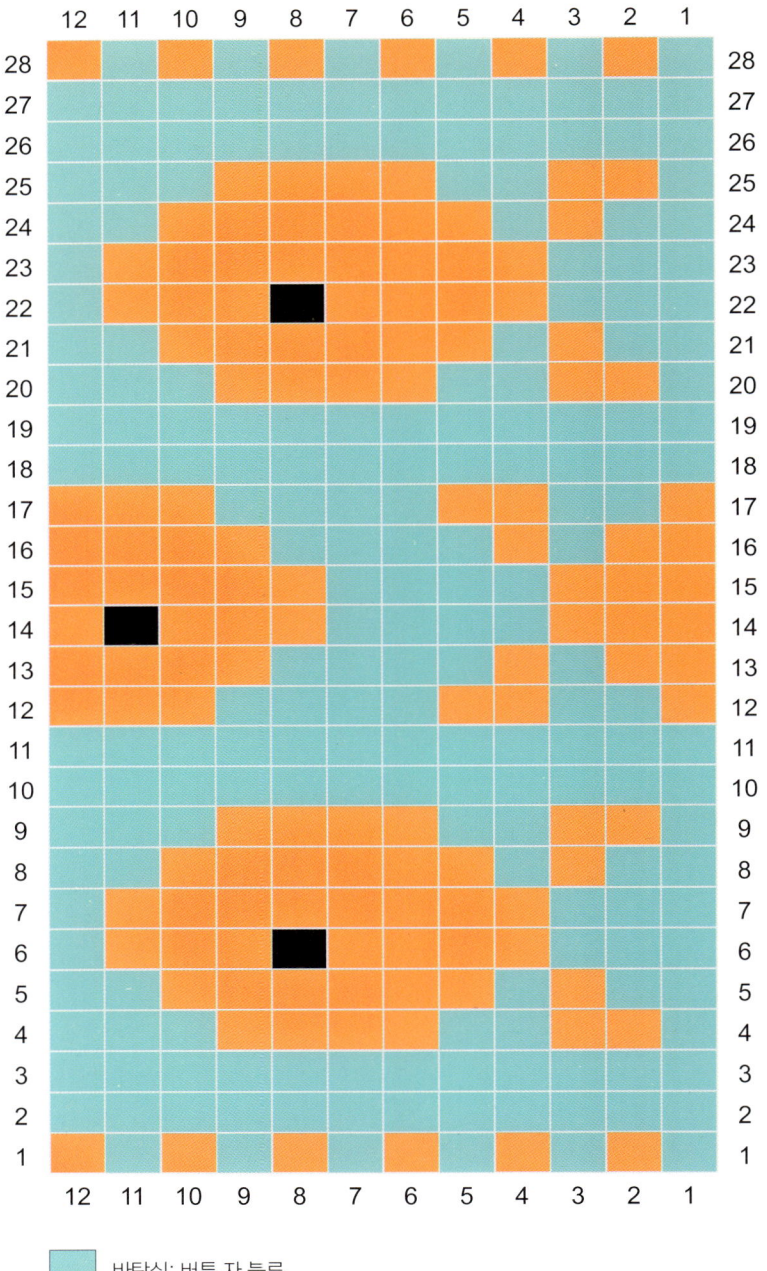

| 바탕실: 버튼 자 블루 |
| 배색실1: 마나위 |
| 검은색 덧수(선택사항) |

폴리는 크래커를 원해
Polly Wants a Cracker

저는 오른손 검지 끝을 미키라는 앵무새에게 잃을 뻔한 적이 있습니다. 제 뜨개질 경력이 시작되기도 전에 끝날 뻔했어요! 제가 처음 아르바이트를 한 곳이 동네의 애완동물 가게였는데, 일찌감치 미키를 피하라는 경고부터 받았습니다. 하지만 열일곱 살이던 저는 현대판 백설공주처럼 모든 동물을 친구로 만들 수 있다고 믿었습니다. 첫날, 저는 미키의 공격을 받아 거의 손가락이 잘릴 뻔한 채로 집에 돌아갔습니다. 경고를 귀담아듣지 않고 미키와 눈을 마주친 결과였죠. 어쨌든 그 일을 계속하게 되었고, 이후로는 미키에게 모이를 줄 때 눈을 마주치지 않는 법을 배웠습니다! 미키는 나쁜 상황에서 구조된 앵무새였는데, 가게 주인과는 유대감이 강해서 주인은 미키를 어깨에 얹고 어린이 영화 속 해적처럼 돌아다녔습니다. 미키는 아름답고 화려한 색깔을 자랑하는 마코앵무새였지만, 매우 사나웠죠. 크래커를 좋아하는 앵무새 폴리가 등장하는 이 양말은 미키와 모든 조류 애호가에게 바칩니다. 이렇게 재미있고 생기 넘치는 앵무새가 그려진 양말을 누가 거부할 수 있을까요?

양말 구조

이 양말은 위에서 아래로 내려 뜨고, 고무뜨기 발목단, 자고새 눈 무늬 힐플랩, 거싯이 있습니다. 양말목에는 화려한 색의 큼직한 마코앵무새 배색 무늬가 있습니다. 발끝 코줄임 전에 양말목 앵무새 무늬의 테두리와 마찬가지로 작은 배색 무늬가 들어갑니다. 너무 많은 색상을 한 단에서 사용하지 않기 위해(하지만 이렇게 해도 됩니다!) 세부 사항은 덧수로 추가합니다.

사이즈

1 (2, 3)
발 둘레: 19~21 (21.5~23.5, 24~26)cm
완성치수: 17.5 (20, 22.5)cm
권장 여유분: 마이너스 2.5cm. 발 둘레는 발의 가장 넓은 부분을 잰다. 바늘 호수를 높이거나 낮춰서 더 크거나 더 작은 사이즈를 뜰 수 있다.

양말목/발 길이는 쉽게 조정할 수 있다. 자세한 내용은 만드는 법을 참고할 것.
사진 속 작품은 사이즈2(US 8.5/EU 39/UK 6), 발 둘레 22.5cm로 떴다.

재료

실
바탕실: 핑거링 굵기, 하우스 오브 아라모드의 하우스 핑거링 2ply(슈퍼워시 메리노 울 80%, 나일론 20%), 1타래 365m 100g
배색실1, 2, 3, 4: 핑거링 굵기, 필콜라나의 아르웨타 클래식(슈퍼워시 메리노 울 80%, 나일론 20%), 1타래 210m 50g

사진 속 작품에서는 다음 색상을 사용
바탕실: 라크스퍼Larkspur 1타래
배색실1: 차이니즈레드Chinese Red 218 1타래
배색실2: 일렉트릭옐로Electric Yellow 251 1타래
배색실3: 네이비블루Navy Blue 145 자투리실 소량
배색실4: 베리라이트그레이Very Light Gray 957(멜란지) 자투리실 소량
같은 게이지 치수를 얻을 수 있다면 핑거링 굵기의 실은 무엇이든 사용할 수 있다.

바늘
고무뜨기와 메리야스뜨기에 사용: 2.25mm
80cm 길이 줄바늘(매직루프)/23cm 길이 줄바늘 1개 또는 2개/장갑바늘 중 선호하는 바늘 사용
배색뜨기에 사용: 2.5mm
80cm 길이 줄바늘(매직루프)/23cm 길이 줄바늘 1개 또는 2개/장갑바늘 중 선호하는 바늘 사용
주의사항: 잘 맞는 양말을 뜨기 위해 게이지를 체크할 것.
바늘 호수를 높이거나 낮춰서 추가 사이즈를 뜰 수 있다.

부자재

표시링, 가위, 돗바늘

게이지

32코×44단=10cm×10cm 고무뜨기와 메리야스뜨기
34코×38단=10cm×10cm 배색뜨기

팁 & 스페셜 기법

배색뜨기 다시 보기(8쪽)
덧수(185쪽)
발끝 메리야스잇기(186쪽)
주요 기법(184쪽 참고)

만드는 법

발목단

바탕실과 2.25mm 바늘을 사용해서 56 (64, 72)코 만든다.
2개의 바늘에 동일하게 콧수를 나눈다. 장갑바늘을 사용할
경우, 3개(또는 4개)의 바늘에 동일하게 콧수를 나눠 옮긴다.
단 시작에 표시링을 건다. 코가 꼬이지 않도록 조심하며 원
통으로 잇는다.
고무뜨기 단: *겉뜨기1, 안뜨기1*, *~*을 단 끝까지 반복한다.
고무뜨기로 총 14단 뜬다(약 4cm).

양말목

바탕실을 사용해서 겉뜨기로 1단 뜬다.

바탕실을 사용해서 코를 2.5mm 바늘로 옮기면서 다음과
같이 코늘림 단을 뜬다:
사이즈1: *겉뜨기14, M1L코늘림*, *~*을 단 끝까지 반복한
다. 4코 늘어남. 총 60코.
사이즈2: *겉뜨기8, M1L코늘림*, *~*을 단 끝까지 반복한
다. 8코 늘어남. 총 72코.
사이즈3: *겉뜨기6, M1L코늘림*, *~*을 단 끝까지 반복한
다. 12코 늘어남. 총 84코.

도안이 지시하는 곳에서 배색실1, 배색실2, 배색실3, 배색실
4를 연결하며 배색뜨기 무늬도안(47쪽) 1~24단을 뜬다. 무
늬도안은 각 단마다 5 (6, 7)회 반복한다. 18단을 뜨고 나면
배색실3과 배색실4를 자르고, 무늬도안을 완성하면 배색실1
과 배색실2를 자른다.

바탕실을 사용해 다시 2.25mm 바늘로 코를 옮기면서
다음과 같이 코줄임 단을 뜬다:
사이즈1: *겉뜨기13, 왼코줄임*, *~*을 단 끝까지 반복한다.
4코 줄어듦. 총 56코.
사이즈2: *겉뜨기7, 왼코줄임*, *~*을 단 끝까지 반복한다.
8코 줄어듦. 총 64코.
사이즈3: *겉뜨기5, 왼코줄임*, *~*을 단 끝까지 반복한다.
12코 줄어듦. 총 72코.
바탕실을 사용해서 겉뜨기로 20단 더 뜬다(5cm).
(양말을 더 짧게 뜨려면 20단을 다 뜨기 전에 원하는 길이에
서 멈추고, 더 길게 뜨려면 계속해서 바탕실을 사용해서 양말
목이 원하는 길이가 될 때까지 겉뜨기한다. 두 번째 양말을 동
일하게 뜰 수 있게 몇 단을 더 떴는지 기록한다.)

자고새 눈 무늬 힐플랩

바탕실을 사용해서 바늘1의 28 (32, 36)코를 가지고 평면뜨
기로 편물을 뒤집어가며 뜬다. 바늘2에는 발등이 될 28 (32,
36)코가 있다. 시작할 때 걸었던 표시링을 제거한다.
1단(겉면): *안뜨기하듯이 1코걸러뜨기, 겉뜨기1*, *~*을 단
끝까지 반복한다. 편물을 뒤집는다.
2단(안면): 안뜨기하듯이 1코걸러뜨기, 단 끝까지 안뜨기. 편
물을 뒤집는다.
3단(겉면): 안뜨기하듯이 2코걸러뜨기, *겉뜨기1, 1코걸러
뜨기*, *~*를 2코 남을 때까지 반복, 겉뜨기2. 편물을 뒤집
는다.
4단(안면): 2단과 동일하게 뜬다.
1~4단을 반복하며 총 28 (32, 36)단을 뜨는데, 마지막으로
뜨는 단이 안면(안뜨기) 단이 되도록 끝낸다. 힐턴을 완성한
후 주울 수 있는 가장자리 14 (16, 18)코가 있을 것이다.

힐턴

계속해서 바탕실을 사용해, 이제 되돌아뜨기로 뒤꿈치 경사를 만들 것이다.

1단(겉면): 1코걸러뜨기, 겉뜨기15 (18, 20), 오른코줄임, 겉뜨기1. 편물을 뒤집는다.

2단(안면): 1코걸러뜨기, 안뜨기5 (7, 7), 안뜨기로 2코모아뜨기, 안뜨기1. 편물을 뒤집는다.

3단(겉면): 1코걸러뜨기, 겉뜨기6 (8, 8), 오른코줄임, 겉뜨기1. 편물을 뒤집는다.

4단(안면): 1코걸러뜨기, 안뜨기7 (9, 9), 안뜨기로 2코모아뜨기, 안뜨기1. 편물을 뒤집는다.

계속해서 이 규칙대로 뜬다: 1코걸러뜨기, 이전 단에서 편물을 뒤집어서 생긴 구멍 1코 전까지 겉뜨기 또는 안뜨기, 구멍을 막기 위해 오른코줄임 또는 안뜨기로 2코모아뜨기, 겉뜨기1 또는 안뜨기1. 편물을 뒤집는다. **(사이즈1만 해당:** 마지막 2단은 오른코줄임 또는 안뜨기로 2코모아뜨기로 끝날 것이다. 겉뜨기1 또는 안뜨기1을 뜰 남은 코가 없을 것이다.) 계속해서 모든 코를 작업할 때까지 진행하고 마지막으로 뜨는 단이 안면에서 안뜨기 단이 되도록 끝낸다. 겉면이 보이도록 편물을 뒤집는다. 이제 바늘1에 16 (20, 22)코 남아 있다.

거싯

바탕실을 사용해서, 이제 힐플랩의 양쪽 가장자리를 따라서 코를 주울 것이다.

뒤꿈치 코를 겉뜨기하는데, 8 (10, 11)코(중간 지점) 뜬 후 단 시작 표시링을 건다.

힐플랩의 가장자리를 따라 14 (16, 18)코를 꼬아뜨기로 줍는다. 모서리에 구멍이 생기지 않게 힐플랩과 발등 사이 모서리에서 1코 더 줍는다. 다음 단의 어디서 코줄임할지 알아볼 수 있게 여기에 표시링을 건다. 또는 뒤꿈치/거싯 코와 발등 코를 각각 다른 바늘에 나눈다.

쉼코로 둔 바늘2의 발등 28 (32, 36)코를 겉뜨기한다. 발등 코를 뜬 후 전과 동일한 방법으로 표시링을 또 건다.

모서리에서 1코 줍고 힐플랩의 가장자리를 따라 14 (16, 18)코를 꼬아뜨기로 줍는다. 단 시작 표시링을 만날 때까지 뒤꿈치의 첫 번째 절반을 겉뜨기한다.

이제 뒤꿈치/거싯에 총 46 (54, 60)코, 발등에 28 (32, 36)코 있다. 다시 모든 코를 사용해서 원통뜨기할 것이다. 바늘에 총 74 (86, 96)코 있다.

거싯 코줄임

1단: 첫 번째 표시링 3코 전까지(매직루프 기법을 사용한다면 바늘1 끝까지) 겉뜨기하고 왼코줄임, 겉뜨기1, 표시링 옮긴다. 두 번째 표시링을 만날 때까지(매직루프 기법을 사용한다면 바늘1 시작까지) 발등 코를 겉뜨기한다, 표시링 옮긴다. 겉뜨기1, 오른코줄임. 단 시작 표시링까지 겉뜨기한다. 2코 줄어듦.

2단: 모든 코 겉뜨기한다.

뒤꿈치/거싯 코가 28 (32, 36)코로 줄어들 때까지 1~2단을 반복한다.

발등 28 (32, 36)코는 바늘2에 남아 있다. 이제 총 56 (64, 72)코 있다.

발(모든 사이즈)

계속해서 바탕실을 사용해서 발 길이가 원하는 완성품 길이에서 약 5 (6, 7)cm 모자랄 때까지 매 단 겉뜨기한다.

바탕실을 사용해서 코를 2.5mm 바늘로 옮기면서 다음과 같이 코늘림 단을 뜬다:

사이즈1: *겉뜨기14, M1L코늘림*, *~*을 단 끝까지 반복한다. 4코 늘어남. 총 60코.

사이즈2: *겉뜨기8, M1L코늘림*, *~*을 단 끝까지 반복한다. 8코 늘어남. 총 72코.

사이즈3: *겉뜨기6, M1L코늘림*, *~*을 단 끝까지 반복한다. 12코 늘어남. 총 84코.

도안이 지시하는 곳에서 배색실1과 배색실2를 연결하며 배색뜨기 무늬도안 1~3단을 뜬다. 무늬도안은 각 단마다 5 (6, 7)회 반복한다.

배색실1과 배색실2를 자른다.

바탕실을 사용해서 겉뜨기로 1단 뜬다.

코를 다시 2.25mm 바늘로 옮기면서 바탕실을 사용해 다음과 같이 코줄임 단을 뜬다:

사이즈1: *겉뜨기13, 왼코줄임*, *~*을 단 끝까지 반복한다. 4코 줄어듦. 총 56코.

사이즈2: *겉뜨기7, 왼코줄임*, *~*을 단 끝까지 반복한다. 8코 줄어듦. 총 64코.

사이즈3: *겉뜨기5, 왼코줄임*, *~*을 단 끝까지 반복한다. 12코 줄어듦. 총 72코.

발끝

이제 코는 바늘1과 바늘2에 동일하게 나뉘어 있다. 바늘1에는 발바닥 28 (32, 36)코가 있고, 단 시작 표시링 양쪽에 각각 14 (16, 18)코씩 있다. 바늘2에는 발등 28 (32, 36)코가 있다.

바탕실로 단 시작 표시링에서 시작한다.

1단(코줄임 단):

　바늘1: 3코 남을 때까지 겉뜨기, 왼코줄임, 겉뜨기1.

　바늘2: 겉뜨기1, 오른코줄임, 3코 남을 때까지 겉뜨기, 왼코줄임, 겉뜨기1.

　바늘1: 겉뜨기1, 오른코줄임, 단 시작 표시링까지 겉뜨기. 4코 줄어듦.

2단: 모든 코 겉뜨기한다.

1~2단을 각 바늘에 20코 남을 때까지 반복한다(총 40코). 계속해서 각 바늘에 10코 남을 때까지 1단만 반복한다(매 단 코줄임한다)(총 20코).

단 시작 표시링을 제거한다. 양말 옆선을 만날 때까지 5코를 겉뜨기한다. 각 바늘의 10코를 메리야스잇기로 연결한다.

마무리

실끝을 정리한다. 두 번째 양말을 뜬다. 무늬도안의 위치를 참고해서 남은 디테일을 덧수로 수놓는다. 찬물에 부드럽게 손빨래하고 평평하게 뉘어 말린다.

배색뜨기 무늬도안

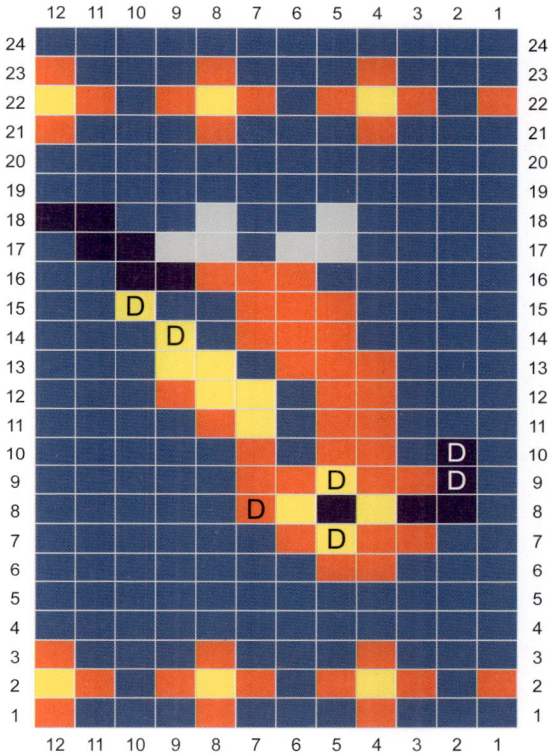

바탕실: 라크스퍼

배색실1: 차이니즈레드

배색실2: 일렉트릭옐로

배색실3: 네이비블루

배색실4: 베리라이트그레이

D 덧수 네이비블루

D 덧수 일렉트릭옐로

D 덧수 차이니즈레드

정원에서
In the Garden

여러분의 정원이 넓고 탁 트인 공간이든, 채소밭이든, 작은 발코니든, 관엽식물을 모아둔 창턱이든 상관없습니다. 우리 모두 집에서 약간의 정원 가꾸기와 식물 돌보기를 즐길 수 있어요. 식물은 집을 보기 좋게 만들 뿐만 아니라 기분과 창의력 향상에도 도움이 되는 것으로 알려져 있습니다! 실내에서든 뒷마당에서든 정원일을 할 때 신을 수 있는 재미있는 양말 몇 가지를 소개합니다. 자연과 자연이 제공하는 모든 것을 좋아하는 모든 분을 위한 양말이에요. 꽃을 잘 키우지 못하더라도(저처럼!) 양말에 완벽한 꽃(51쪽)을 뜨개질해 신거나, 멋진 사과나무(61쪽)가 사과 열매를 맺게 해 신을 수 있습니다. 아니면 행운을 가져다준다는 사랑스러운 무당벌레(55쪽)를 양말과 집에 초대하는 것은 어떨까요? 원예를 좋아하는 친구나 여러분 스스로를 위해 만들고 싶은 도안 한두 가지를 찾을 수 있을 거예요. 물을 너무 많이 준 게 아닐까 걱정할 필요도 없답니다!

활짝 핀 꽃들
Full Blooms

이 짧은 길이의 양말은 상쾌한 여름 아침 정원이나 발코니에서, 또는 창밖으로 꽃을 감상하며 휴식을 취하거나 좋아하는 차가운 음료를 마실 때 신기에 안성맞춤입니다. 꽃이 피기 시작하면 봄이 왔다는 것을 알 수 있지요! 이 멋진 양말을 신으면, 어울리는 꽃 몇 송이를 따서 화환으로 엮어 쓰고 싶어질지도 모릅니다. 양말목의 동글동글한 방울 꽃과 발끝의 커다란 꽃은 1970년대의 유쾌한 복고풍 플라워 파워 프린트를 연상시키며 날씨에 상관없이 미소를 짓게 할 거예요!

양말 구조
이 짧은 양말은 위에서 아래로 내려 뜨고 고무뜨기 발목단, 힐플랩, 거싯이 있습니다. 양말목은 세 가지 색상의 푹신한 모헤어 실로 뜬 큼직한 배색 무늬 방울 꽃이 특징입니다. 발끝에는 커다란 복고풍 배색 무늬 데이지가 장식되어 있으며, 남은 코에 실을 통과시키고 단단히 당겨서 마무리합니다.

사이즈
1 (2, 3)
발 둘레: 19~21 (21.5~23.5, 24~26)cm
완성치수: 17.5 (20, 22.5)cm
권장 여유분: 마이너스 2.5cm. 발 둘레는 발의 가장 높은 부분을 잰다. 바늘 호수를 높이거나 낮춰서 더 크거나 더 작은 사이즈를 뜰 수 있다.
양말목/발 길이는 쉽게 조정할 수 있다. 자세한 내용은 만드는 법을 참고할 것.
사진 속 작품은 사이즈2(US 8.5/EU 39/UK 6), 발 둘레 22.5cm로 떴다.

재료

실
바탕실과 배색실1: 핑거링 굵기, PRU 얀의 소울(슈퍼워시 메리노 울 85%, 나일론 15%), 1타래 400m 100g
배색실2: 핑거링 굵기, 산네스 가른의 틴 실크 모헤어(모헤어 57%, 실크 28%, 울 15%), 1타래 212m 25g
배색실3: 핑거링 굵기, 킨드레드 레드의 래드 삭(슈퍼워시 메리노 울 75%, 나일론 25%), 1타래 211m 50g

사진 속 작품에서는 다음 색상을 사용
바탕실: 플리더Flieder 1타래
배색실1: 언다이드Undyed 1타래
배색실2: 내추럴Natural 1012 1타래
배색실3: 설퍼 스프링스 이터널Sulfur Springs Eternal 1타래
같은 게이지 치수를 얻을 수 있다면 핑거링 굵기의 실은 무엇이든 사용할 수 있다.

바늘
고무뜨기와 메리야스뜨기에 사용: 2.25mm
80cm 길이 줄바늘(매직루프)/23cm 길이 줄바늘 1개 또는 2개/장갑바늘 중 선호하는 바늘 사용
양말목 배색뜨기에 사용: 2.75mm
80cm 길이 줄바늘(매직루프)/23cm 길이 줄바늘 1개 또는 2개/장갑바늘 중 선호하는 바늘 사용
발 배색뜨기에 사용: 2.5mm
80cm 길이 줄바늘(매직루프)/23cm 길이 줄바늘 1개 또는 2개/장갑바늘 중 선호하는 바늘 사용
주의사항: 잘 맞는 양말을 뜨기 위해 게이지를 체크할 것. 바늘 호수를 높이거나 낮춰서 추가 사이즈를 뜰 수 있다.

부자재
표시링, 가위, 돗바늘

게이지
32코×44단=10cm×10cm 고무뜨기와 메리야스뜨기
32코×34단=10cm×10cm 양말목 배색뜨기
34코×34단=10cm×10cm 발 배색뜨기

팁 & 스페셜 기법
배색뜨기 다시 보기(8쪽)
방울뜨기(큰 버전)(186쪽)
주요 기법(184쪽 참고)

만드는 법

발목단
배색실1과 2.25mm 바늘을 사용해서 56 (64, 72)코 만든다. 2개의 바늘에 동일하게 콧수를 나눈다. 장갑바늘을 사용할 경우, 3개(또는 4개)의 바늘에 동일하게 콧수를 나눠 옮긴다. 단 시작에 표시링을 건다. 코가 꼬이지 않도록 조심하며 원통으로 잇는다.
고무뜨기 단: *겉뜨기1, 안뜨기1*, *~*을 단 끝까지 반복한다. 고무뜨기로 총 8단 뜬다(약 2cm).

양말목
바탕실을 사용해서 겉뜨기로 4단 뜬다.

바탕실을 사용해서 코를 2.75mm 바늘로 옮기면서 다음과 같이 코늘림 단을 뜬다:
사이즈1: *겉뜨기14, M1L코늘림*, *~*을 단 끝까지 반복한다. 4코 늘어남. 총 60코.
사이즈2: *겉뜨기8, M1L코늘림*, *~*을 단 끝까지 반복한다. 8코 늘어남. 총 72코.
사이즈3: *겉뜨기6, M1L코늘림*, *~*을 단 끝까지 반복한다. 12코 늘어남. 총 84코.

바탕실을 사용해서 겉뜨기로 1단 뜬다.
도안이 지시하는 곳에서 배색실1과 배색실2(함께 잡기), 배색실3을 연결하고 방울뜨기하며, 배색뜨기 무늬도안A(54쪽) 1~9단을 뜬다. 무늬도안을 각 단마다 5 (6, 7)회 반복한다. 7단을 뜬 후 배색실3을 자른다. 무늬도안을 완성하면 배색실1과 배색실2를 자른다.

코를 다시 2.25mm 바늘로 옮기면서 바탕실을 사용해 다음과 같이 코줄임 단을 뜬다:
사이즈1: *겉뜨기13, 왼코줄임*, *~*을 단 끝까지 반복한다. 4코 줄어듦. 총 56코.
사이즈2: *겉뜨기7, 왼코줄임*, *~*을 단 끝까지 반복한다. 8코 줄어듦. 총 64코.
사이즈3: *겉뜨기5, 왼코줄임*, *~*을 단 끝까지 반복한다. 12코 줄어듦. 총 72코.
겉뜨기로 4단 더 뜬다.
(양말을 더 길게 뜨려면, 계속해서 바탕실을 사용해서 원하는 양말목 길이까지 겉뜨기한다. 두 번째 양말을 동일하게 뜰 수 있게 몇 단을 더 떴는지 기록한다.)

걸러뜨기 힐플랩
뒤꿈치는 바탕실을 사용해서 바늘1의 28 (32, 36)코를 가지고 평면뜨기로 편물을 뒤집어가며 뜬다. 바늘2에는 발등 28 (32, 36)코가 있다. 단 시작에 있는 표시링을 제거한다.
1단(겉면): 안뜨기하듯이 1코걸러뜨기, *겉뜨기1, 1코걸러뜨기*, *~*를 1코 남을 때까지 반복, 겉뜨기1. 편물을 뒤집는다.
2단(안면): 안뜨기하듯이 1코걸러뜨기, 단 끝까지 안뜨기한다. 편물을 뒤집는다.
1~2단을 반복하며 총 28 (32, 36)단을 뜨는데 마지막으로 뜨는 단이 안면(안뜨기) 단이 되도록 끝낸다. 힐턴을 완성한 후 주울 수 있는 가장자리 14 (16, 18)코가 있을 것이다.

힐턴
계속해서 바탕실을 사용해서, 이제 되돌아뜨기로 뒤꿈치 경사를 만들 것이다.
1단(겉면): 1코걸러뜨기, 겉뜨기15 (18, 20), 오른코줄임, 겉뜨기1. 편물을 뒤집는다.

2단(안면): 1코걸러뜨기, 안뜨기5 (7, 7), 안뜨기로 2코모아뜨기, 안뜨기1. 편물을 뒤집는다.

3단(겉면): 1코걸러뜨기, 겉뜨기6 (8, 8), 오른코줄임, 겉뜨기1. 편물을 뒤집는다.

4단(안면): 1코걸러뜨기, 안뜨기7 (9, 9), 안뜨기로 2코모아뜨기, 안뜨기1. 편물을 뒤집는다.

계속해서 이 규칙대로 뜬다: 1코걸러뜨기, 이전 단에서 편물을 뒤집어서 생긴 구멍 1코 전까지 겉뜨기 또는 안뜨기, 구멍을 막기 위해 오른코줄임 또는 안뜨기로 2코모아뜨기, 겉뜨기1 또는 안뜨기1. 편물을 뒤집는다. (사이즈1만 해당: 마지막 2단은 오른코줄임 또는 안뜨기로 2코모아뜨기로 끝날 것이다. 겉뜨기1 또는 안뜨기1을 뜰 남은 코가 없을 것이다.) 계속해서 모든 코를 작업할 때까지 진행하고 마지막으로 뜨는 단이 안면에서 안뜨기 단이 되도록 끝낸다. 겉면이 보이도록 편물을 뒤집는다. 이제 바늘1에 16 (20, 22)코 남아 있다.

거싯

바탕실을 사용해서, 이제 힐플랩의 양쪽 가장자리를 따라서 코를 주울 것이다.

뒤꿈치 코를 겉뜨기하는데 8 (10, 11)코(중간 지점) 뜬 후 단 시작 표시링을 건다.

힐플랩의 가장자리를 따라 14 (16, 18)코를 꼬아뜨기로 줍는다. 모서리에 구멍이 생기지 않게 힐플랩과 발등 사이 모서리에서 1코 더 줍는다. 다음 단의 어디서 코줄임할지 알아볼 수 있게 여기에 표시링을 건다. 또는 뒤꿈치/거싯 코와 발등 코를 각각 다른 바늘에 나눈다.

쉼코로 둔 바늘2의 발등 28 (32, 36)코를 겉뜨기한다. 발등 코를 뜬 후 전과 동일한 방법으로 표시링을 또 건다.

모서리에서 1코 줍고 힐플랩의 가장자리를 따라 14 (16, 18)코를 꼬아뜨기로 줍는다. 단 시작 표시링을 만날 때까지 뒤꿈치의 첫 번째 절반을 겉뜨기한다.

이제 뒤꿈치/거싯에 총 46 (54, 60)코, 발등에 28 (32, 36)코 있다. 다시 모든 코를 사용해서 원통뜨기할 것이다. 바늘에 총 74 (86, 96)코 있다.

거싯 코줄임

1단: 첫 번째 표시링 3코 전까지(매직루프 기법을 사용한다면 바늘1 끝까지) 겉뜨기하고 왼코줄임, 겉뜨기1, 표시링 옮긴다. 두 번째 표시링을 만날 때까지(매직루프 기법을 사용한다면 바늘1 시작까지) 발등 코를 겉뜨기한다, 표시링 옮긴다. 겉뜨기1, 오른코줄임. 단 시작 표시링까지 겉뜨기한다. 2코 줄어듦.

2단: 모든 코 겉뜨기한다.

뒤꿈치/거싯 코가 28 (32, 36)코로 줄어들 때까지 1~2단을 반복한다.

발등 28 (32, 36)코는 바늘2에 남아 있다. 이제 총 56 (64, 72)코 있다.

발(모든 사이즈)

계속해서 바탕실을 사용해 발 길이가 원하는 완성품 길이에서 약 5 (6, 7)cm 모자랄 때까지 모든 코를 겉뜨기한다.

바탕실을 사용해서 2.5mm 바늘로 코를 옮기면서 코늘림 단을 뜬다:

사이즈1: *겉뜨기14, M1L코늘림*, *~*을 단 끝까지 반복한다. 4코 늘어남. 총 60코.

사이즈2: *겉뜨기8, M1L코늘림*, *~*을 단 끝까지 반복한다. 8코 늘어남. 총 72코.

사이즈3: *겉뜨기6, M1L코늘림*, *~*을 단 끝까지 반복한다. 12코 늘어남. 총 84코.

도안이 지시하는 곳에서 배색실1을 연결하며, 배색뜨기 무늬 도안B(54쪽) 1~6단을 뜬다. 도안은 각 단마다 5 (6, 7)회 반복한다.

바탕실을 자른다.

배색실1을 사용해서 2.25mm 바늘로 코를 옮기면서 코줄임 단을 뜬다:

사이즈1: *겉뜨기13, 왼코줄임*, *~*을 단 끝까지 반복한다. 4코 줄어듦. 총 56코.

사이즈2: *겉뜨기7, 왼코줄임*, *~*을 단 끝까지 반복한다. 8코 줄어듦. 총 64코.

사이즈3: *겉뜨기5, 왼코줄임*, *~*을 단 끝까지 반복한다. 12코 줄어듦. 총 72코.

발끝

이제 코는 바늘1과 바늘2에 동일하게 나뉘어 있다. 바늘1에는 발바닥 28 (32, 36)코가 있고, 단 시작 표시링 양쪽에 각각 14 (16, 18)코씩 있다. 바늘2에는 발등 28 (32, 36)코가 있다.

단 시작 표시링에서 시작해서 배색실1을 사용해서:

1단(코줄임 단):

바늘1: 3코 남을 때까지 겉뜨기, 왼코줄임, 겉뜨기1.

바늘2: 겉뜨기1, 오른코줄임, 3코 남을 때까지 겉뜨기, 왼코줄임, 겉뜨기1.

바늘1: 겉뜨기1, 오른코줄임, 단 시작 표시링까지 겉뜨기. 4코 줄어듦.

2단: 모든 코 겉뜨기한다.

1~2단을 각 바늘에 20코 남을 때까지 반복한다(총 40코). 배색실1을 자른다.

배색실3을 사용해서, 각 바늘에 6코 남을 때까지 1단만 반복한다(매 단 코줄임한다)(총 12코).

배색실3을 약 10cm 남기고 자른다. 실끝을 돗바늘에 꿰어 양쪽 바늘 남은 코에 통과시켜 단단히 잡아당기고 매듭짓는다.

마무리

실끝을 정리한다. 두 번째 양말을 뜬다. 찬물에 부드럽게 손빨래하고 평평하게 뉘어 말린다.

배색뜨기 무늬도안A

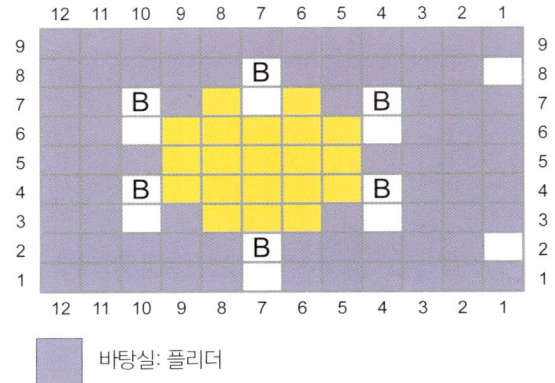

바탕실: 플리더

배색실1 & 배색실2(함께 잡고 뜬다): 언다이드 & 내추럴

B 방울뜨기(배색실1 & 배색실2)

배색실3: 설퍼 스프링스 이터널

배색뜨기 무늬도안B

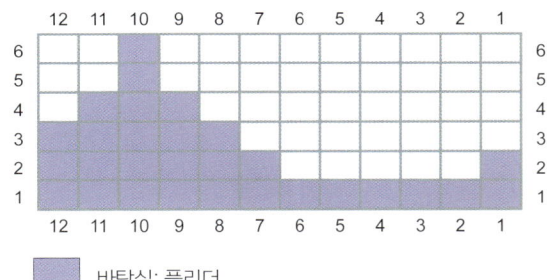

바탕실: 플리더

배색실1: 언다이드

귀찮게 하지 마
Don't Bug Me

이 양말은 세상에서 가장 예쁜 곤충에서 영감을 받았습니다. 발 위에서 춤추는 이 사랑스러운 생물을 모티프로 한 양말을 누가 마다할 수 있을까요? 우리가 사는 곳에서는 매년 여름이 끝날 무렵이면 며칠 동안 무당벌레들이 떼로 몰려듭니다. 그런데 아무도 불평하지 않아요. 무당벌레를 보면 행운이 온다는 속설 때문이죠(이 경우엔 한두 마리가 아니라 200마리쯤 되긴 하지만요!). 동네 꼬마들은 온종일 밖에서 무당벌레를 지키겠다고 나서고, 절대 밟지 말라고 당부합니다. 무당벌레들은 건물 외벽의 틈새 구석구석에 자리를 잡고 겨울을 나요. 웃긴 건, 다른 곤충이었으면 아이들이 아마 비명을 지르며 도망쳤을 거라는 거죠! 그러니까 이번 기회에, 여러분 자신이나 친구를 위해 이 사랑스러운 양말 한 켤레를 만들어보세요. 어쩌면 색상 세 가지를 써야 해서 "귀찮게 하지 마"라고 말하게 될 수도 있지만, 정말 예쁘고 도안도 쉽게 외울 수 있어서 충분히 그럴 만한 가치가 있을 거예요. 게다가 행운도 따라올지 모르잖아요!

양말 구조

이 양말은 위에서 아래로 내려 뜹니다. 세 가지 색상의 귀여운 무당벌레 모티프가 양말목 위쪽에서 시작하여 발 전체에 반복됩니다. 양말은 고무뜨기 발목단으로 시작하며 되돌아뜨기 뒤꿈치가 특징입니다. 마지막으로 발끝에서 코를 줄인 다음 메리야스잇기로 마무리합니다.

사이즈

1 (2, 3)
발 둘레: 19~21 (21.5~23.5, 24~26)cm
완성치수: 17.5 (20, 22.5)cm
권장 여유분: 이 도안의 3색 배색뜨기 섹션에는 여유분이 없다. 발 둘레는 발의 가장 넓은 부분을 잰다. 바늘 호수를 높이거나 낮춰서 더 크거나 더 작은 사이즈를 뜰 수 있다.

양말목/발 길이는 쉽게 조정할 수 있다. 자세한 내용은 만드는 법을 참고할 것.
사진 속 작품은 사이즈2(US 8.5/EU 39/UK 6), 발 둘레 22.5cm로 떴다.

재료

실

핑거링 굵기, 말라브리고의 얼티밋 삭 4ply(슈퍼워시 메리노울 75%, 나일론 25%), 1타래 385m 100g
사진 속 작품에서는 다음 색상을 사용
바탕실: 펄Pearl 1타래
배색실1: 스톤챗Stonechat 1타래
배색실2: 래블리레드Ravelry Red 1타래
배색실3: 블랙Black 1타래
같은 게이지 치수를 얻을 수 있다면 핑거링 굵기의 실은 무엇이든 사용할 수 있다.

바늘

고무뜨기와 메리야스뜨기에 사용: 2.25mm
80cm 길이 줄바늘(매직루프)/23cm 길이 줄바늘 1개 또는 2개/장갑바늘 중 선호하는 바늘 사용
배색뜨기에 사용: 2.75mm
80cm 길이 줄바늘(매직루프)/23cm 길이 줄바늘 1개 또는 2개/장갑바늘 중 선호하는 바늘 사용
주의사항: 잘 맞는 양말을 뜨기 위해 게이지를 체크할 것. 바늘 호수를 높이거나 낮춰서 추가 사이즈를 뜰 수 있다.

부자재

표시링, 가위, 돗바늘

게이지

34코×44단=10cm×10cm 고무뜨기와 메리야스뜨기
32코×38단=10cm×10cm 배색뜨기

팁 & 스페셜 기법

배색뜨기 다시 보기(8쪽)

발끝 메리야스잇기(186쪽)

주요 기법(184쪽 참고)

만드는 법

발목단

배색실1과 2.25mm 바늘을 사용해서 56 (64, 72)코 만든다.
2개의 바늘에 동일하게 콧수를 나누고 단 시작 표시링을 건다. 장갑바늘을 사용할 경우, 3개(또는 4개)의 바늘에 동일하게 콧수를 나눠 옮기고 단 시작 표시링을 건다. 코가 꼬이지 않도록 조심하며 원통으로 잇는다.

고무뜨기 단: *꼬아뜨기로 겉뜨기1, 안뜨기1*, *~*을 단 끝까지 반복한다.

꼬아고무뜨기로 총 13단 뜬다(약 2.75cm).

양말목

바탕실을 사용해서 겉뜨기로 1단 뜬다.

바탕실을 사용해서 코를 2.75mm 바늘로 옮기면서 다음과 같이 코늘림 단을 뜬다:

사이즈1: *겉뜨기14, M1L코늘림*, *~*을 단 끝까지 반복한다. 4코 늘어남. 총 60코.

사이즈2: *겉뜨기8, M1L코늘림*, *~*을 단 끝까지 반복한다. 8코 늘어남. 총 72코.

사이즈3: *겉뜨기6, M1L코늘림*, *~*을 단 끝까지 반복한다. 12코 늘어남. 총 84코.

이제 도안이 지시하는 곳에서 배색실2와 배색실3을 연결하며, 배색뜨기 무늬도안(60쪽) 1~20단을 뜬다. 무늬도안은 각 단마다 5 (6, 7)회 반복한다. 무늬도안 1~20단을 1회 더 반복한다.

되돌아뜨기 뒤꿈치

이제 배색실1을 사용해서 2.25mm 바늘1만 가지고, 선택한 사이즈에 맞는 뒤꿈치 지시사항을 따라 뜰 것이다.

사이즈1(바늘1에 30코 있음):

1단(겉면): 1코걸러뜨기, [겉뜨기12, 왼코줄임]을 2회 반복. 안면이 보이도록 편물을 뒤집는다(1코는 뜨지 않고 둔다). 2코 줄어듦. 이제 뒤꿈치에 총 28코 있다.

2단(안면): 1코걸러뜨기, 안뜨기25(끝의 1코는 뜨지 않고 둔다). 겉면이 보이도록 편물을 뒤집는다.

3단: 1코걸러뜨기, 겉뜨기24(끝의 2코는 뜨지 않고 둔다). 편물을 뒤집는다.

4단: 1코걸러뜨기, 안뜨기23(구멍 1코 전까지). 편물을 뒤집는다.

5단: 1코걸러뜨기, 겉뜨기22(구멍 1코 전까지). 편물을 뒤집는다.

6단: 1코걸러뜨기, 안뜨기21(구멍 1코 전까지). 편물을 뒤집는다.

7단: 1코걸러뜨기, 구멍 1코 전까지 겉뜨기. 편물을 뒤집는다.

8단: 1코걸러뜨기, 구멍 1코 전까지 안뜨기. 편물을 뒤집는다. 7~8단을 5회 더 반복한다.

19단: 1코걸러뜨기, 구멍 1코 전까지 겉뜨기. 편물을 뒤집는다.

20단: 1코걸러뜨기, 안뜨기7.

중심에 안뜨기 8코가 있고 그 양옆에 뜨지 않은 코가 10코씩 있다. 편물을 뒤집는다.

이제 편물을 뒤집어서 생긴 구멍을 막으면서 뒤꿈치를 평면뜨기로 편물을 뒤집어가며 뜬다.

21단(겉면): 1코걸러뜨기, 겉뜨기6, (구멍 양쪽의 각 1코를 이용해서) 오른코줄임, M1L코늘림. 편물을 뒤집는다.

22단(안면): 1코걸러뜨기, 안뜨기7, 안뜨기로 2코모아뜨기, M1P코늘림. 편물을 뒤집는다.

23단: 1코걸러뜨기, 겉뜨기8, 오른코줄임, M1L코늘림. 편물을 뒤집는다.

24단: 1코걸러뜨기, 안뜨기9, 안뜨기로 2코모아뜨기, M1P코늘림. 편물을 뒤집는다.

계속해서 이미 만들어진 규칙대로 14단 더 뜬다.

39단(겉면): 1코걸러뜨기, 겉뜨기24, 오른코줄임, M1L코늘림. 편물을 뒤집는다.

40단(안면): 1코걸러뜨기, 안뜨기25, 안뜨기로 2코모아뜨기, M1P코늘림. 편물을 뒤집는다.

41단(겉면): 1코걸러뜨기, [겉뜨기13, M1L코늘림]을 2회 반복, 겉뜨기1. 2코 늘어남.
이제 바늘1에 30코 있다.
계속해서 발 섹션(59쪽)을 진행한다.

사이즈2(바늘1에 36코 있음):
1단(겉면): 1코걸러뜨기, [겉뜨기6, 왼코줄임]을 4회 반복, 겉뜨기2. 안면이 보이도록 편물을 뒤집는다(1코는 뜨지 않고 둔다). 4코 줄어듦. 이제 뒤꿈치에 총 32코 있다.
2단(안면): 1코걸러뜨기, 안뜨기29(끝의 1코는 뜨지 않고 둔다). 겉면이 보이도록 편물을 뒤집는다.
3단: 1코걸러뜨기, 겉뜨기28(끝의 2코는 뜨지 않고 둔다). 편물을 뒤집는다.
4단: 1코걸러뜨기, 안뜨기27 (구멍 1코 전까지). 편물을 뒤집는다.
5단: 1코걸러뜨기, 겉뜨기26 (구멍 1코 전까지). 편물을 뒤집는다.
6단: 1코걸러뜨기, 안뜨기25 (구멍 1코 전까지). 편물을 뒤집는다.
7단: 1코걸러뜨기, 구멍 1코 전까지 겉뜨기. 편물을 뒤집는다.
8단: 1코걸러뜨기, 구멍 1코 전까지 안뜨기. 편물을 뒤집는다.
7~8단을 5회 더 반복한다.
19단: 1코걸러뜨기, 구멍 1코 전까지 겉뜨기. 편물을 뒤집는다.
20단: 1코걸러뜨기, 안뜨기11.
중심에 안뜨기 12코가 있고 그 양옆에 뜨지 않은 코가 10코씩 있다. 편물을 뒤집는다.

이제 편물을 뒤집어서 생긴 구멍을 막으면서 뒤꿈치를 평면뜨기로 편물을 뒤집어가며 뜬다.
21단(겉면): 1코걸러뜨기, 겉뜨기10, (구멍 양쪽의 각 1코를 이용해서) 오른코줄임, M1L코늘림. 편물을 뒤집는다.
22단(안면): 1코걸러뜨기, 안뜨기11, 안뜨기로 2코모아뜨기, M1P코늘림. 편물을 뒤집는다.
23단: 1코걸러뜨기, 겉뜨기12, 오른코줄임, M1L코늘림. 편물을 뒤집는다.
24단: 1코걸러뜨기, 안뜨기13, 안뜨기로 2코모아뜨기, M1P코늘림. 편물을 뒤집는다.

계속해서 이미 만들어진 규칙대로 14단 더 뜬다.
39단(겉면): 1코걸러뜨기, 겉뜨기28, 오른코줄임, M1L코늘림. 편물을 뒤집는다.
40단(안면): 1코걸러뜨기, 안뜨기29, 안뜨기로 2코모아뜨기, M1P코늘림. 편물을 뒤집는다.
41단(겉면): [겉뜨기8, M1L코늘림]을 4회 반복한다. 4코 늘어남.
이제 바늘1에 36코 있다.
계속해서 발 섹션(59쪽)을 진행한다.

사이즈3(바늘1에 42코 있음):
1단(겉면): 1코걸러뜨기, [겉뜨기5, 왼코줄임]을 5회 반복, 겉뜨기3, 왼코줄임. 안면이 보이도록 편물을 뒤집는다(1코는 뜨지 않고 둔다). 6코 줄어듦. 이제 뒤꿈치에 총 36코 있다.
2단(안면): 1코걸러뜨기, 안뜨기33(끝의 1코는 뜨지 않고 둔다). 겉면이 보이도록 편물을 뒤집는다.
3단: 1코걸러뜨기, 겉뜨기32(끝의 2코는 뜨지 않고 둔다). 편물을 뒤집는다.
4단: 1코걸러뜨기, 안뜨기31(구멍 1코 전까지). 편물을 뒤집는다.
5단: 1코걸러뜨기, 겉뜨기30(구멍 1코 전까지). 편물을 뒤집는다.
6단: 1코걸러뜨기, 안뜨기29(구멍 1코 전까지). 편물을 뒤집는다.
7단: 1코걸러뜨기, 구멍 1코 전까지 겉뜨기. 편물을 뒤집는다.
8단: 1코걸러뜨기, 구멍 1코 전까지 안뜨기. 편물을 뒤집는다.
7~8단을 6회 더 반복한다.
21단: 1코걸러뜨기, 구멍 1코 전까지 겉뜨기. 편물을 뒤집는다.
22단: 1코걸러뜨기, 안뜨기13.
가운데 안뜨기 14코가 있고 그 양옆에 뜨지 않은 코가 11코씩 있다. 편물을 뒤집는다.

이제 편물을 뒤집어서 생긴 구멍을 막으면서 뒤꿈치를 평면뜨기로 편물을 뒤집어가며 뜬다.
23단(겉면): 1코걸러뜨기, 겉뜨기12, (구멍 양쪽의 각 1코를 이용해서) 오른코줄임, M1L코늘림. 편물을 뒤집는다.

24단(안면): 1코걸러뜨기, 안뜨기13, 안뜨기로 2코모아뜨기, M1P코늘림. 편물을 뒤집는다.

25단: 1코걸러뜨기, 겉뜨기14, 오른코줄임, M1L코늘림. 편물을 뒤집는다.

26단: 1코걸러뜨기, 안뜨기15, 안뜨기로 2코모아뜨기, M1P코늘림. 편물을 뒤집는다.

계속해서 이미 만들어진 규칙대로 16단 더 뜬다.

43단(겉면): 1코걸러뜨기, 겉뜨기32, 오른코줄임, M1L코늘림. 편물을 뒤집는다.

44단(안면): 1코걸러뜨기, 안뜨기33, 안뜨기로 2코모아뜨기, M1P코늘림. 편물을 뒤집는다.

45단(겉면): 1코걸러뜨기, [겉뜨기5, M1L코늘림]을 6회 반복, 겉뜨기5. 6코 늘어남.

이제 바늘1에 42코 있다.

발(모든 사이즈)

다시 원통으로 연결해서 바탕실과 2.75mm 바늘(또는 배색뜨기 게이지 치수를 얻을 수 있는 호수의 바늘)을 사용해 뜬다. 단 시작을 다시 만날 때까지 바늘2의 30 (36, 42)코를 겉뜨기한다. (이것은 배색뜨기 무늬도안의 1단으로 셀 것이다.) 바늘1로 시작해서, 무늬도안의 2단부터 다시 뜬다. 지시된 곳에서 배색실2와 배색실3을 연결하며 뜬다. 계속해서 발 길이가 원하는 완성품 길이에서 3 (4, 4.5)cm 모자랄 때까지 매 단 겉뜨기한다. 마지막으로 뜨는 단이 배색뜨기 무늬도안 10단 또는 20단이 되도록 끝낸다. 배색실2와 배색실3을 자른다.

(발끝을 시작하기에 필요한 치수가 되지 않았다면, 다음의 코줄임을 뜬 후 바탕실을 사용해서 원하는 치수까지 몇 단 더 겉뜨기한다.)

코를 다시 2.25mm 바늘로 옮기면서 바탕실을 사용해 다음과 같이 코줄임 단을 뜬다:

사이즈1: *겉뜨기13, 왼코줄임*, *~*을 단 끝까지 반복한다. 4코 줄어듦. 총 56코.

사이즈2: *겉뜨기7, 왼코줄임*, *~*을 단 끝까지 반복한다. 8코 줄어듦. 총 64코.

사이즈3: *겉뜨기5, 왼코줄임*, *~*을 단 끝까지 반복한다. 12코 줄어듦. 총 72코.

발끝

이제 바늘1과 바늘2에 동일한 콧수가 있어야 한다. 단 시작 표시링을 제거한다. 바늘1에는 발바닥 28 (32, 36)코가 있다. 바늘2에는 발등 28 (32, 36)코가 있다. 바탕실을 자른다.

배색실1과 바늘1을 사용해서 14 (16, 18)코 겉뜨기한다. 방금 뜬 코 다음에 단 시작 표시링을 건다. 이곳은 발바닥 부분인 바늘1의 가운데여야 한다.

배색실1을 사용해서:

1단(코줄임 단):

　바늘1: 3코 남을 때까지 겉뜨기, 왼코줄임, 겉뜨기1.

　바늘2: 겉뜨기1, 오른코줄임, 3코 남을 때까지 겉뜨기, 왼코줄임, 겉뜨기1.

　바늘1: 겉뜨기1, 오른코줄임, 단 시작 표시링까지 겉뜨기. 4코 줄어듦.

2단: 모든 코 겉뜨기한다.

각 바늘에 20코 남을 때까지 1~2단을 반복한다(총 40코). 계속해서 각 바늘에 10코 남을 때까지 1단만 반복한다(매 단 코줄임한다)(총 20코).

단 시작 표시링을 제거한다. 양말의 옆선을 만날 때까지 5코 겉뜨기한다. 각 바늘에 남은 10코를 메리야스잇기로 연결한다.

마무리

실끝을 정리한다. 두 번째 양말을 뜬다. 찬물에 부드럽게 손빨래하고 평평하게 뉘어 말린다.

배색뜨기 무늬도안

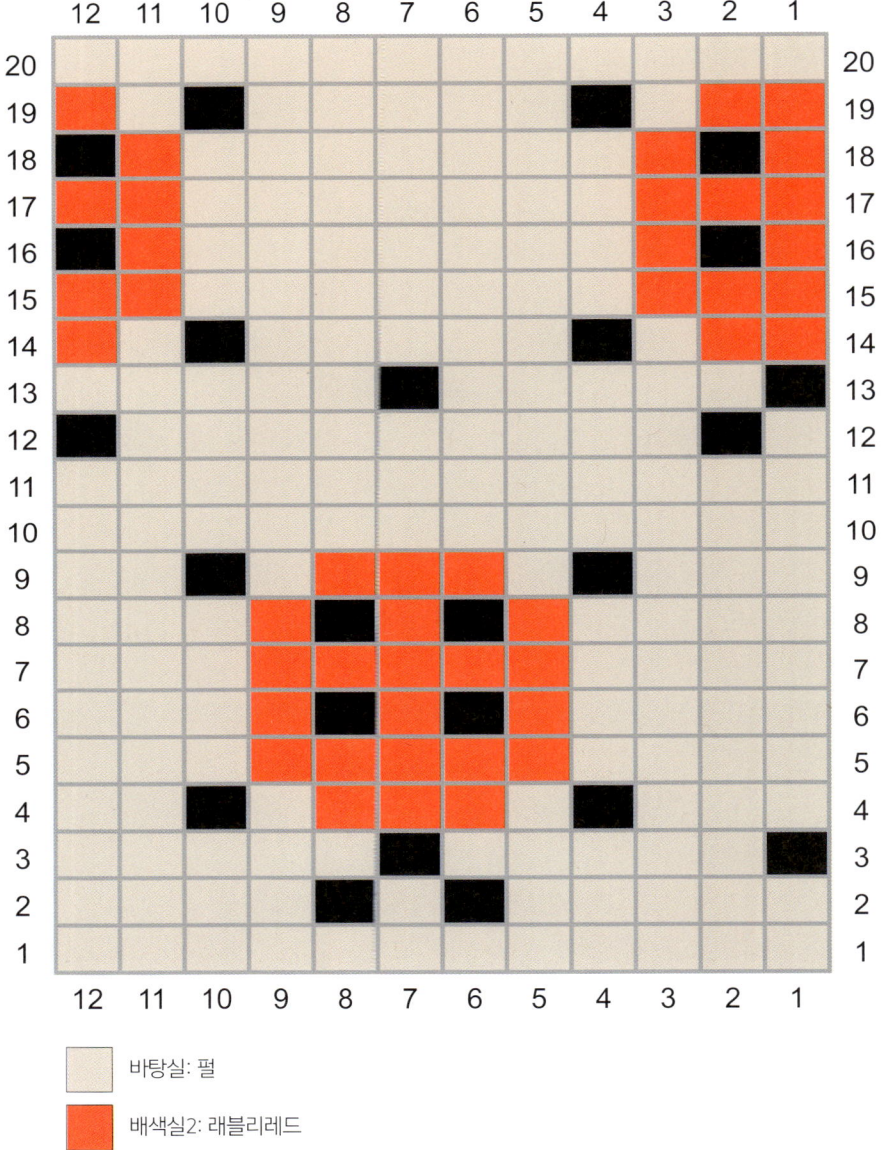

바탕실: 펄

배색실2: 래블리레드

배색실3: 블랙

사과 따기
Apple Picking

9월은 일 년 중 제가 가장 좋아하는 달입니다. 여름의 무더위가 물러가고, 뜨개질의 계절이자 '스웨터 날씨'인 가을을 향해 달려가면서도 화창한 날씨가 계속되지요. 또한 북반구에서는 사과를 따기에 가장 좋은 시기이기도 합니다. 온 가족이 야외에서 몇 시간 동안 사랑스러운 사과나무 사이를 거닐며 싱싱하고 아삭한 사과를 따는 즐거운 활동이죠. 수확한 사과는 집에 가져와 생으로 먹거나 사과파이를 만들기도 하고 제가 좋아하는 맛있는 사과 크럼블로 구워 먹어요! 이 양말 도안은 초가을과 사과 따기 시즌을 기념하기 위해 디자인되었습니다. 일 년 중 언제든 이 양말을 신으면 이 재미있는 활동과 나무에서 갓 딴 싱싱한 사과의 맛을 떠올리게 해줄 거예요.

양말 구조

이 양말은 위에서 아래로 내려 뜨고 고무뜨기 양말목, 고무뜨기 힐플랩, 거싯이 있습니다. 양말목에는 방울뜨기로 만든 작은 사과 열매가 달린 사과나무 배색 무늬 모티프가 있습니다. 뜨기 쉬운 배색 무늬 테두리가 나무 위아래를 둘러싸고 있으며 발끝 코줄임 직전에도 반복됩니다. 사과를 좋아하지 않는다면 복숭아색 실로 떠서 사랑스러운 복숭아나무를 만들 수도 있습니다! 아니면 보라색으로 자두를 만드는 건 어때요?

사이즈

1 (2, 3)

발 둘레: 19~21 (21.5~23.5, 24~26)cm
완성치수: 17.5 (20, 22.5)cm
권장 여유분: 마이너스 2.5cm. 발 둘레는 발의 가장 넓은 부분을 잰다. 바늘 호수를 높이거나 낮춰서 더 크거나 더 작은 사이즈를 뜰 수 있다.
양말목/발 길이는 쉽게 조정할 수 있다. 자세한 내용은 만드는 법을 참고할 것.
사진 속 작품은 사이즈2(US 8.5, EU 39, UK 6), 발 둘레 22.5cm로 떴다.

재료

실

바탕실, 배색실3, 배색실4: 핑거링 굵기, 필콜라나의 아르웨타 클래식(슈퍼워시 메리노 울 80%, 나일론 20%), 1타래 210m 50g
배색실1: 핑거링 굵기, 트레리즈의 아레스(슈퍼워시 메리노 울 85%, 나일론 15%), 1타래 400m 100g
배색실2: 핑거링 굵기, 매들린토시의 트위스트 라이트(슈퍼워시 메리노 울 75%, 나일론 25%), 1타래 384m 115g

사진 속 작품에서는 다음 색상을 사용

바탕실: 샌드Sand 971(멜란지) 1타래
배색실1: 버스데이걸Birthday Girl 1타래
배색실2: 제이드Jade 1타래
배색실3: 차이니즈레드Chinese Red 218 자투리실 소량
배색실4: 딥 마호가니Deep Mahogany 201 1타래
같은 게이지 치수를 얻을 수 있다면 핑거링 굵기의 실은 무엇이든 사용할 수 있다.

바늘

고무뜨기와 메리야스뜨기에 사용: 2.25mm
80cm 길이 줄바늘(매직루프)/23cm 길이 줄바늘 1개 또는 2개/장갑바늘 중 선호하는 바늘 사용
사이즈1 배색뜨기에 사용: 2.75mm
80cm 길이 줄바늘(매직루프)/23cm 길이 줄바늘 1개 또는 2개/장갑바늘 중 선호하는 바늘 사용
사이즈2, 3 배색뜨기에 사용: 2.5mm
80cm 길이 줄바늘(매직루프)/23cm 길이 줄바늘 1개 또는 2개/장갑바늘 중 선호하는 바늘 사용
주의사항: 잘 맞는 양말을 뜨기 위해 게이지를 체크할 것.
바늘 호수를 높이거나 낮춰서 추가 사이즈를 뜰 수 있다.

부자재
표시링, 가위, 돗바늘

게이지
32코×44단=10cm×10cm 고무뜨기와 메리야스뜨기
32코×36단=10cm×10cm 사이즈1 배색뜨기
34코×38단=10cm×10cm 사이즈2, 3 배색뜨기

팁 & 스페셜 기법
배색뜨기 다시 보기(8쪽)
방울뜨기(작은 버전)(186쪽)
발끝 메리야스잇기(186쪽)
주요 기법(184쪽 참고)

만드는 법

발목단
배색실1과 2.25mm 바늘을 사용해서 56 (64, 72)코 만든다.
2개의 바늘에 동일하게 콧수를 나눈다. 장갑바늘을 사용할
경우, 3개(또는 4개)의 바늘에 동일하게 콧수를 나눠 옮긴다.
단 시작에 표시링을 건다. 코가 꼬이지 않도록 조심하며 원
통으로 잇는다.
고무뜨기 단: *겉뜨기2, 안뜨기2*, *~*를 단 끝까지 반복한다.
2코고무뜨기로 총 12단 뜬다(약 2.5cm).
배색실1을 자른다.

양말목
바탕실을 사용해서 겉뜨기로 1단 뜬다.
바탕실을 사용해서 사이즈1은 2.75mm 바늘로, 사이즈2, 3
은 2.5mm 바늘로 코를 옮기면서 다음과 같이 코늘림 단을
뜬다:
사이즈1: 겉뜨기로 1단 뜬다. 총 56코.
사이즈2: 겉뜨기2, *겉뜨기10, M1L코늘림*, *~*을 2코 남을
때까지 반복한다, 겉뜨기2. 6코 늘어남. 총 70코.
사이즈3: *겉뜨기6, M1L코늘림*, *~*을 단 끝까지 반복한
다. 12코 늘어남. 총 84코.

이제 도안이 지시하는 곳에서 배색실2, 배색실3, 배색실4를
연결하며, 배색뜨기 무늬도안(66쪽) 1~28단을 뜬다. 진행
하면서 작은 방울뜨기로 사과 모양을 만든다. 각 단마다 무
늬도안을 4 (5, 6)회 반복한다. 23단을 뜬 후 배색실4를 자
른다. 무늬도안을 완성하면 배색실2와 배색실3을 자른다.
바탕실을 사용해서 겉뜨기로 1단 뜬다.

**코를 다시 2.25mm 바늘로 옮기면서 바탕실을 사용해
다음과 같이 코줄임 단을 뜬다:**
사이즈1: 겉뜨기로 1단 뜬다. 총 56코.
사이즈2: 겉뜨기2, *겉뜨기9, 왼코줄임*, *~*을 2코 남을 때
까지 반복한다, 겉뜨기2. 6코 줄어듦. 총 64코.
사이즈3: *겉뜨기5, 왼코줄임*, *~*을 단 끝까지 반복한다.
12코 줄어듦. 총 72코.
겉뜨기로 12단 더 뜬다(약 4cm).
(양말을 더 길게 뜨려면, 계속해서 바탕실을 사용해서 원하
는 양말목 길이까지 겉뜨기한다. 두 번째 양말을 동일하게
뜰 수 있게 몇 단을 더 떴는지 기록한다.) 바탕실을 자른다.

고무뜨기 힐플랩
힐플랩은 배색실1을 사용해서 바늘1의 28 (32, 36)코를 가지
고 편물을 뒤집어가며 평면뜨기한다. 바늘2에는 발등 28 (32,
36)코가 있다. 단 시작의 표시링을 제거한다.
1단(겉면): *안뜨기하듯이 1코걸러뜨기, 겉뜨기1*, *~*을 단
끝까지 반복한다. 편물을 뒤집는다.
2단(안면): 안뜨기하듯이 1코걸러뜨기, 단 끝까지 안뜨기한
다. 편물을 뒤집는다.
1~2단을 총 28 (32, 36)단 뜨는데 마지막으로 뜨는 단이 안
면(안뜨기) 단이 되도록 끝낸다. 힐턴을 완성한 후 주울 수
있는 가장자리 14 (16, 18)코가 있을 것이다.

힐턴
계속해서 배색실1을 사용해 되돌아뜨기로 뒤꿈치 경사를 만
들 것이다.
1단(겉면): 1코걸러뜨기, 겉뜨기15 (18, 20), 오른코줄임, 겉
뜨기1. 편물을 뒤집는다.

2단(안면): 1코걸러뜨기, 안뜨기5 (7, 7), 안뜨기로 2코모아뜨기, 안뜨기1. 편물을 뒤집는다.

3단(겉면): 1코걸러뜨기, 겉뜨기6 (8, 8), 오른코줄임, 겉뜨기1. 편물을 뒤집는다.

4단(안면): 1코걸러뜨기, 안뜨기7 (9, 9), 안뜨기로 2코모아뜨기, 안뜨기1. 편물을 뒤집는다.

계속해서 이 규칙대로 뜬다: 1코걸러뜨기, 이전 단에서 편물을 뒤집어서 생긴 구멍 1코 전까지 겉뜨기 또는 안뜨기, 구멍을 막기 위해 오른코줄임 또는 안뜨기로 2코모아뜨기, 겉뜨기1 또는 안뜨기1. 편물을 뒤집는다. (**사이즈1만 해당:** 마지막 2단은 오른코줄임 또는 안뜨기로 2코모아뜨기로 끝날 것이다. 겉뜨기1 또는 안뜨기1을 뜰 남은 코가 없을 것이다.) 계속해서 모든 코를 작업할 때까지 진행하고 마지막으로 뜨는 단이 안면에서 안뜨기 단이 되도록 끝낸다. 겉면이 보이도록 편물을 뒤집는다. 이제 바늘1에 16 (20, 22)코 남아 있다.

거싯

뒤꿈치 코를 겉뜨기하는데, 8 (10, 11)코(중간 지점) 뜬 후 단 시작 표시링을 건다. 배색실1을 자른다.

바탕실을 다시 연결해서, 이제 힐플랩의 양쪽 가장자리를 따라서 코를 주울 것이다.

힐플랩의 가장자리를 따라 14 (16, 18)코를 꼬아뜨기로 줍는다. 모서리에 구멍이 생기지 않게 힐플랩과 발등 사이 모서리에서 1코 더 줍는다. 다음 단의 어디서 코줄임할지 알아볼 수 있게 여기에 표시링을 건다. 또는 뒤꿈치/거싯 코와 발등 코를 각각 다른 바늘에 나눈다.

쉼코로 둔 바늘2의 발등 28 (32, 36)코를 겉뜨기한다. 발등 코를 뜬 후 전과 동일한 방법으로 표시링을 또 건다.

모서리에서 1코 줍고 힐플랩의 가장자리를 따라 14 (16, 18)코를 꼬아뜨기로 줍는다. 단 시작 표시링을 만날 때까지 뒤꿈치의 첫 번째 절반을 겉뜨기한다.

이제 뒤꿈치/거싯에 총 46 (54, 60)코, 발등에 28 (32, 36)코 있다. 이제 다시 모든 코를 사용해서 원통뜨기할 것이다. 바늘에 총 74 (86, 96)코 있다.

거싯 코줄임

1단: 첫 번째 표시링 3코 전까지(매직루프 기법을 사용한다면 바늘1 끝까지) 겉뜨기하고 왼코줄임, 겉뜨기1, 표시링 옮긴다. 두 번째 표시링을 만날 때까지(매직루프 기법을 사용한다면 바늘1 시작까지) 발등 코를 겉뜨기한다, 표시링 옮긴다. 겉뜨기1, 오른코줄임. 단 시작 표시링까지 겉뜨기한다. 2코 줄어듦.

2단: 모든 코 겉뜨기한다.

계속해서 뒤꿈치/거싯 코가 28 (32, 36)코로 줄어들 때까지 1~2단을 반복한다.

발등 28 (32, 36)코는 바늘2에 남아 있다. 이제 총 56 (64, 72)코 있다.

발

계속해서 바탕실을 사용해, 발 길이가 원하는 완성품 길이에서 약 4 (5, 6)cm 모자랄 때까지 매 단 겉뜨기한다,

바탕실을 사용해서 사이즈1은 2.75mm 바늘로, 사이즈2, 3은 2.5mm 바늘(혹은 배색뜨기 게이지 치수를 얻을 수 있는 호수의 바늘)로 코늘림 단을 뜬다:

사이즈1: 겉뜨기로 1단 뜬다. 총 56코.

사이즈2: 겉뜨기2, *겉뜨기10, M1L코늘림*, *~*을 2코 남을 때까지 반복한다, 겉뜨기2. 6코 늘어남. 총 70코.

사이즈3: *겉뜨기6, M1L코늘림*, *~*을 단 끝까지 반복한다. 12코 늘어남. 총 84코.

도안이 지시하는 곳에서 배색실2, 배색실3을 연결하면서, 배색뜨기 무늬도안(66쪽) 1~3단을 뜬다. 무늬도안은 각 단마다 4 (5, 6)회 반복한다.

배색실2와 배색실3을 자른다.

바탕실을 사용해서 겉뜨기로 1단 뜬다.

코를 다시 2.25mm 바늘로 옮기면서 바탕실을 사용해 다음과 같이 코줄임 단을 뜬다:

사이즈1: 겉뜨기로 1단 뜬다. 총 56코.

사이즈2: 겉뜨기2, *겉뜨기9, 왼코줄임*, *~*을 2코 남을 때까지 반복한다, 겉뜨기2. 6코 줄어듦. 총 64코.

사이즈3: *겉뜨기5, 왼코줄임*, *~*을 단 끝까지 반복한다. 12코 줄어듦. 총 72코.

바탕실을 자른다.

발끝

이제 코는 바늘1과 바늘2에 동일하게 나뉘어 있다. 바늘1에는 발바닥 28 (32, 36)코가 있고, 단 시작 표시링 양쪽에 각각 14 (16, 18)코씩 있다. 바늘2에는 발등 28 (32, 36)코가 있다.

배색실1을 사용해서 단 시작 표시링에서 시작한다:

1단(코줄임 단):

바늘1: 3코 남을 때까지 겉뜨기, 왼코줄임, 겉뜨기1.

바늘2: 겉뜨기1, 오른코줄임, 3코 남을 때까지 겉뜨기, 왼코줄임, 겉뜨기1.

바늘1: 겉뜨기1, 오른코줄임, 단 시작 표시링까지 겉뜨기. 4코 줄어듦.

2단: 모든 코 겉뜨기한다.

1~2단을 각 바늘에 20코 남을 때까지 반복한다(총 40코). 계속해서 각 바늘에 10코 남을 때까지 1단만 반복한다(매 단 코줄임한다)(총 20코).

단 시작 표시링을 제거한다. 양말 옆선을 만날 때까지 5코를 겉뜨기한다. 각 바늘의 10코를 메리야스잇기로 연결한다.

마무리

실끝을 정리한다. 두 번째 양말을 뜬다. 찬물에 부드럽게 손빨래하고 평평하게 뉘어 말린다.

배색뜨기 무늬도안

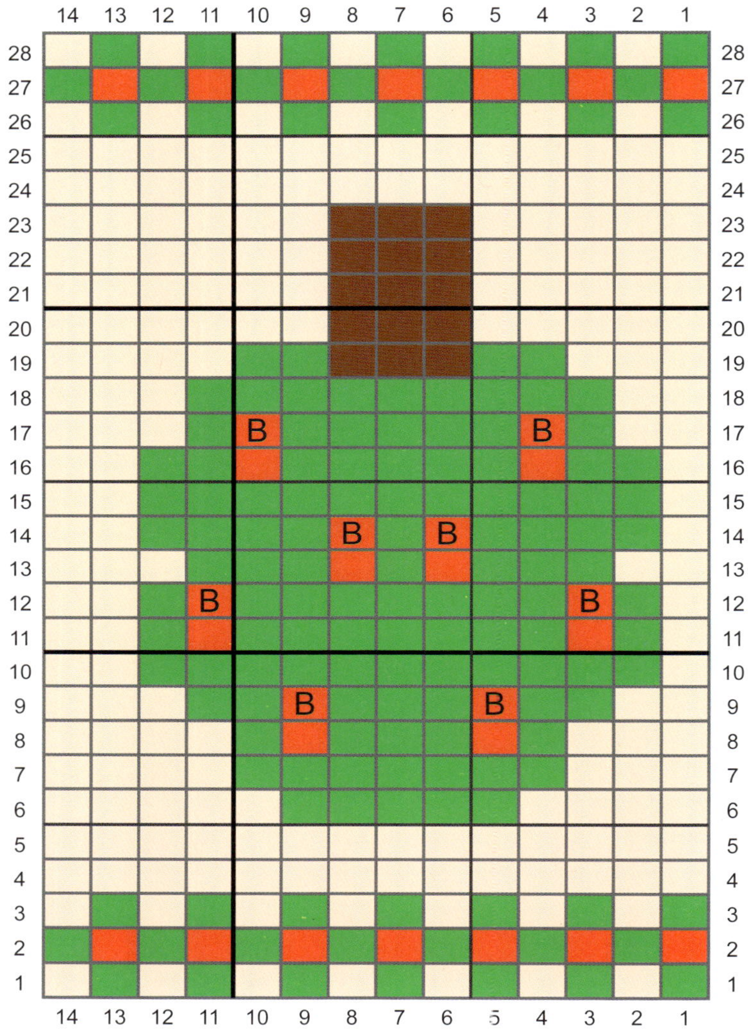

バ탕실: 샌드

배색실2: 제이드

배색실3: 차이니즈레드

B 배색실3: 차이니즈레드 방울뜨기

배색실4: 딥 마호가니

웁스어데이지
Whoops-a-Daisy

'웁스어데이지Whoops-a-daisy'는 1700년대부터 생겨난 것으로 추정되는 영어 속어로, 넘어진 어린이가 일어설 수 있도록 '어이쿠' 하고 부드럽게 격려하는 의미로 쓰였습니다! 봄이 시작될 때 풀밭에 처음 나타나는 데이지에서 영감을 받은 이 양말은 여러분이 좋아하는 세 가지 색상 조합으로 뜨개질할 수 있는 재미있는 전체 배색 무늬 양말입니다. 저는 정원이 모두 눈과 얼음으로 덮여 꽃이 보이지 않던 한겨울에 이 양말을 떠올렸어요. 뜨개질을 해서라도 밝고 화사한 꽃을 다시 보고 싶었거든요! 이 양말을 신고 신발은 스노부츠를 신더라도 말이죠. 여러분도 따뜻한 날을 기다리면서, 아니면 봄이 온 것을 축하하기 위해 한 켤레 뜨고 싶어질지도 몰라요.

양말 구조
이 양말은 위에서 아래로 내려 뜨며 발목단, 뒤꿈치, 발끝에는 대비되는 색을 썼습니다. 이 양말은 데이지 모티프가 양말목 위쪽에서 시작하여 발 전체에 반복됩니다. 고무뜨기 발목단으로 시작하고 되돌아뜨기 뒤꿈치가 특징입니다. 마지막으로 발끝에서 코를 줄인 다음 메리야스잇기로 마무리합니다.

사이즈
1 (2, 3)
발 둘레: 19~21 (22.5~24.5, 26~28)cm
완성치수: 17.5 (21, 25)cm
권장 여유분: 마이너스 2.5cm. 발 둘레는 발의 가장 넓은 부분을 잰다. 바늘 호수를 높이거나 낮춰서 더 크거나 더 작은 사이즈를 뜰 수 있다.
양말목/발 길이는 쉽게 조정할 수 있다. 자세한 내용은 만드는 법을 참고할 것.
사진 속 작품은 사이즈2(US 8.5/EU 39/UK 6), 발 둘레 22.5cm로 떴다.

재료

실
핑거링 굵기, 필콜라나 아르웨타 클래식(슈퍼워시 메리노 울 80%, 나일론 20%), 1타래 210m 50g
사진 속 작품에서는 다음 색상을 사용
바탕실: 카이엔Cayenne 277 2타래
배색실1: 머스터드Mustard 136 1타래
배색실2: 라이트블러시Light Blush 334 1타래
같은 게이지 치수를 얻을 수 있다면 핑거링 굵기의 실은 무엇이든 사용할 수 있다.

고무뜨기와 메리야스뜨기에 사용: 2.25mm
80cm 길이 줄바늘(매직루프)/23cm 길이 줄바늘 1개 또는 2개/장갑바늘 중 선호하는 바늘 사용
배색뜨기에 사용: 2.5mm
80cm 길이 줄바늘(매직루프)/23cm 길이 줄바늘 1개 또는 2개/장갑바늘 중 선호하는 바늘 사용
주의사항: 잘 맞는 양말을 뜨기 위해 게이지를 체크할 것. 바늘 호수를 높이거나 낮춰서 추가 사이즈를 뜰 수 있다.

부자재
표시링, 가위, 돗바늘

게이지
34코×44단=10cm×10cm 고무뜨기와 메리야스뜨기
34코×38단=10cm×10cm 배색뜨기

팁 & 스페셜 기법
배색뜨기 다시 보기(8쪽)
발끝 메리야스잇기(186쪽)
주요 기법(184쪽 참고)

만드는 법

발목단

배색실1과 2.25mm 바늘을 사용해서 56 (64, 72)코 만든다. 2개의 바늘에 동일하게 콧수를 나눈다. 장갑바늘을 사용할 경우, 3개(또는 4개)의 바늘에 동일하게 콧수를 나눠 옮긴다. 단 시작에 표시링을 건다. 코가 꼬이지 않도록 조심하며 원통으로 잇는다.

고무뜨기 단: *겉뜨기2, 안뜨기2*, *~*를 단 끝까지 반복한다. 2코고무뜨기로 총 13단 뜬다(약 2.75cm).
배색실1을 자른다.

양말목

바탕실을 사용해서 겉뜨기로 1단 뜬다.

코를 2.5mm 바늘로 옮기면서 다음과 같이 코늘림 단을 뜬다:
사이즈1: *겉뜨기14, M1L코늘림*, *~*을 단 끝까지 반복한다. 4코 늘어남. 총 60코.
사이즈2: *겉뜨기8, M1L코늘림*, *~*을 단 끝까지 반복한다. 8코 늘어남. 총 72코.
사이즈3: *겉뜨기6, M1L코늘림*, *~*을 단 끝까지 반복한다. 12코 늘어남. 총 84코.
도안이 지시하는 곳에서 배색실1, 배색실2를 연결하며, 배색뜨기 무늬도안(72쪽) 1~22단을 뜬다. 무늬도안을 각 단마다 5 (6, 7)회 반복한다. 1~22단을 1회 더 반복한다.

되돌아뜨기 뒤꿈치

이제 배색실1을 사용해서 2.25mm 바늘1만 가지고, 선택한 사이즈에 맞는 뒤꿈치 지시사항을 따라 뜰 것이다.

사이즈1(바늘1에 30코 있음):

1단(겉면): 1코걸러뜨기, [겉뜨기12, 왼코줄임]을 2회 반복. 안면이 보이도록 편물을 뒤집는다(1코는 뜨지 않고 둔다). 2코 줄어듦. 이제 뒤꿈치에 총 28코 있다.
2단(안면): 1코걸러뜨기, 안뜨기25(끝의 1코는 뜨지 않고 둔다). 겉면이 보이도록 편물을 뒤집는다.

3단: 1코걸러뜨기, 겉뜨기24(끝의 2코는 뜨지 않고 둔다). 편물을 뒤집는다.
4단: 1코걸러뜨기, 안뜨기23(구멍 1코 전까지). 편물을 뒤집는다.
5단: 1코걸러뜨기, 겉뜨기22(구멍 1코 전까지). 편물을 뒤집는다.
6단: 1코걸러뜨기, 안뜨기21(구멍 1코 전까지). 편물을 뒤집는다.
7단: 1코걸러뜨기, 구멍 1코 전까지 겉뜨기. 편물을 뒤집는다.
8단: 1코걸러뜨기, 구멍 1코 전까지 안뜨기. 편물을 뒤집는다.
7~8단을 5회 더 반복한다.
19단: 1코걸러뜨기, 구멍 1코 전까지 겉뜨기. 편물을 뒤집는다.
20단: 1코걸러뜨기, 안뜨기7.
중심에 안뜨기 8코가 있고 그 양옆에 뜨지 않은 코가 10코씩 있다. 편물을 뒤집는다.

이제 편물을 뒤집어서 생긴 구멍을 막으면서 뒤꿈치를 평면뜨기로 편물을 뒤집어가며 뜬다.
21단(겉면): 1코걸러뜨기, 겉뜨기6, (구멍 양옆의 각 1코를 이용해서) 오른코줄임, M1L코늘림. 편물을 뒤집는다.
22단(안면): 1코걸러뜨기, 안뜨기7, 안뜨기로 2코모아뜨기, M1P코늘림. 편물을 뒤집는다.
23단: 1코걸러뜨기, 겉뜨기8, 오른코줄임, M1L코늘림. 편물을 뒤집는다.
24단: 1코걸러뜨기, 안뜨기9, 안뜨기로 2코모아뜨기, M1P코늘림. 편물을 뒤집는다.
계속해서 이미 만들어진 규칙대로 14단 더 뜬다.
39단(겉면): 1코걸러뜨기, 겉뜨기24, 오른코줄임, M1L코늘림. 편물을 뒤집는다.
40단(안면): 1코걸러뜨기, 안뜨기25, 안뜨기로 2코모아뜨기, M1P코늘림. 편물을 뒤집는다.
41단(겉면): 1코걸러뜨기, [겉뜨기13, M1L코늘림]을 2회 반복, 겉뜨기1. 2코 늘어남.
이제 바늘1에 30코 있다.
계속해서 발 섹션(71쪽)을 진행한다.

사이즈2(바늘1에 36코 있음):

1단(겉면): 1코걸러뜨기, [겉뜨기6, 왼코줄임]을 4회 반복, 겉뜨기2. 안면이 보이도록 편물을 뒤집는다(1코는 뜨지 않고 둔다). 4코 줄어듦. 이제 뒤꿈치에 총 32코 있다.

2단(안면): 1코걸러뜨기, 안뜨기29(끝의 1코는 뜨지 않그 둔다). 겉면이 보이도록 편물을 뒤집는다.

3단: 1코걸러뜨기, 겉뜨기28(끝의 2코는 뜨지 않고 둔다). 편물을 뒤집는다.

4단: 1코걸러뜨기, 안뜨기27(구멍 1코 전까지). 편물을 뒤집는다.

5단: 1코걸러뜨기, 겉뜨기26(구멍 1코 전까지). 편물을 뒤집는다.

6단: 1코걸러뜨기, 안뜨기25(구멍 1코 전까지). 편물을 뒤집는다.

7단: 1코걸러뜨기, 구멍 1코 전까지 겉뜨기. 편물을 뒤집는다.

8단: 1코걸러뜨기, 구멍 1코 전까지 안뜨기. 편물을 뒤집는다. 7~8단을 5회 더 반복한다.

19단: 1코걸러뜨기, 구멍 1코 전까지 겉뜨기. 편물을 뒤집는다.

20단: 1코걸러뜨기, 안뜨기11.

중심에 안뜨기 12코가 있고 그 양옆에 뜨지 않은 코가 10코씩 있다. 편물을 뒤집는다.

이제 편물을 뒤집어서 생긴 구멍을 막으면서 뒤꿈치를 평면 뜨기로 편물을 뒤집어가며 뜬다.

21단(겉면): 1코걸러뜨기, 겉뜨기10, (구멍 양쪽의 각 1코를 이용해서) 오른코줄임, M1L코늘림. 편물을 뒤집는다.

22단(안면): 1코걸러뜨기, 안뜨기11, 안뜨기로 2코모아뜨기, M1P코늘림. 편물을 뒤집는다.

23단: 1코걸러뜨기, 겉뜨기12, 오른코줄임, M1L코늘림. 편물을 뒤집는다.

24단: 1코걸러뜨기, 안뜨기13, 안뜨기로 2코모아뜨기, M1P코늘림. 편물을 뒤집는다.
계속해서 이미 만들어진 규칙대로 14단 더 뜬다.

39단(겉면): 1코걸러뜨기, 겉뜨기28, 오른코줄임, M1L코늘림. 편물을 뒤집는다.

40단(안면): 1코걸러뜨기, 안뜨기29, 안뜨기로 2코모아뜨기, M1P코늘림. 편물을 뒤집는다.

41단(겉면): [겉뜨기8, M1L코늘림]을 4회 반복한다. 4코 늘어남. 편물을 뒤집는다.
이제 바늘1에 36코 있다.
계속해서 발 섹션(71쪽)을 진행한다.

사이즈3(바늘1에 42코 있음):

1단(겉면): 1코걸러뜨기, [겉뜨기5, 왼코줄임]을 5회 반복, 겉뜨기3, 왼코줄임. 안면이 보이도록 편물을 뒤집는다(1코는 뜨지 않고 둔다). 6코 줄어듦. 이제 뒤꿈치에 총 36코 있다.

2단(안면): 1코걸러뜨기, 안뜨기33(끝의 1코는 뜨지 않고 둔다). 겉면이 보이도록 편물을 뒤집는다.

3단: 1코걸러뜨기, 겉뜨기32(끝의 2코는 뜨지 않고 둔다). 편물을 뒤집는다.

4단: 1코걸러뜨기, 안뜨기31(구멍 1코 전까지). 편물을 뒤집는다.

5단: 1코걸러뜨기, 겉뜨기30(구멍 1코 전까지). 편물을 뒤집는다.

6단: 1코걸러뜨기, 안뜨기29(구멍 1코 전까지). 편물을 뒤집는다.

7단: 1코걸러뜨기, 구멍 1코 전까지 겉뜨기. 편물을 뒤집는다.

8단: 1코걸러뜨기, 구멍 1코 전까지 안뜨기. 편물을 뒤집는다. 7~8단을 6회 더 반복한다.

21단: 1코걸러뜨기, 구멍 1코 전까지 겉뜨기. 편물을 뒤집는다.

22단: 1코걸러뜨기, 안뜨기13.

중심에 안뜨기 14코가 있고 그 양옆에 뜨지 않은 코가 11코씩 있다. 편물을 뒤집는다.

이제 편물을 뒤집어서 생긴 구멍을 막으면서 뒤꿈치를 평면 뜨기로 편물을 뒤집어가며 뜬다.

23단(겉면): 1코걸러뜨기, 겉뜨기12, (구멍 양쪽의 각 1코를 이용해서) 오른코줄임, M1L코늘림. 편물을 뒤집는다.

24단(안면): 1코걸러뜨기, 안뜨기13, 안뜨기로 2코모아뜨기, M1P코늘림. 편물을 뒤집는다.

25단: 1코걸러뜨기, 겉뜨기14, 오른코줄임, M1L코늘림. 편물을 뒤집는다.

26단: 1코걸러뜨기, 안뜨기15, 안뜨기로 2코모아뜨기, M1P코늘림. 편물을 뒤집는다.

계속해서 이미 만들어진 규칙대로 16단 더 뜬다.

43단(겉면): 1코걸러뜨기, 겉뜨기32, 오른코줄임, M1L코늘림. 편물을 뒤집는다.

44단(안면): 1코걸러뜨기, 안뜨기33, 안뜨기로 2코모아뜨기, M1P코늘림. 편물을 뒤집는다.

45단(겉면): 1코걸러뜨기, [겉뜨기5, M1L코늘림]을 6회 반복, 겉뜨기5. 6코 늘어남.

이제 바늘1에 42코 있다.

발(모든 사이즈)

다시 원통으로 연결해서 바탕실과 2.5mm 바늘(또는 배색뜨기 게이지 치수를 얻을 수 있는 호수의 바늘)을 사용해 뜬다. 바탕실을 사용해서 단 시작 표시링까지 바늘2의 30 (36, 42) 코를 겉뜨기한다(이것은 배색뜨기 무늬도안의 1단으로 셀 것이다).

바늘1로 시작해서, 배색뜨기 무늬도안을 2단부터 다시 뜬다. 계속해서 발 길이가 원하는 완성품 길이에서 약 3 (4, 5)cm 모자랄 때까지 매 단 겉뜨기하는데, 마지막으로 뜨는 단이 11단 혹은 22단이 되도록 끝낸다. 배색실2를 자른다. (아직 발끝을 시작하기에 필요한 치수가 되지 않는다면, 다음의 코줄임을 뜬 후 바탕실을 사용해서 원하는 치수까지 몇 단 더 겉뜨기한다.)

바탕실을 사용해서 코를 2.25mm 바늘로 다시 옮기면서 다음과 같이 코줄임 단을 뜬다:

사이즈1: *겉뜨기13, 왼코줄임*, *~*을 단 끝까지 반복한다. 4코 줄어듦. 총 56코.

사이즈2: *겉뜨기7, 왼코줄임*, *~*을 단 끝까지 반복한다. 8코 줄어듦. 총 64코.

사이즈3: *겉뜨기5, 왼코줄임*, *~*을 단 끝까지 반복한다. 12코 줄어듦. 총 72코.

바탕실을 자른다.

발끝

이제 바늘1과 바늘2에 동일한 콧수가 있어야 한다. 단 시작 표시링을 제거한다. 바늘1에는 발바닥 28 (32, 36)코가 있다. 바늘2에는 발등 28 (32, 36)코가 있다.

배색실1과 바늘1을 사용해서 14 (16, 18)코 겉뜨기한다. 방금 뜬 코 다음에 단 시작 표시링을 건다. 이곳은 발바닥 부분인 바늘1의 가운데여야 한다.

배색실1을 사용해서:

1단(코줄임 단):

　바늘1: 3코 남을 때까지 겉뜨기, 왼코줄임, 겉뜨기1.

　바늘2: 겉뜨기1, 오른코줄임, 3코 남을 때까지 겉뜨기, 왼코줄임, 겉뜨기1.

　바늘1: 겉뜨기1, 오른코줄임, 단 시작 표시링까지 겉뜨기.

　4코 줄어듦.

2단: 모든 코 겉뜨기한다.

각 바늘에 20코 남을 때까지 1~2단을 반복한다(총 40코).

계속해서 각 바늘에 10코 남을 때까지 1단만 반복한다(매 단 코줄임한다)(총 20코).

단 시작 표시링을 제거한다. 양말의 옆선을 만날 때까지 5코 겉뜨기한다. 각 바늘에 남은 10코를 메리야스잇기로 연결한다.

마무리

실끝을 정리한다. 두 번째 양말을 뜬다. 찬물에 부드럽게 손빨래하고 평평하게 뉘어 말린다.

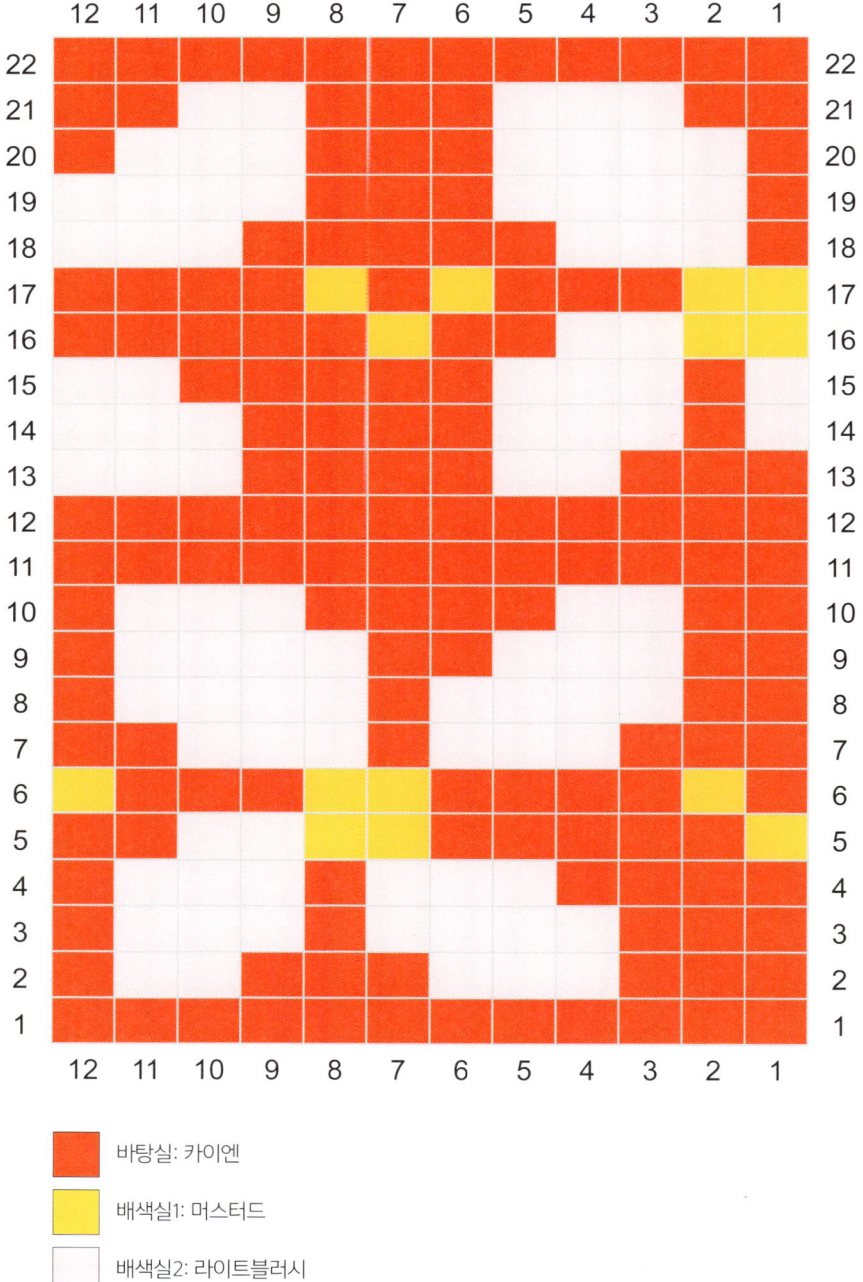

바탕실: 카이엔

배색실1: 머스터드

배색실2: 라이트블러시

아삭한 당근
Crunching Carrots

운 좋게 스위스 집 근처에서 채소를 재배할 수 있는 작은 땅을 빌린 적이 있었는데, 저는 곧 아주 기괴하게 생긴 당근을 재배하는 것으로 유명해졌지요. 알고 보니 흙이 문제였어요. 당근은 적합한 토양 조건이 아니면 재배하기 어려운 것으로 악명이 높습니다. 하지만 이 멋진 갈색 트위드 실에 심은 당근보다 더 행복한 당근을 본 적이 있나요? 여기서는 토양의 종류에 대해 걱정할 필요가 없습니다! 이 양말은 우리 주변의 채소를 놀랍도록 잘 키우는 분들과 행복한 당근을 보는 것을 좋아하는 모든 분들을 위해 만들어졌습니다. 채소를 좋아하고 식물을 잘 키우지는 못해도 얼마든지 이 유쾌한 양말을 뜨고 신는 것을 즐길 수 있어요.

양말 구조

이 양말은 위에서 아래로 내려 뜨고, 고무뜨기 발목단, 자고새 눈 무늬 힐플랩, 거싯이 있습니다. 양말목에는 크고 행복한 당근이 그려진 배색 무늬 모티프가 있고, 발끝 바로 앞에는 작은 배색 무늬 아기 당근이 장식되어 있습니다.

사이즈

1 (2, 3)
발 둘레: 19~21 (21.5~23.5, 24~26)cm
완성치수: 17.5 (20, 22.5)cm
권장 여유분: 마이너스 2.5cm. 발 둘레는 발의 가장 넓은 부분을 잰다. 바늘 호수를 높이거나 낮춰서 더 크거나 더 작은 사이즈를 뜰 수 있다.
양말목/발 길이는 쉽게 조정할 수 있다. 자세한 내용은 만드는 법을 참고할 것.
사진 속 작품은 사이즈2(US 8.5/EU 39/UK 6), 발 둘레 22.5cm로 떴다.

재료

실

바탕실과 배색실2: 핑거링 굵기, 니트픽스의 스트롤트위드(슈퍼워시 메리노 울 65%, 나일론 25%, 도니골 트위드 10%), 1타래 211m 50g
배색실1: 핑거링 굵기, 니트픽스의 스트롤(슈퍼워시 메리노 울 75%, 나일론 25%), 1타래 211m 50g
배색실3: 핑거링 굵기, 랑 얀의 야볼 삭(울 75%, 나일론/폴리아미드 25%), 1타래 210m 50g

사진 속 작품에서는 다음 색상을 사용

바탕실: 레인디어 헤더Reindeer Heather 1타래
배색실1: 노스폴North Pole 1타래
배색실2: 포리스트 헤더Forest Heather 1타래
배색실3: 만다린Mandarin 159 1타래
같은 게이지 치수를 얻을 수 있다면 핑거링 굵기의 실은 무엇이든 사용할 수 있다.

바늘

고무뜨기와 메리야스뜨기에 사용: 2.25mm
80cm 길이 줄바늘(매직루프)/23cm 길이 줄바늘 1개 또는 2개/장갑바늘 중 선호하는 바늘 사용
배색뜨기에 사용: 2.5mm
80cm 길이 줄바늘(매직루프)/23cm 길이 줄바늘 1개 또는 2개/장갑바늘 중 선호하는 바늘 사용
주의사항: 잘 맞는 양말을 뜨기 위해 게이지를 체크할 것.
바늘 호수를 높이거나 낮춰서 추가 사이즈를 뜰 수 있다.

부자재

표시링, 가위, 돗바늘

게이지

32코×44단=10cm×10cm 고무뜨기와 메리야스뜨기
34코×38단=10cm×10cm 배색뜨기

팁 & 스페셜 기법
배색뜨기 다시 보기(8쪽)
발끝 메리야스잇기(186쪽)
주요 기법(184쪽 참고)

만드는 법

발목단
배색실1과 2.25mm 바늘을 사용해서 56 (64, 72)코 만든다.
2개의 바늘에 동일하게 콧수를 나눈다. 장갑바늘을 사용할
경우, 3개(또는 4개)의 바늘에 동일하게 콧수를 나눠 옮긴다.
단 시작에 표시링을 건다. 코가 꼬이지 않도록 조심하며 원
통으로 잇는다.
고무뜨기 단: *겉뜨기2, 안뜨기2*, *~*를 단 끝까지 반복한다.
2코고무뜨기로 총 14단 뜬다(약 4cm).

양말목
배색실1을 사용해서 겉뜨기로 1단 뜬다.

**배색실1을 사용해서 코를 2.5mm 바늘로 옮기면서 다음
과 같이 코늘림 단을 뜬다:**
사이즈1: *겉뜨기14, M1L코늘림*, *~*을 단 끝까지 반복한
다. 4코 늘어남. 총 60코.
사이즈2: *겉뜨기8, M1L코늘림*, *~*을 단 끝까지 반복한
다. 8코 늘어남. 총 72코.
사이즈3: *겉뜨기6, M1L코늘림*, *~*을 단 끝까지 반복한
다. 12코 늘어남. 총 84코.
도안이 지시하는 곳에서 배색실2, 바탕실, 배색실3을 연결하
며 배색뜨기 무늬도안A(77쪽) 1~30단을 뜬다. 무늬도안은
각 단마다 5 (6, 7)회 반복한다. 12단을 뜬 후 배색실1과 배색
실2를 자른다. 무늬도안을 완성하면 배색실3을 자른다.
바탕실을 사용해서 겉뜨기로 1단 뜬다.

**바탕실을 사용해 다시 2.25mm 바늘로 코를 옮기면서
다음과 같이 코줄임 단을 뜬다:**
사이즈1: *겉뜨기13, 왼코줄임*, *~*을 단 끝까지 반복한다.
4코 줄어듦. 총 56코.

사이즈2: *겉뜨기7, 왼코줄임*, *~*을 단 끝까지 반복한다.
8코 줄어듦. 총 64코.
사이즈3: *겉뜨기5, 왼코줄임*, *~*을 단 끝까지 반복한다.
12코 줄어듦. 총 72코.
바탕실을 사용해서 겉뜨기로 14단 더 뜬다(약 4cm).
(양말을 더 길게 뜨려면, 계속해서 바탕실을 사용해서 양말
목이 원하는 길이가 될 때까지 겉뜨기한다. 두 번째 양말을
동일하게 뜰 수 있게 몇 단을 더 떴는지 기록한다.)

자고새 눈 무늬 힐플랩
바탕실을 사용해서 바늘1의 28 (32, 36)코를 가지고 평면뜨
기로 편물을 뒤집어가며 뜬다. 바늘2에는 발등이 될 28 (32,
36)코가 있다. 시작할 때 걸었던 표시링을 제거한다.
1단(겉면): *안뜨기하듯이 1코걸러뜨기, 겉뜨기1*, *~*을 단
끝까지 반복한다. 편물을 뒤집는다.
2단(안면): 안뜨기하듯이 1코걸러뜨기, 단 끝까지 안뜨기.
편물을 뒤집는다.
3단(겉면): 안뜨기하듯이 2코걸러뜨기, *겉뜨기1, 1코걸러뜨
기*, *~*를 2코 남을 때까지 반복, 겉뜨기2. 편물을 뒤집는다.
4단(안면): 2단과 동일하게 뜬다.
1~4단을 반복하며 총 28 (32, 36)단을 뜨는데, 마지막으로
뜨는 단이 안면(안뜨기) 단이 되도록 끝낸다. 힐턴을 완성한
후 주울 수 있는 가장자리 14 (16, 18)코가 있을 것이다.

힐턴
계속해서 바탕실을 사용해, 이제 되돌아뜨기로 뒤꿈치 경사
를 만들 것이다.
1단(겉면): 1코걸러뜨기, 겉뜨기15 (18, 20), 오른코줄임, 겉
뜨기1. 편물을 뒤집는다.
2단(안면): 1코걸러뜨기, 안뜨기5 (7, 7), 안뜨기로 2코모아
뜨기, 안뜨기1. 편물을 뒤집는다.
3단(겉면): 1코걸러뜨기, 겉뜨기6 (8, 8), 오른코줄임, 겉뜨
기1. 편물을 뒤집는다.
4단(안면): 1코걸러뜨기, 안뜨기7 (9, 9), 안뜨기로 2코모아
뜨기, 안뜨기1. 편물을 뒤집는다.
계속해서 이 규칙대로 뜬다: 1코걸러뜨기, 이전 단에서 편물
을 뒤집어서 생긴 구멍 1코 전까지 겉뜨기 또는 안뜨기, 구멍
을 막기 위해 오른코줄임 또는 안뜨기로 2코모아뜨기, 겉뜨

기1 또는 안뜨기1. 편물을 뒤집는다. (사이즈1만 해당: 마지막 단은 오른코줄임 또는 안뜨기로 2코모아뜨기로 끝날 것이다. 겉뜨기1 또는 안뜨기1을 뜰 남은 코가 없을 것이다.) 계속해서 모든 코를 작업할 때까지 진행하고 마지막으로 뜨는 단이 안면에서 안뜨기 단이 되도록 끝낸다. 겉면이 보이도록 편물을 뒤집는다. 이제 바늘1에 16 (20, 22)코 남아 있다.

거싯

바탕실을 사용해서, 이제 힐플랩의 양쪽 가장자리를 따라서 코를 주울 것이다.

뒤꿈치 코를 겉뜨기하는데 8 (10, 11)코(중간 지점) 뜬 후 단 시작 표시링을 건다.

힐플랩의 가장자리를 따라 14 (16, 18)코를 꼬아뜨기로 줍는다. 모서리에 구멍이 생기지 않게 힐플랩과 발등 사이 모서리에서 1코 더 줍는다. 다음 단의 어디서 코줄임할지 알아볼 수 있게 여기에 표시링을 건다. 또는 뒤꿈치/거싯 코와 발등 코를 각각 다른 바늘에 나눈다.

쉼코로 둔 바늘2의 발등 28 (32, 36)코를 겉뜨기한다. 발등 코를 뜬 후 전과 동일한 방법으로 표시링을 또 건다.

모서리에서 1코 줍고 힐플랩의 가장자리를 따라 14 (16, 18)코를 꼬아뜨기로 줍는다. 단 시작 표시링을 만날 때까지 뒤꿈치의 첫 번째 절반을 겉뜨기한다.

이제 뒤꿈치/거싯에 총 46 (54, 60)코, 발등에 28 (32, 36)코 있다. 다시 모든 코를 사용해서 원통뜨기할 것이다. 바늘에 총 74 (86, 96)코 있다.

거싯 코줄임

1단: 첫 번째 표시링 3코 전까지(매직루프 기법을 사용한다면 바늘1 끝까지) 겉뜨기하고 왼코줄임, 겉뜨기1, 표시링 옮긴다. 두 번째 표시링을 만날 때까지(매직루프 기법을 사용한다면 바늘1 시작까지) 발등 코를 겉뜨기한다, 표시링 옮긴다. 겉뜨기1, 오른코줄임. 단 시작 표시링까지 겉뜨기한다. 2코 줄어듦.

2단: 모든 코 겉뜨기한다.

뒤꿈치/거싯 코가 28 (32, 36)코로 줄어들 때까지 1~2단을 반복한다.

발등 28 (32, 36)코는 바늘2에 남아 있다. 이제 총 56 (64, 72)코 있다.

발(모든 사이즈)

계속해서 바탕실을 사용해서 발 길이가 원하는 완성품 길이에서 약 5 (6, 7)cm 모자랄 때까지 매 단 겉뜨기한다.

바탕실을 사용해서 코를 2.5mm 바늘로 옮기면서 다음과 같이 코늘림 단을 뜬다:

사이즈1: *겉뜨기14, M1L코늘림*, *~*을 단 끝까지 반복한다. 4코 늘어남. 총 60코.

사이즈2: *겉뜨기8, M1L코늘림*, *~*을 단 끝까지 반복한다. 8코 늘어남. 총 72코.

사이즈3: *겉뜨기6, M1L코늘림*, *~*을 단 끝까지 반복한다. 12코 늘어남. 총 84코.

도안이 지시하는 곳에서 배색실3, 배색실2, 배색실1을 연결하며 배색뜨기 무늬도안B(77쪽) 1~8단을 뜬다. 무늬도안은 각 단마다 10 (12, 14)회 반복한다.

바탕실, 배색실3, 배색실2를 자른다.

배색실1을 사용해 코를 다시 2.25mm 바늘로 옮기면서 코줄임 단을 뜬다:

사이즈1: *겉뜨기13, 왼코줄임*, *~*을 단 끝까지 반복한다. 4코 줄어듦. 총 56코.

사이즈2: *겉뜨기7, 왼코줄임*, *~*을 단 끝까지 반복한다. 8코 줄어듦. 총 64코.

사이즈3: *겉뜨기5, 왼코줄임*, *~*을 단 끝까지 반복한다. 12코 줄어듦. 총 72코.

발끝

이제 코는 바늘1과 바늘2에 동일하게 나뉘어 있다. 바늘1에는 발바닥 28 (32, 36)코가 있고, 단 시작 표시링 양쪽에 각각 14 (16, 18)코씩 있다. 바늘2에는 발등 28 (32, 36)코가 있다.

배색실1을 사용해서 단 시작 표시링에서 시작한다.

1단(코줄임 단):
바늘1: 3코 남을 때까지 겉뜨기, 왼코줄임, 겉뜨기1.
바늘2: 겉뜨기1, 오른코줄임, 3코 남을 때까지 겉뜨기, 왼코줄임, 겉뜨기1.
바늘1: 겉뜨기1, 오른코줄임, 단 시작 표시링까지 겉뜨기. 4코 줄어듦.

2단: 모든 코 겉뜨기한다.

1~2단을 각 바늘에 20코 남을 때까지 반복한다(총 40코).
계속해서 각 바늘에 10코 남을 때까지 1단만 반복한다(매 단 코줄임한다)(총 20코).
단 시작 표시링을 제거한다. 양말 옆선을 만날 때까지 5코를 겉뜨기한다. 각 바늘의 10코를 메리야스잇기로 연결한다.

마무리

실끝을 정리한다. 두 번째 양말을 뜬다. 아래 찬물에 부드럽게 손빨래하고 평평하게 뉘어 말린다.

배색뜨기 무늬도안A

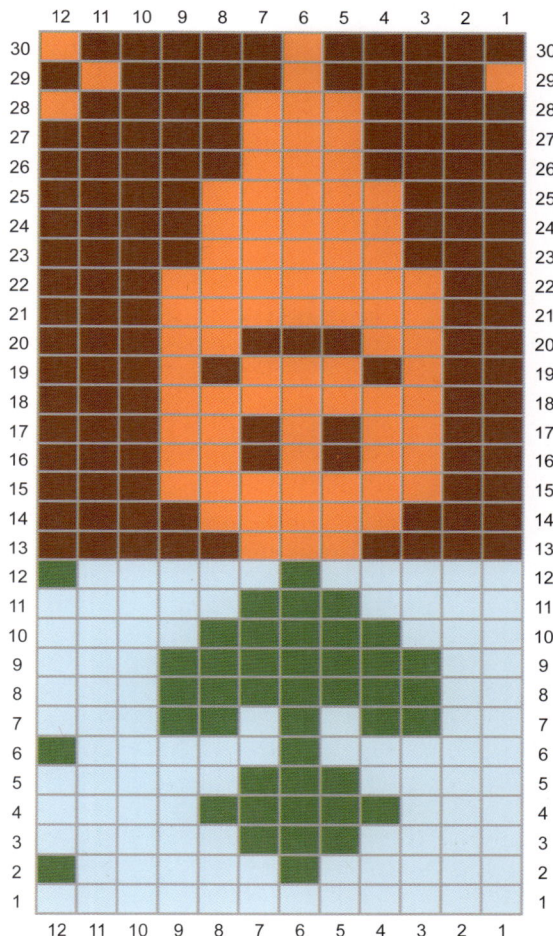

배색뜨기 무늬도안B

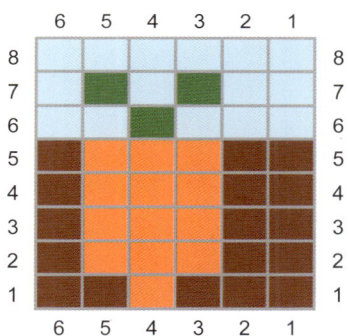

- 바탕실: 레인디어 헤더
- 배색실1: 노스폴
- 배색실2: 포리스트 헤더
- 배색실3: 만다린

- 바탕실: 레인디어 헤더
- 배색실1: 노스폴
- 배색실2: 포리스트 헤더
- 배색실3: 만다린

휴일의 집
Home for the Holidays

휴일에 아늑한 홀리데이 테마 양말을 신고 집에 있는 것을 좋아하지 않는 사람이 있을까요? 많은 니터들이 기념일이나 행사를 축하하기 위해 제가 이전 책에 소개한 양말을 뜨는 것을 보고 매우 기뻤습니다. 그래서 여러분이 휴일을 준비하는 데 도움이 될 수 있도록 더 많은 축제 관련 디자인으로 가득한 챕터를 꾸렸습니다! 홀리데이 테마 양말을 신는 것은 어떤 계절의 축제를 맞이하든 그 분위기를 만끽할 수 있는 간단하고 즐거운 방법입니다.

이번에는 양말로 표현하는 축일을 확장해, 성 패트릭의 날을 기념하는 '세잎클로버'(81쪽)를 만들었습니다. 저는 또한 모닥불과 불꽃놀이가 있는 모든 축하 행사를 즐기는데, 이런 행사를 위해서는 '모닥불의 밤'(93쪽) 양말이 있습니다. '마음속의 그루브'(87쪽)처럼 펑키한 빌런타인데이 양말은 물론, '으스스한 광경'(99쪽)으로 마냥 무섭지 않은 재미있는 핼러윈 도안도 당연히 포함해야 했어요. 마지막으로, 크리스마스 연휴를 위해 사랑스럽고 화려한 '크리스마스 요정이 사는 집'(105쪽)을 넣지 않을 수 없었습니다. 어떤 휴일을 선택하든 축하하는 데 도움이 되는 무언가를 여기서 찾을 수 있을 거예요.

세잎클로버
Shamrock Bouquet

성 패트릭의 날은 아일랜드 문화를 기념하는 재미있는 국제적인 축일로, 누구나 즐기고 참여할 수 있습니다. 이 양말은 아일랜드를 떠올리게 하며, 특히 3월 17일의 기념일에 착용하고 감상할 수 있도록 디자인되었습니다. 세잎클로버가 성 패트릭의 날을 상징하게 된 것은 아일랜드에서 이 식물이 인기가 많았기 때문이에요.. 또한 싱그럽고 푸른 에메랄드 아일[아일랜드의 별칭.―옮긴이]의 풍경을 연상시키기도 하죠! 많은 사람이 성 패트릭의 날에 외출해 퍼레이드나 축제에 참석합니다. 아니면 저처럼 집에 머물면서 초록색 옷을 입는 것을 선호할 수도 있습니다(그리고 아마도 기네스 한 잔과 함께 콘비프와 양배추를 즐기겠죠!). 어느 쪽이든, 이 양말은 축제에 완벽하게 어울리며 여러분과 사랑하는 사람들에게 행운의 날을 선사할 것입니다.

양말 구조

이 양말은 위에서 아래로 내려 뜹니다. 두 가지 색상으로만 뜬 이 양말은 세잎클로버 모티프가 양말목 위쪽에서 시작하여 발 전체에 반복됩니다. 클로버 사이의 플로트를 주의하세요. 이 양말은 고무뜨기 발목단으로 시작하고 되돌아뜨기 뒤꿈치가 특징입니다. 마지막으로 발끝에서 코를 줄인 다음 메리야스잇기로 마무리합니다.

사이즈

1 (2, 3)

발 둘레: 20.5~23 (23.5~25, 26~27.5)cm
완성 치수: 19 (21, 24)cm
권장 여유분: 마이너스 2.5cm. 발 둘레는 발의 가장 넓은 부분을 잰다. 바늘 호수를 높이거나 낮춰서 더 크거나 더 작은 사이즈를 뜰 수 있다.
양말목/발 길이는 쉽게 조정할 수 있다. 자세한 내용은 만드는 법을 참고할 것.
사진 속 작품은 사이즈2(US 8.5/EU 39/UK 6), 발 둘레 22.5cm로 떴다.

재료

실
핑거링 굵기, 칭 파이버의 피오르(램스울 80%, 나일론 20%), 1타래 466m 100g

사진 속 작품에서는 다음 색상을 사용
바탕실: 카키|Khaki 1타래
배색실: 파인|Pine 1타래
같은 게이지 치수를 얻을 수 있다면 핑거링 굵기의 실은 무엇이든 사용할 수 있다.

바늘
고무뜨기와 메리야스뜨기에 사용: 2.25mm
80cm 길이 줄바늘(매직루프)/23cm 길이 줄바늘 1개 또는 2개/장갑바늘 중 선호하는 바늘 사용
배색뜨기에 사용: 2.5mm
80cm 길이 줄바늘(매직루프)/23cm 길이 줄바늘 1개 또는 2개/장갑바늘 중 선호하는 바늘 사용
주의사항: 잘 맞는 양말을 뜨기 위해 게이지를 체크할 것. 바늘 호수를 높이거나 낮춰서 추가 사이즈를 뜰 수 있다.

부자재
표시링, 가위, 돗바늘

게이지
34코×44단=10cm×10cm 고무뜨기와 메리야스뜨기
34코×38단=10cm×10cm 배색뜨기

팁 & 스페셜 기법
배색뜨기 다시 보기(8쪽)
플로트(9쪽)
발끝 메리야스잇기(186쪽)
주요 기법(184쪽 참고)

만드는 법

발목단
바탕실과 2.25mm 바늘을 사용해서 56 (64, 72)코 만든다. 2개의 바늘에 동일하게 콧수를 나눈다. 장갑바늘을 사용할 경우, 3개(또는 4개)의 바늘에 동일하게 콧수를 나눠 옮긴다. 단 시작에 표시링을 건다. 코가 꼬이지 않도록 조심하며 원통으로 잇는다.
고무뜨기 단: *겉뜨기1, 안뜨기1*, *~*을 단 끝까지 반복한다.
고무뜨기로 총 12단 뜬다(약 2.75cm).

양말목
겉뜨기로 1단 뜬다.

코를 2.5mm 바늘로 옮기면서 다음과 같이 코늘림 단을 뜬다:
사이즈1: *겉뜨기7, M1L코늘림*, *~*을 단 끝까지 반복한다. 8코 늘어남. 총 64코.
사이즈2: *겉뜨기8, M1L코늘림*, *~*을 단 끝까지 반복한다. 8코 늘어남. 총 72코.
사이즈3: *겉뜨기9, M1L코늘림*, *~*을 단 끝까지 반복한다. 8코 늘어남. 총 80코.
도안이 지시하는 곳에서 배색실을 연결하며, 배색뜨기 무늬 도안(85~86쪽) 1~32단을 뜬다. 무늬도안을 각 단마다 2회 반복한다. 1~16단을 1회 더 반복한다.

되돌아뜨기 뒤꿈치
이제 바탕실을 사용해서 2.25mm 바늘1만 가지고, 선택한 사이즈에 맞는 뒤꿈치 지시사항을 따라 뜰 것이다.

사이즈1(바늘1에 32코 있음):
1단(겉면): 1코걸러뜨기, [겉뜨기5, 왼코줄임]을 4회 반복, 겉뜨기2. 안면이 보이도록 편물을 뒤집는다(1코는 뜨지 않고 둔다). 4코 줄어듦. 이제 뒤꿈치에 총 28코 있다.
2단(안면): 1코걸러뜨기, 안뜨기25(끝의 1코는 뜨지 않고 둔다). 겉면이 보이도록 편물을 뒤집는다.
3단: 1코걸러뜨기, 겉뜨기24(끝의 2코는 뜨지 않고 둔다). 편물을 뒤집는다.

4단: 1코걸러뜨기, 안뜨기23(구멍 1코 전까지). 편물을 뒤집는다.
5단: 1코걸러뜨기, 겉뜨기22(구멍 1코 전까지). 편물을 뒤집는다.
6단: 1코걸러뜨기, 안뜨기21(구멍 1코 전까지). 편물을 뒤집는다.
7단: 1코걸러뜨기, 구멍 1코 전까지 겉뜨기. 편물을 뒤집는다.
8단: 1코걸러뜨기, 구멍 1코 전까지 안뜨기. 편물을 뒤집는다.
7~8단을 5회 더 반복한다.
19단: 1코걸러뜨기, 구멍 1코 전까지 겉뜨기. 편물을 뒤집는다.
20단: 1코걸러뜨기, 안뜨기7.
중심에 안뜨기 8코가 있고 그 양옆에 뜨지 않은 코가 10코씩 있다. 편물을 뒤집는다.

이제 편물을 뒤집어서 생긴 구멍을 막으면서 뒤꿈치를 평면 뜨기로 편물을 뒤집어가며 뜬다.
21단(겉면): 1코걸러뜨기, 겉뜨기6, (구멍 양옆의 각 1코를 이용해서) 오른코줄임, M1L코늘림. 편물을 뒤집는다.
22단(안면): 1코걸러뜨기, 안뜨기7, 안뜨기로 2코모아뜨기, M1P코늘림. 편물을 뒤집는다.
23단: 1코걸러뜨기, 겉뜨기8, 오른코줄임, M1L코늘림. 편물을 뒤집는다.
24단: 1코걸러뜨기, 안뜨기9, 안뜨기로 2코모아뜨기, M1P코늘림. 편물을 뒤집는다.
계속해서 이미 만들어진 규칙대로 14단 더 뜬다.
39단(겉면): 1코걸러뜨기, 겉뜨기24, 오른코줄임, M1L코늘림. 편물을 뒤집는다.
40단(안면): 1코걸러뜨기, 안뜨기25, 안뜨기로 2코모아뜨기, M1P코늘림. 편물을 뒤집는다.
41단(겉면): 1코걸러뜨기, [겉뜨기6, M1L코늘림]을 4회 반복, 겉뜨기3. 4코 늘어남.
이제 바늘1에 총 32코 있다.
계속해서 발 섹션(84쪽)을 진행한다.

사이즈2(바늘1에 36코 있음):
1단(겉면): 1코걸러뜨기, [겉뜨기6, 왼코줄임]을 4회 반복, 겉뜨기2. 안면이 보이도록 편물을 뒤집는다(1코는 뜨지 않고 둔다). 4코 줄어듦. 이제 뒤꿈치에 총 32코 있다.

2단(안면): 1코걸러뜨기, 안뜨기29(끝의 1코는 뜨지 않고 둔다). 겉면이 보이도록 편물을 뒤집는다.
3단: 1코걸러뜨기, 겉뜨기28(끝의 2코는 뜨지 않고 둔다). 편물을 뒤집는다.
4단: 1코걸러뜨기, 안뜨기27(구멍 1코 전까지). 편물을 뒤집는다.
5단: 1코걸러뜨기, 겉뜨기26(구멍 1코 전까지). 편물을 뒤집는다.
6단: 1코걸러뜨기, 안뜨기25(구멍 1코 전까지). 편물을 뒤집는다.
7단: 1코걸러뜨기, 구멍 1코 전까지 겉뜨기. 편물을 뒤집는다.
8단: 1코걸러뜨기, 구멍 1코 전까지 안뜨기. 편물을 뒤집는다.
7~8단을 5회 더 반복한다.
19단: 1코걸러뜨기, 구멍 1코 전까지 겉뜨기. 편물을 뒤집는다.
20단: 1코걸러뜨기, 안뜨기11.
중심에 안뜨기 12코가 있고 그 양옆에 뜨지 않은 코가 10코씩 있다. 편물을 뒤집는다.

이제 편물을 뒤집어서 생긴 구멍을 막으면서 뒤꿈치를 평면뜨기로 편물을 뒤집어가며 뜬다.
21단(겉면): 1코걸러뜨기, 겉뜨기10, (구멍 양쪽의 각 1코를 이용해서) 오른코줄임, M1L코늘림. 편물을 뒤집는다.
22단(안면): 1코걸러뜨기, 안뜨기11, 안뜨기로 2코모아뜨기, M1P코늘림. 편물을 뒤집는다.
23단: 1코걸러뜨기, 겉뜨기12, 오른코줄임, M1L코늘림. 편물을 뒤집는다.
24단: 1코걸러뜨기, 안뜨기13, 안뜨기로 2코모아뜨기, M1P코늘림. 편물을 뒤집는다.
계속해서 이미 만들어진 규칙대로 14단 더 뜬다.
39단(겉면): 1코걸러뜨기, 겉뜨기28, 오른코줄임, M1L코늘림. 편물을 뒤집는다.
40단(안면): 1코걸러뜨기, 안뜨기29, 안뜨기로 2코모아뜨기, M1P코늘림. 편물을 뒤집는다.
41단(겉면): [겉뜨기8, M1L코늘림]을 4회 반복한다. 4코 늘어남.
이제 바늘1에 36코 있다.
계속해서 발 섹션(84쪽)을 진행한다.

사이즈3(바늘1에 40코 있음):
1단(겉면): 1코걸러뜨기, [겉뜨기8, 왼코줄임]을 3회 반복, 겉뜨기6, 왼코줄임. 안면이 보이도록 편물을 뒤집는다(1코는 뜨지 않고 둔다). 4코 줄어듦. 이제 뒤꿈치에 총 36코 있다.
2단(안면): 1코걸러뜨기, 안뜨기33(끝의 1코는 뜨지 않고 둔다). 겉면이 보이도록 편물을 뒤집는다.
3단: 1코걸러뜨기, 겉뜨기32(끝의 2코는 뜨지 않고 둔다). 편물을 뒤집는다.
4단: 1코걸러뜨기, 안뜨기31(구멍 1코 전까지). 편물을 뒤집는다.
5단: 1코걸러뜨기, 겉뜨기30(구멍 1코 전까지). 편물을 뒤집는다.
6단: 1코걸러뜨기, 안뜨기29(구멍 1코 전까지). 편물을 뒤집는다.
7단: 1코걸러뜨기, 구멍 1코 전까지 겉뜨기. 편물을 뒤집는다.
8단: 1코걸러뜨기, 구멍 1코 전까지 안뜨기. 편물을 뒤집는다.
7~8단을 6회 더 반복한다.
21단: 1코걸러뜨기, 구멍 1코 전까지 겉뜨기. 편물을 뒤집는다.
22단: 1코걸러뜨기, 안뜨기13.
중심에 안뜨기 14코가 있고 그 양옆에 뜨지 않은 코가 11코씩 있다. 편물을 뒤집는다.

이제 편물을 뒤집어서 생긴 구멍을 막으면서 뒤꿈치를 평면뜨기로 편물을 뒤집어가며 뜬다.
23단(겉면): 1코걸러뜨기, 겉뜨기12, (구멍 양쪽의 각 1코를 이용해서) 오른코줄임, M1L코늘림. 편물을 뒤집는다.
24단(안면): 1코걸러뜨기, 안뜨기13, 안뜨기로 2코모아뜨기, M1P코늘림. 편물을 뒤집는다.
25단: 1코걸러뜨기, 겉뜨기14, 오른코줄임, M1L코늘림. 편물을 뒤집는다.
26단: 1코걸러뜨기, 안뜨기15, 안뜨기로 2코모아뜨기, M1P코늘림. 편물을 뒤집는다.
계속해서 이미 만들어진 규칙대로 16단 더 뜬다.
43단(겉면): 1코걸러뜨기, 겉뜨기32, 오른코줄임, M1L코늘림. 편물을 뒤집는다.
44단(안면): 1코걸러뜨기, 안뜨기33, 안뜨기로 2코모아뜨기, M1P코늘림. 편물을 뒤집는다.

45단(겉면): 1코걸러뜨기, [겉뜨기9, M1L코늘림]을 3회 반복, 겉뜨기7, M1L코늘림, 겉뜨기1. 4코 늘어남.
이제 바늘1에 40코 있다.

발(모든 사이즈)

다시 원통으로 연결해서 바탕실과 배색실 및 2.5mm 바늘 (또는 배색뜨기 게이지 치수를 얻을 수 있는 호수의 바늘) 을 사용해 뜬다. 바탕실을 사용해서 단 시작 표시링까지 바늘2의 32 (36, 40)코를 겉뜨기한다(이것은 배색뜨기 무늬 도안의 17단으로 셀 것이다).

바늘1로 시작해서, 배색뜨기 무늬도안을 18단부터 다시 뜬다. 계속해서 양말의 발 길이가 원하는 완성품 길이에서 약 3 (4, 5)cm 모자랄 때까지 매 단 겉뜨기하는데, 마지막으로 뜨는 단이 16단 혹은 32단이 되도록 끝낸다. 배색실을 자른다. (아직 발끝을 시작하기에 필요한 치수가 되지 않는다면, 다음의 코줄임을 뜬 후 바탕실을 사용해서 원하는 치수까지 몇 단 더 겉뜨기한다.)

바탕실을 사용해서 코를 2.25mm 바늘로 다시 옮기견서, 다음과 같이 코줄임 단을 뜬다:
사이즈1: *겉뜨기6, 왼코줄임*, *~*을 단 끝까지 반복한다. 8코 줄어듦. 총 56코.
사이즈2: *겉뜨기7, 왼코줄임*, *~*을 단 끝까지 반복한다. 8코 줄어듦. 총 64코.
사이즈3: *겉뜨기8, 왼코줄임*, *~*을 단 끝까지 반독한다. 8코 줄어듦. 총 72코.

발끝

이제 바늘1과 바늘2에 동일한 콧수가 있어야 한다. 단 시작 표시링을 제거한다. 바늘1에는 발바닥 28 (32, 36)코가 있다. 바늘2에는 발등 28 (32, 36)코가 있다.
바탕실과 바늘1을 사용해서 14 (16, 18)코 겉뜨기한다. 방금 뜬 코 다음에 단 시작 표시링을 건다. 이곳은 발바닥 부분인 바늘1의 가운데여야 한다.

바탕실을 사용해서:
1단(코줄임 단):
　바늘1: 3코 남을 때까지 겉뜨기, 왼코줄임, 겉뜨기1.
　바늘2: 겉뜨기1, 오른코줄임, 3코 남을 때까지 겉뜨기, 왼코줄임, 겉뜨기1.
　바늘1: 겉뜨기1, 오른코줄임, 단 시작 표시링까지 겉뜨기.
　4코 줄어듦.
2단: 모든 코 겉뜨기한다.
각 바늘에 20코 남을 때까지 1~2단을 반복한다(총 40코).
계속해서 각 바늘에 10코 남을 때까지 1단만 반복한다(매 단 코줄임한다)(총 20코).
단 시작 표시링을 제거한다. 양말의 옆선을 만날 때까지 5코 겉뜨기한다. 각 바늘에 남은 10코를 메리야스잇기로 연결한다.

마무리

실끝을 정리한다. 두 번째 양말을 뜬다. 찬물에 부드럽게 손 빨래하고 평평하게 뉘어 말린다.

배색뜨기 무늬도안 사이즈1

바탕실: 카키

배색실: 파인

배색뜨기 무늬도안 사이즈2

배색뜨기 무늬도안 사이즈3

바탕실: 카키

배색실: 파인

마음속의 그루브
Groove Is in the Heart

소중한 사람에게 손뜨개 양말을 선물하는 것보다 더 좋은 애정 표현 방법이 있을까요? 이 양말은 밸런타인데이를 위한 양말일 뿐만 아니라, 두 가지 대비되는 색상을 사용한 재미있고 펑키한 양말입니다. 이 도안은 뜨기 쉬운 하트와 체크무늬가 양말 전체에 반복되는 것이 특징입니다. 디-라이트의 1990년대 명곡 〈Groove Is in the Heart〉의 생동감 넘치는 뮤직비디오에서 영감을 받았습니다. 밸런타인데이를 기념하든 기념하지 않든, 이 양말로 사랑에 빠질 것 같은 분위기를 즐기거나 친구들과 마음껏 춤추고 싶은 기분을 만끽하세요!

양말 구조

이 양말은 위에서 아래로 내려 뜹니다. 두 가지 색상으로만 뜬 이 양말은 체크무늬 속 하트 모티프가 양말목 위쪽에서 시작하여 발 전체에 반복됩니다. 고무뜨기 발목단으로 시작하고 되돌아뜨기 뒤꿈치가 특징입니다. 마지막으로 발끝에서 코를 줄인 다음 메리야스잇기로 마무리합니다.

사이즈

1 (2, 3)

발 둘레: 21.5~23 (23.5~25, 26.5~28)cm
완성치수: 20 (21, 25)cm
권장 여유분: 마이너스 2.5cm. 발 둘레는 발의 가장 넓은 부분을 잰다. 바늘 호수를 높이거나 낮춰서 더 크거나 더 작은 사이즈를 뜰 수 있다.
양말목/발 길이는 쉽게 조정할 수 있다. 자세한 내용은 만드는 법을 참고할 것.
사진 속 작품은 사이즈2(US 8.5/EU 39/UK 6), 발 둘레 22.5cm로 떴다.

재료

실

바탕실: 핑거링 굵기, 리틀 라이언헤드 니트의 메리노 나일론 핑거링(슈퍼워시 메리노 울 85%, 나일론 15%), 1타래 400m 100g
배색실: 핑거링 굵기, PRU 얀의 소울(슈퍼워시 메리노 울 85%, 나일론 15%), 1타래 400m 100g

사진 속 작품에서는 다음 색상을 사용

바탕실: 렛츠 피크닉Let's Picnic 1타래
배색실: 크림시클Creamsicle 1타래
같은 게이지 치수를 얻을 수 있다면 핑거링 굵기의 실은 무엇이든 사용할 수 있다.

바늘

고무뜨기와 메리야스뜨기에 사용: 2.25mm
80cm 길이 줄바늘(매직루프)/23cm 길이 줄바늘 1개 또는 2개/장갑바늘 중 선호하는 바늘 사용
사이즈1, 사이즈3 배색뜨기에 사용: 2.25mm
80cm 길이 줄바늘(매직루프)/23cm 길이 줄바늘 1개 또는 2개/장갑바늘 중 선호하는 바늘 사용
사이즈2 배색뜨기에 사용: 2.5mm
80cm 길이 줄바늘(매직루프)/23cm 길이 줄바늘 1개 또는 2개/장갑바늘 중 선호하는 바늘 사용
주의사항: 잘 맞는 양말을 뜨기 위해 게이지를 체크할 것.
바늘 호수를 높이거나 낮춰서 추가 사이즈를 뜰 수 있다.

부자재

표시링, 가위, 돗바늘

게이지

36코×44단=10×10cm 고무뜨기, 메리야스뜨기, 사이즈1·3 배색뜨기
34코×38단=10×10cm 사이즈2 배색뜨기

팁 & 스페셜 기법

배색뜨기 다시 보기(8쪽)

플로트(9쪽)

발끝 메리야스잇기(186쪽)

주요 기법(184쪽 참고)

만드는 법

발목단

바탕실과 2.25mm 바늘을 사용해서 60 (64, 72)코 만든다. 2개의 바늘에 동일하게 콧수를 나눈다. 장갑바늘을 사용할 경우, 3개(또는 4개)의 바늘에 동일하게 콧수를 나눠 옮긴다. 단 시작에 표시링을 건다. 코가 꼬이지 않도록 조심하며 원통으로 잇는다.

고무뜨기 단: *겉뜨기1, 안뜨기1, *~*을 단 끝까지 반복한다. 고무뜨기로 총 12단 뜬다(약 2.75cm).

양말목

겉뜨기로 1단 뜬다. 선택한 사이즈에 따라 코늘림 단을 뜬다.

사이즈2: 코를 2.5mm 바늘로 옮기면서 다음과 같이 코늘림 단을 뜬다:

겉뜨기8, M1L코늘림, *~*을 단 끝까지 반복한다. 8코 늘어남. 총 72코.

사이즈1·3: 계속해서 2.25mm 바늘을 사용해서 다음과 같이 코늘림 단을 뜬다:

사이즈1: *겉뜨기5, M1L코늘림*, *~*을 단 끝까지 반복한다. 12코 늘어남. 총 72코.

사이즈3: *겉뜨기4, M1L코늘림*, *~*을 단 끝까지 반복한다. 18코 늘어남. 총 90코.

모든 사이즈:

도안이 지시하는 곳에서 배색실을 연결하며, 배색뜨기 무늬도안(92쪽) 1~18단을 뜬다. 무늬도안을 각 단마다 4 (4, 5)회 반복한다. 하트 모티프 사이 단에 고정이 필요한 긴 플로트가 있음을 주의한다. 1~18단을 1회 더 반복한다.

되돌아뜨기 뒤꿈치

이제 바탕실을 사용해서 2.25mm 바늘1만 가지고, 선택한 사이즈에 맞는 뒤꿈치 지시사항을 따라 뜰 것이다.

사이즈1(바늘1에 36코 있음):

1단(겉면): 1코걸러뜨기, [겉뜨기2, 왼코줄임]을 단 끝에 3코 남을 때까지 8회 반복, 겉뜨기2. 안면이 보이도록 편물을 뒤집는다(1코는 뜨지 않고 둔다). 8코 줄어듦. 이제 뒤꿈치에 총 28코 있다.

2단(안면): 1코걸러뜨기, 안뜨기25(끝의 1코는 뜨지 않고 둔다). 겉면이 보이도록 편물을 뒤집는다.

3단: 1코걸러뜨기, 겉뜨기24(끝의 2코는 뜨지 않고 둔다). 편물을 뒤집는다.

4단: 1코걸러뜨기, 안뜨기23(구멍 1코 전까지). 편물을 뒤집는다.

5단: 1코걸러뜨기, 겉뜨기22(구멍 1코 전까지). 편물을 뒤집는다.

6단: 1코걸러뜨기, 안뜨기21(구멍 1코 전까지). 편물을 뒤집는다.

7단: 1코걸러뜨기, 구멍 1코 전까지 겉뜨기. 편물을 뒤집는다.

8단: 1코걸러뜨기, 구멍 1코 전까지 안뜨기. 편물을 뒤집는다.

7~8단을 5회 더 반복한다.

19단: 1코걸러뜨기, 구멍 1코 전까지 겉뜨기. 편물을 뒤집는다.

20단: 1코걸러뜨기, 안뜨기7.

중심에 안뜨기 8코가 있고 그 양옆에 뜨지 않은 코가 10코씩 있다. 편물을 뒤집는다.

이제 편물을 뒤집어서 생긴 구멍을 막으면서 뒤꿈치를 평면뜨기로 편물을 뒤집어가며 뜬다.

21단(겉면): 1코걸러뜨기, 겉뜨기6, (구멍 양옆의 각 1코를 이용해서) 오른코줄임, M1L코늘림. 편물을 뒤집는다.

22단(안면): 1코걸러뜨기, 안뜨기7, 안뜨기로 2코모아뜨기, M1P코늘림. 편물을 뒤집는다.

23단: 1코걸러뜨기, 겉뜨기8, 오른코줄임, M1L코늘림. 편물을 뒤집는다.

24단: 1코걸러뜨기, 안뜨기9, 안뜨기로 2코모아뜨기, M1P코늘림. 편물을 뒤집는다.

계속해서 이미 만들어진 규칙대로 14단 더 뜬다.

39단(겉면): 1코걸러뜨기, 겉뜨기24, 오른코줄임, M1L코늘림. 편물을 뒤집는다.

40단(안면): 1코걸러뜨기, 안뜨기25, 안뜨기로 2코모아뜨기, M1P코늘림. 편물을 뒤집는다.

41단(겉면): 1코걸러뜨기, [겉뜨기3, M1L코늘림]을 8회 반복, 겉뜨기3. 8코 늘어남. 편물을 뒤집는다.

이제 바늘1에 총 36코 있다.

42단(안면): 1코걸러뜨기, 안뜨기35, 편물을 뒤집는다.

계속해서 발 섹션(91쪽)을 진행한다.

사이즈2(바늘1에 36코 있음):

1단(겉면): 1코걸러뜨기, [겉뜨기6, 왼코줄임]을 4회 반복, 겉뜨기2. 안면이 보이도록 편물을 뒤집는다(1코는 뜨지 않고 둔다). 4코 줄어듦. 이제 뒤꿈치에 총 32코 있다.

2단(안면): 1코걸러뜨기, 안뜨기29(끝의 1코는 뜨지 않고 둔다). 겉면이 보이도록 편물을 뒤집는다.

3단: 1코걸러뜨기, 겉뜨기28(끝의 2코는 뜨지 않고 둔다). 편물을 뒤집는다.

4단: 1코걸러뜨기, 안뜨기27(구멍 1코 전까지). 편물을 뒤집는다.

5단: 1코걸러뜨기, 겉뜨기26(구멍 1코 전까지). 편물을 뒤집는다.

6단: 1코걸러뜨기, 안뜨기25(구멍 1코 전까지). 편물을 뒤집는다.

7단: 1코걸러뜨기, 구멍 1코 전까지 겉뜨기. 편물을 뒤집는다.

8단: 1코걸러뜨기, 구멍 1코 전까지 안뜨기. 편물을 뒤집는다.
7~8단을 5회 더 반복한다.

19단: 1코걸러뜨기, 구멍 1코 전까지 겉뜨기. 편물을 뒤집는다.

20단: 1코걸러뜨기, 안뜨기11.

중심에 안뜨기 12코가 있고 그 양옆에 뜨지 않은 코가 10코씩 있다. 편물을 뒤집는다.

이제 편물을 뒤집어서 생긴 구멍을 막으면서 뒤꿈치를 평면뜨기로 편물을 뒤집어가며 뜬다.

21단(겉면): 1코걸러뜨기, 겉뜨기10, (구멍 양쪽의 각 1코를 이용해서) 오른코줄임, M1L코늘림. 편물을 뒤집는다.

22단(안면): 1코걸러뜨기, 안뜨기11, 안뜨기로 2코모아뜨기, M1P코늘림. 편물을 뒤집는다.

23단: 1코걸러뜨기, 겉뜨기12, 오른코줄임, M1L코늘림. 편물을 뒤집는다.

24단: 1코걸러뜨기, 안뜨기13, 안뜨기로 2코모아뜨기, M1P코늘림. 편물을 뒤집는다.

계속해서 이미 만들어진 규칙대로 14단 더 뜬다.

39단(겉면): 1코걸러뜨기, 겉뜨기28, 오른코줄임, M1L코늘림. 편물을 뒤집는다.

40단(안면): 1코걸러뜨기, 안뜨기29, 안뜨기로 2코모아뜨기, M1P코늘림. 편물을 뒤집는다.

41단(겉면): [겉뜨기8, M1L코늘림]을 4회 반복한다. 4코 늘어남. 편물을 뒤집는다.

이제 바늘1에 36코 있다.

42단(안면): 1코걸러뜨기, 안뜨기35, 편물을 뒤집는다.

계속해서 발 섹션(91쪽)을 진행한다.

사이즈3(바늘1에 45코 있음):

1단(겉면): 1코걸러뜨기, [겉뜨기3, 왼코줄임]을 4코 남을 때까지 8회 반복, 겉뜨기1, 왼코줄임. 안면이 보이도록 편물을 뒤집는다(1코는 뜨지 않고 둔다). 9코 줄어듦. 이제 뒤꿈치에 총 36코 있다.

2단(안면): 1코걸러뜨기, 안뜨기33(끝의 1코는 뜨지 않고 둔다). 겉면이 보이도록 편물을 뒤집는다.

3단: 1코걸러뜨기, 겉뜨기32(끝의 2코는 뜨지 않고 둔다). 편물을 뒤집는다.

4단: 1코걸러뜨기, 안뜨기31(구멍 1코 전까지). 편물을 뒤집는다.

5단: 1코걸러뜨기, 겉뜨기30(구멍 1코 전까지). 편물을 뒤집는다.

6단: 1코걸러뜨기, 안뜨기29(구멍 1코 전까지). 편물을 뒤집는다.

7단: 1코걸러뜨기, 구멍 1코 전까지 겉뜨기. 편물을 뒤집는다.

8단: 1코걸러뜨기, 구멍 1코 전까지 안뜨기. 편물을 뒤집는다.
7~8단을 6회 더 반복한다.

21단: 1코걸러뜨기, 구멍 1코 전까지 겉뜨기. 편물을 뒤집는다.

22단: 1코걸러뜨기, 안뜨기13.

중심에 안뜨기 14코가 있고 그 양옆에 뜨지 않은 코가 11코씩 있다. 편물을 뒤집는다.

이제 편물을 뒤집어서 생긴 구멍을 막으면서 뒤꿈치를 평면뜨기로 편물을 뒤집어가며 뜬다.

23단(겉면): 1코걸러뜨기, 겉뜨기12, (구멍 양쪽의 각 1코를 이용해서) 오른코줄임, M1L코늘림. 편물을 뒤집는다.

24단(안면): 1코걸러뜨기, 안뜨기13, 안뜨기로 2코모아뜨기, M1P코늘림. 편물을 뒤집는다.

25단: 1코걸러뜨기, 겉뜨기14, 오른코줄임, M1L코늘림. 편물을 뒤집는다.

26단: 1코걸러뜨기, 안뜨기15, 안뜨기로 2코모아뜨기, M1P코늘림. 편물을 뒤집는다.

계속해서 이미 만들어진 규칙대로 16단 더 뜬다.

43단(겉면): 1코걸러뜨기, 겉뜨기32, 오른코줄임, M1L코늘림. 편물을 뒤집는다.

44단(안면): 1코걸러뜨기, 안뜨기33, 안뜨기로 2코모아뜨기, M1P코늘림. 편물을 뒤집는다.

45단(겉면): 1코걸러뜨기, [겉뜨기4, M1L코늘림]을 8회 반복, 겉뜨기3, M1L코늘림. 9코 늘어남. 편물을 뒤집는다.

이제 바늘1에 45코 있다.

46단(안면): 1코걸러뜨기, 안뜨기44, 편물을 뒤집는다.

발(모든 사이즈)

다시 원통으로 연결해서 바탕실과 배색실 및 사이즈1과 사이즈3은 2.25mm 바늘, 사이즈2는 2.5mm 바늘(또는 배색뜨기 게이지 치수를 얻을 수 있는 호수의 바늘)을 사용해 뜬다. 바늘1로 시작해서, 배색뜨기 무늬도안을 1단부터 다시 뜬다. 계속해서 양말의 발 길이가 원하는 완성품 길이에서 약 3 (4, 5)cm 모자랄 때까지 매 단 겉뜨기하는데, 마지막으로 뜨는 단이 9단 혹은 18단이 되도록 끝낸다. 배색실을 자른다.

바탕실을 사용해서 사이즈1과 사이즈3은 계속해서 2.25mm 바늘로, 사이즈2는 코를 2.25mm 바늘로 다시 옮기면서 다음과 같이 코줄임 단을 뜬다:

사이즈1: *겉뜨기4, 왼코줄임*, *~*을 단 끝까지 반복한다. 12코 줄어듦. 총 60코.

사이즈2: *겉뜨기7, 왼코줄임*, *~*을 단 끝까지 반복한다. 8코 줄어듦. 총 64코.

사이즈3: *겉뜨기3, 왼코줄임*, *~*을 단 끝까지 반복한다. 18코 줄어듦. 총 72코.

발끝

이제 바늘1과 바늘2에 동일한 콧수가 있어야 한다. 단 시작 표시링을 제거한다. 바늘1에는 발바닥 30 (32, 36)코가 있다. 바늘2에는 발등 30 (32, 36)코가 있다.

바탕실과 바늘1을 사용해서 15 (16, 18)코 겉뜨기한다. 방금 뜬 코 다음에 단 시작 표시링을 건다. 이곳은 발바닥 부분인 바늘1의 가운데여야 한다.

바탕실을 사용해서:

1단(코줄임 단):

　바늘1: 3코 남을 때까지 겉뜨기, 왼코줄임, 겉뜨기1.

　바늘2: 겉뜨기1, 오른코줄임, 3코 남을 때까지 겉뜨기, 왼코줄임, 겉뜨기1.

　바늘1: 겉뜨기1, 오른코줄임, 단 시작 표시링까지 겉뜨기. 4코 줄어듦.

2단: 모든 코 겉뜨기한다.

각 바늘에 20코 남을 때까지 1~2단을 반복한다(총 40코). 계속해서 각 바늘에 10코 남을 때까지 1단만 반복한다(매 단 코줄임한다)(총 20코).

단 시작 표시링을 제거한다. 양말의 옆선을 만날 때까지 5코 겉뜨기한다. 각 바늘에 남은 10코를 메리야스잇기로 연결한다.

마무리

실끝을 정리한다. 두 번째 양말을 뜬다. 찬물에 부드럽게 손빨래하고 평평하게 뉘어 말린다.

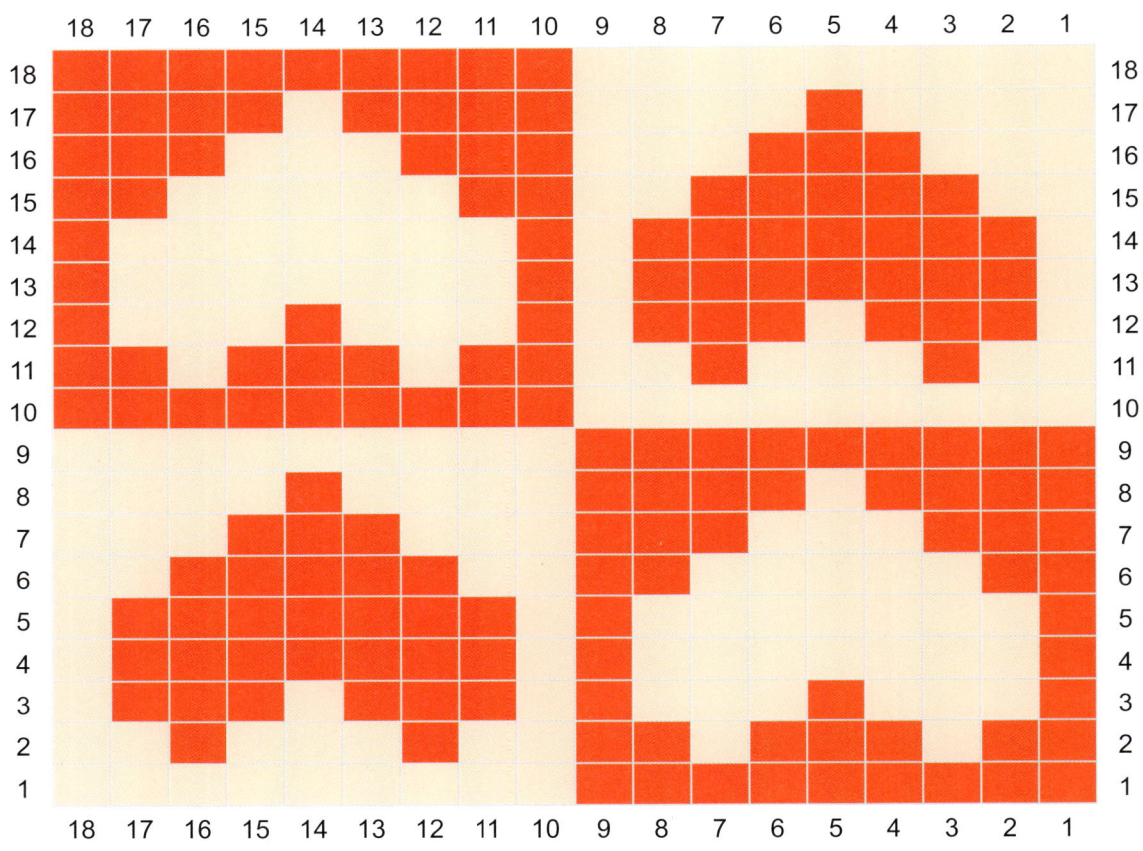

바탕실: 렛츠 피크닉

배색실: 크림시클

모닥불의 밤
Bonfire Night

모닥불 주위에 둘러앉아 따뜻한 온기 쪽으로 몸을 기울이고 좋은 사람들과 함께 즐기는 시간에는 뭔가 위안이 되는 것이 있습니다. 모닥불은 완벽한 빛과 열을 제공하며, 기념일에 맛있는 음식을 요리할 때 즐거운 시간을 보낼 수 있게 해줍니다. 심지어 불이 타는 모습을 보면 긴장이 풀리고 혈압이 낮아진다는 사실도 입증되었습니다! 저는 어떤 모닥불 파티를 할 때든 신을 수 있는 따뜻한 양말이 필요하다고 생각했어요. 영국에 살던 어린 시절, 저희 가족은 11월 5일 본파이어 나이트라는 날을 기념했습니다. 정원에 불을 피우고 불꽃놀이를 보며 그릴에 소시지를 구워 먹었죠. 11월은 매우 쌀쌀해서 저녁이 끝날 무렵에는 발가락에 감각이 없을 정도였습니다! 이 양말이 불꽃놀이와 불을 연상시킬 뿐만 아니라 발을 매우 따뜻하게 유지해주길 바랍니다. 더 굵은 양말 실을 사용하면 더 따뜻한 양말을 만들 수 있고 뜨는 속도도 훨씬 빨라집니다! 이 양말은 조용한 주말에 하루 만에 뜨는 것도 충분히 가능합니다. 여러분도 도전해보세요! 행복하게 뜨개질 하세요.

양말 구조

이 양말은 핑거링보다 좀 더 굵은 스포트 양말 실로 떴는데, 배색실은 (하늘로 쏘아 올리는 불꽃처럼) 색이 변하는 매우 재미있는 그러데이션 실입니다. 위에서 아래로 내려 뜨며, 겉뜨기와 안뜨기를 다른 색으로 번갈아 뜨는 배색고무뜨기 발목단, 고무뜨기 힐플랩, 거싯이 있습니다. 두 가지 색상만 사용한 이 양말은 뜨기 쉽고 단순한 배색 무늬 모티프가 특징입니다. 매우 단순한 배색 무늬 디테일을 몇 차례 뜬 후 마지막으로 발끝에서 코를 줄인 다음 메리야스잇기로 마무리합니다.

사이즈

1 (2, 3)

발 둘레: 18.5~19.5 (21.5~22.5, 25~26)cm
완성치수: 17 (20, 23.5)cm
권장 여유분: 마이너스 2.5cm. 발 둘레는 발의 가장 넓은 부분을 잰다. 바늘 호수를 높이거나 낮춰서 더 크거나 더 작은 사이즈를 뜰 수 있다.
양말목/발 길이는 쉽게 조정할 수 있다. 자세한 내용은 만드는 법을 참고할 것.
사진 속 작품은 사이즈2(US 8.5/EU 39/UK 6), 발 둘레 22.5cm로 떴다.

재료

실

바탕실: 스포트 굵기, 레기아의 유니 6ply(울 75%, 폴리아미드 25%), 1타래 375m 150g
배색실: 스포트 굵기, 스핀사이클 얀의 다이드인더울(아메리칸 슈퍼워시 울 100%), 1타래 183m 50g

사진 속 작품에서는 다음 색상을 사용

바탕실: 네이비Navy 1타래
배색실: 러스티드 레인보Rusted Rainbow 1타래
같은 게이지 치수를 얻을 수 있다면 스포트 굵기의 실은 무엇이든 사용할 수 있다.

바늘

고무뜨기와 메리야스뜨기에 사용: 2.5mm
80cm 길이 줄바늘(매직루프)/23cm 길이 줄바늘 1개 또는 2개/장갑바늘 중 선호하는 바늘 사용
배색뜨기에 사용: 2.75mm
80cm 길이 줄바늘(매직루프)/23cm 길이 줄바늘 1개 또는 2개/장갑바늘 중 선호하는 바늘 사용
주의사항: 잘 맞는 양말을 뜨기 위해 게이지를 체크할 것.
바늘 호수를 높이거나 낮춰서 추가 사이즈를 뜰 수 있다.

부자재

표시링, 가위, 돗바늘

게이지

28코×40단=10cm×10cm 고무뜨기와 메리야스뜨기
28코×38단=10cm×10cm 배색뜨기

팁 & 스페셜 기법

배색뜨기 다시 보기(8쪽)
발끝 메리야스잇기(186쪽)
주요 기법(184쪽 참고)

만드는 법

발목단

바탕실과 2.5mm 바늘을 사용해서 48 (60, 72)코 만든다. 2개의 바늘에 동일하게 콧수를 나눈다. 장갑바늘을 사용할 경우, 3개(또는 4개)의 바늘에 동일하게 콧수를 나눠 옮긴다. 단 시작에 표시링을 건다. 코가 꼬이지 않도록 조심하며 원통으로 잇는다.
세팅 단: *겉뜨기1, 안뜨기1*, *~*을 단 끝까지 반복한다.
배색고무뜨기 단: 바탕실과 배색실을 번갈아 사용하는 배색고무뜨기로, 코를 만든 가장자리로부터 총 5단 뜬다(약 2cm).
배색실을 자르지 않는다.

양말목

바탕실을 사용해서 코를 2.75mm 바늘로 옮기면서 겉뜨기로 1단 뜬다.
이제 도안이 지시하는 곳에서 바탕실과 배색실을 연결해서, 배색뜨기 무늬도안A(97쪽) 1~29단을 뜬다. 각 단마다 무늬도안을 4 (5, 6)회 반복한다. 무늬도안을 완성하면 배색실을 자른다.

바탕실을 사용해서 코를 다시 2.5mm 바늘로 옮기면서 다음과 같이 코줄임 단을 뜬다:

사이즈1: 코줄임 없음. 단 끝까지 모든 코를 겉뜨기한다.
사이즈2: *겉뜨기13, 왼코줄임*, *~*을 단 끝까지 반복한다. 4코 줄어듦. 총 56코.
사이즈3: *겉뜨기7, 왼코줄임*, *~*을 단 끝까지 반복한다. 8코 줄어듦. 총 64코.
겉뜨기로 10단(약 2.75cm) 더 뜨고 힐플랩 지시사항을 따라 진행한다.
(양말을 더 길게 뜨려면, 계속해서 바탕실을 사용해서 원하는 양말목 길이까지 겉뜨기한다. 두 번째 양말을 동일하게 뜰 수 있게 몇 단을 더 떴는지 기록한다.)

고무뜨기 힐플랩

힐플랩은 바탕실을 사용해서 바늘1의 24 (28, 32)코를 가지고 편물을 뒤집어가며 평면뜨기한다. 바늘2에는 발등 24 (28, 32)코가 있다. 단 시작의 표시링을 제거한다.

1단(겉면): *안뜨기하듯이 1코걸러뜨기, 겉뜨기1*, *~*을 단 끝까지 반복한다. 편물을 뒤집는다.
2단(안면): 안뜨기하듯이 1코걸러뜨기, 단 끝까지 안뜨기한다. 편물을 뒤집는다.
1~2단을 총 24 (28, 32)단 뜨는데 마지막으로 뜨는 단이 안면(안뜨기) 단이 되도록 끝낸다. 힐턴을 완성한 후 주울 수 있는 가장자리 12 (14, 16)코가 있을 것이다.

힐턴

계속해서 바탕실을 사용해 되돌아뜨기로 뒤꿈치 경사를 만들 것이다.

1단(겉면): 1코걸러뜨기, 겉뜨기13 (15, 18), 오른코줄임, 겉뜨기1. 편물을 뒤집는다.
2단(안면): 1코걸러뜨기, 안뜨기5 (5, 7), 안뜨기로 2코모아뜨기, 안뜨기1. 편물을 뒤집는다.
3단(겉면): 1코걸러뜨기, 겉뜨기6 (6, 8), 오른코줄임, 겉뜨기1. 편물을 뒤집는다.
4단(안면): 1코걸러뜨기, 안뜨기7 (7, 9), 안뜨기로 2코모아뜨기, 안뜨기1. 편물을 뒤집는다.

계속해서 이 규칙대로 뜬다: 1코걸러뜨기, 이전 단에서 편물을 뒤집어서 생긴 구멍 1코 전까지 겉뜨기 또는 안뜨기, 그명을 막기 위해 오른코줄임 또는 안뜨기로 2코모아뜨기, 겉뜨기1 또는 안뜨기1. 편물을 뒤집는다. (사이즈1, 2만 해당: 마지막 2단은 오른코줄임 또는 안뜨기로 2코모아뜨기로 끝날 것이다. 겉뜨기1 또는 안뜨기1을 뜰 남은 코가 없을 것이다.) 계속해서 모든 코를 작업할 때까지 진행하고 마지막으로 뜨는 단이 안면에서 안뜨기 단이 되도록 끝낸다. 겉면이 보이도록 편물을 뒤집는다. 이제 바늘1에 14 (16, 20)코 남아 있다.

거싯

뒤꿈치 코를 겉뜨기하는데, 7 (8, 10)코(중간 지점) 뜬 후 단 시작 표시링을 건다.

이제 힐플랩의 양쪽 가장자리를 따라서 코를 주울 것이다. 힐플랩의 가장자리를 따라 12 (14, 16)코를 꼬아뜨기로 줍는다. 모서리에 구멍이 생기지 않게 힐플랩과 발등 사이 모서리에서 1코 더 줍는다. 다음 단의 어디서 코줄임할지 알아볼 수 있게 여기에 표시링을 건다. 또는 뒤꿈치/거싯 코와 발등 코를 각각 다른 바늘에 나눈다.
쉼코로 둔 바늘2의 발등 24 (28, 32)코를 겉뜨기한다. 발등 코를 뜬 후 전과 동일한 방법으로 표시링을 또 건다.
모서리에서 1코 줍고 힐플랩의 가장자리를 따라 12 (14, 16)코를 꼬아뜨기로 줍는다. 단 시작 표시링을 만날 때까지 뒤꿈치의 첫 번째 절반을 겉뜨기한다.
이제 뒤꿈치/거싯에 총 40 (46, 54)코, 발등에 24 (23, 32)코 있다. 이제 다시 모든 코를 사용해서 원통뜨기할 것이다. 바늘에 총 64 (74, 86)코 있다.

거싯 코줄임

1단: 첫 번째 표시링 3코 전까지(매직루프 기법을 사용한다면 바늘1 끝까지) 겉뜨기하고 왼코줄임, 겉뜨기1, 표시링 옮긴다. 두 번째 표시링을 만날 때까지(매직루프 기법을 사용한다면 바늘1 시작까지) 발등 코를 겉뜨기한다. 표시링 옮긴다. 겉뜨기1, 오른코줄임. 단 시작 표시링까지 겉뜨기한다. 2코 줄어듦.

2단: 모든 코 겉뜨기한다.
계속해서 뒤꿈치/거싯 코가 24 (28, 32)코로 줄어들 때까지 1~2단을 반복한다.
발등 24 (28, 32)코는 바늘2에 남아 있다. 이제 총 48 (56, 64)코 있다.

발

계속해서 바탕실을 사용해, 발 길이가 원하는 완성품 길이에서 약 5 (6, 7)cm 모자랄 때까지 매 단 겉뜨기한다,

바탕실을 사용해서 2.75mm 바늘로 코를 옮기면서 다음과 같이 코늘림 단을 뜬다:
사이즈1: 코늘림 없음. 단 끝까지 모든 코를 겉뜨기한다.
사이즈2: *겉뜨기14, M1L코늘림*, *~*을 단 끝까지 반복한다. 4코 늘어남. 총 60코.
사이즈3: *겉뜨기8, M1L코늘림*, *~*을 단 끝까지 반복한다. 8코 늘어남. 총 72코.

도안이 지시하는 곳에서 배색실을 연결하면서, 배색뜨기 무늬도안B(97쪽) 1~4단을 뜬다. 무늬도안은 각 단마다 4 (5, 6)회 반복한다.
배색실을 자른다.

코를 다시 2.5mm 바늘로 옮기면서 바탕실을 사용해 다음과 같이 코줄임 단을 뜬다:
사이즈1: 코줄임 없음. 단 끝까지 모든 코를 겉뜨기한다.
사이즈2: *겉뜨기13, 왼코줄임*, *~*을 단 끝까지 반복한다. 4코 줄어듦. 총 56코.
사이즈3: *겉뜨기7, 왼코줄임*, *~*을 단 끝까지 반복한다. 8코 줄어듦. 총 64코.

양말이 원하는 길이에서 3 (4, 5)cm 모자라는지 확인한다. 발끝을 시작하기에 필요한 치수가 되지 않는다면, 바탕실을 사용해서 원하는 치수까지 몇 단 더 겉뜨기한다.

발끝

이제 코는 바늘1과 바늘2에 동일하게 나뉘어 있다. 바늘1에는 발바닥 24 (28, 32)코가 있고, 단 시작 표시링 양쪽에 각각 12 (14, 16)코씩 있다. 바늘2에는 발등 24 (28, 32)코가 있다.

바탕실을 사용해서 단 시작 표시링에서 시작한다:

1단(코줄임 단):

　　바늘1: 3코 남을 때까지 겉뜨기, 왼코줄임, 겉뜨기1.

　　바늘2: 겉뜨기1, 오른코줄임, 3코 남을 때까지 겉뜨기, 왼코줄임, 겉뜨기1.

　　바늘1: 겉뜨기1, 오른코줄임, 단 시작 표시링까지 겉뜨기.

　　4코 줄어듦.

2단: 모든 코 겉뜨기한다.

1~2단을 각 바늘에 20코 남을 때까지 반복한다(총 40코).

계속해서 각 바늘에 10코 남을 때까지 1단만 반복한다(매 단 코줄임한다)(총 20코).

단 시작 표시링을 제거한다. 양말 옆선을 만날 때까지 5코를 겉뜨기한다. 각 바늘의 10코를 메리야스잇기로 연결한다.

마무리

실끝을 정리한다. 두 번째 양말을 뜬다. 찬물에 부드럽게 손빨래하고 평평하게 뉘어 말린다.

배색뜨기 무늬도안A

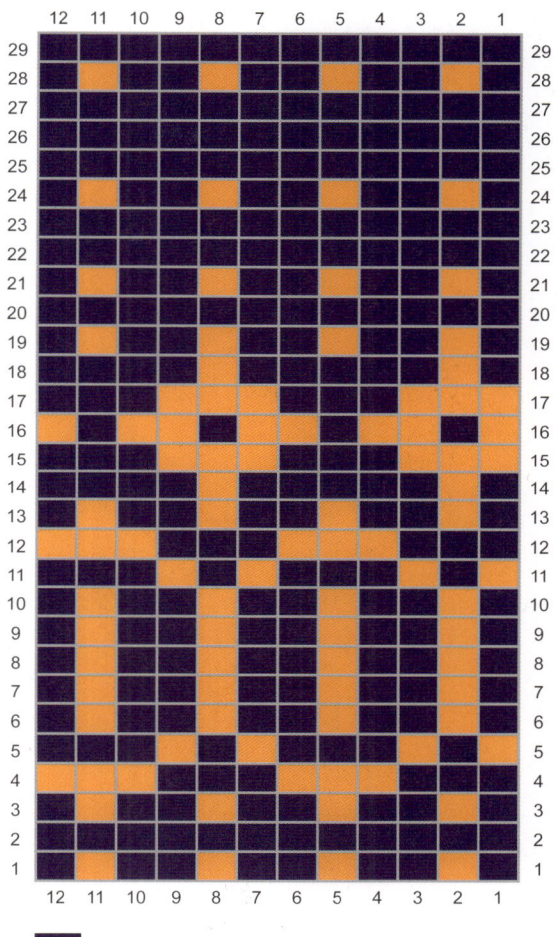

바탕실: 네이비

배색실: 러스티드 레인보

배색뜨기 무늬도안B

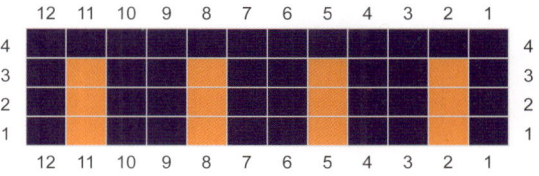

바탕실: 네이비

배색실: 러스티드 레인보

으스스한 광경
Spooktacular

제가 핼러윈을 좋아한다는 것은 비밀이 아니에요. 원래 영국인이고 유럽에 사는 저로서는 이례적일 수도 있지만, 저는 미지의 것, 으스스하고 무서운 것을 좋아합니다. 핼러윈은 이 모든 것에 사랑스러운 달콤한 간식까지 결합한 날이죠! 저는 가족친화적이고 뜨기 쉬운 해골 양말을 만들지 않을 수 없었어요. 선명한 색상의 작은 얼룩이 들어간 흰색 털실과 멕시코의 기념일인 죽은 자의 날Día de Muertos에서 영감을 얻었습니다. 이날은 세상을 떠난 사랑하는 사람들을 기억하는 즐거운 기념일입니다. 11월 1일 자정부터 11월 2일까지 이어지는 이 축제에서는 고인이 된 사랑하는 사람을 상징하는 알록달록한 설탕 해골을 만들어 명복을 빌지요. 밝고 화려한 색으로 만들어진 이 기발한 해골은 전혀 무섭지 않습니다.

양말 구조
이 양말은 위에서 아래로 단 두 가지 색상으로 내려 뜹니다. 꼬아고무뜨기 발목단으로 시작하는 이 도안은 양말목과 발 전체에 반복되는 재미있고 뜨기 쉬운 (그다지 무섭지는 않은) 해골 모티프가 특징입니다. 되돌아뜨기 뒤꿈치 덕분에 배색 무늬가 끊기지 않고 발을 따라 이어지게 뜰 수 있습니다. 마지막으로 발끝에서 코를 줄인 다음 메리야스잇기로 마무리합니다.

사이즈
1 (2, 3)
발 둘레: 19~21 (22.5~24.5, 26~28)cm
완성치수: 17.5 (21, 25)cm
권장 여유분: 마이너스 2.5cm. 발 둘레는 발의 가장 넓은 부분을 잰다. 바늘 호수를 높이거나 낮춰서 더 크거나 더 작은 사이즈를 뜰 수 있다.
양말목/발 길이는 쉽게 조정할 수 있다. 자세한 내용은 만드는 법을 참고할 것.
사진 속 작품은 사이즈2(US 8.5/EU 39/UK 6), 발 둘레 22.5cm로 떴다.

재료

실
핑거링 굵기, PRU 얀의 소울(슈퍼워시 메리노 울 85%, 나일론 15%), 1타래 400m 100g

사진 속 작품에서는 다음 색상을 사용
바탕실: 스필드 오일Spilled Oil 1타래
배색실: 트리트Treat 1타래
같은 게이지 치수를 얻을 수 있다면 핑거링 굵기의 실은 무엇이든 사용할 수 있다.

바늘
고무뜨기와 메리야스뜨기에 사용: 2.25mm
80cm 길이 줄바늘(매직루프)/23cm 길이 줄바늘 1개 또는 2개/장갑바늘 중 선호하는 바늘 사용
배색뜨기에 사용: 2.5mm
80cm 길이 줄바늘(매직루프)/23cm 길이 줄바늘 1개 또는 2개/장갑바늘 중 선호하는 바늘 사용
주의사항: 잘 맞는 양말을 뜨기 위해 게이지를 체크할 것. 바늘 호수를 높이거나 낮춰서 추가 사이즈를 뜰 수 있다.

부자재
표시링, 가위, 돗바늘

게이지
34코×44단=10cm×10cm 고무뜨기와 메리야스뜨기
34코×38단=10cm×10cm 배색뜨기

팁 & 스페셜 기법
배색뜨기 다시 보기(8쪽)
발끝 메리야스잇기(186쪽)
주요 기법(184쪽 참고)

만드는 법

발목단
바탕실과 2.25mm 바늘을 사용해서 56 (64, 72)코 만든다. 2개의 바늘에 동일하게 콧수를 나눈다. 장갑바늘을 사용할 경우, 3개(또는 4개)의 바늘에 동일하게 콧수를 나눠 옮긴다. 단 시작에 표시링을 건다. 코가 꼬이지 않도록 조심하며 원통으로 잇는다.

고무뜨기 단: *꼬아뜨기로 겉뜨기1, 안뜨기1*, *~*을 단 끝까지 반복한다.

꼬아고무뜨기로 총 13단 뜬다(약 4cm).

양말목
바탕실을 사용해서 겉뜨기로 1단 뜬다.

바탕실을 사용해서 코를 2.5mm 바늘로 옮기면서 다음과 같이 코늘림 단을 뜬다:

사이즈1: *겉뜨기14, M1L코늘림*, *~*을 단 끝까지 반복한다. 4코 늘어남. 총 60코.

사이즈2: *겉뜨기8, M1L코늘림*, *~*을 단 끝까지 반복한다. 8코 늘어남. 총 72코.

사이즈3: *겉뜨기6, M1L코늘림*, *~*을 단 끝까지 반복한다. 12코 늘어남. 총 84코.

도안이 지시하는 곳에서 배색실을 연결하며, 배색뜨기 무늬 도안(103쪽) 1~16단을 뜬다. 무늬도안을 각 단마다 5 (6, 7)회 반복한다. 1~16단을 1회 더 반복한 다음 1~8단을 더 뜬다.

되돌아뜨기 뒤꿈치
이제 바탕실을 사용해서 2.25mm 바늘1만 가지고, 선택한 사이즈에 맞는 뒤꿈치 지시사항을 따라 뜰 것이다.

사이즈1(바늘1에 30코 있음):
1단(겉면): 1코걸러뜨기, [겉뜨기12, 왼코줄임]을 2회 반복. 안면이 보이도록 편물을 뒤집는다(1코는 뜨지 않고 둔다). 2코 줄어듦. 이제 뒤꿈치에 총 28코 있다.

2단(안면): 1코걸러뜨기, 안뜨기25(끝의 1코는 뜨지 않고 둔다). 겉면이 보이도록 편물을 뒤집는다.

3단: 1코걸러뜨기, 겉뜨기24(끝의 2코는 뜨지 않고 둔다). 편물을 뒤집는다.

4단: 1코걸러뜨기, 안뜨기23(구멍 1코 전까지). 편물을 뒤집는다.

5단: 1코걸러뜨기, 겉뜨기22(구멍 1코 전까지). 편물을 뒤집는다.

6단: 1코걸러뜨기, 안뜨기21(구멍 1코 전까지). 편물을 뒤집는다.

7단: 1코걸러뜨기, 구멍 1코 전까지 겉뜨기. 편물을 뒤집는다.

8단: 1코걸러뜨기, 구멍 1코 전까지 안뜨기. 편물을 뒤집는다.

7~8단을 5회 더 반복한다.

19단: 1코걸러뜨기, 구멍 1코 전까지 겉뜨기. 편물을 뒤집는다.

20단: 1코걸러뜨기, 안뜨기7.

중심에 안뜨기 8코가 있고 그 양옆에 뜨지 않은 코가 10코씩 있다. 편물을 뒤집는다.

이제 편물을 뒤집어서 생긴 구멍을 막으면서 뒤꿈치를 평면뜨기로 편물을 뒤집어가며 뜬다.

21단(겉면): 1코걸러뜨기, 겉뜨기6, (구멍 양옆의 각 1코를 이용해서) 오른코줄임, M1L코늘림. 편물을 뒤집는다.

22단(안면): 1코걸러뜨기, 안뜨기7, 안뜨기로 2코모아뜨기, M1P코늘림. 편물을 뒤집는다.

23단: 1코걸러뜨기, 겉뜨기8, 오른코줄임, M1L코늘림. 편물을 뒤집는다.

24단: 1코걸러뜨기, 안뜨기9, 안뜨기로 2코모아뜨기, M1P코늘림. 편물을 뒤집는다.

계속해서 이미 만들어진 규칙대로 14단 더 뜬다.

39단(겉면): 1코걸러뜨기, 겉뜨기24, 오른코줄임, M1L코늘림. 편물을 뒤집는다.

40단(안면): 1코걸러뜨기, 안뜨기25, 안뜨기로 2코모아뜨기, M1P코늘림. 편물을 뒤집는다.

41단(겉면): 1코걸러뜨기, [겉뜨기13, M1L코늘림]을 2회 반복, 겉뜨기1. 2코 늘어남. 편물을 뒤집는다.

이제 바늘1에 30코 있다.

42단(안면): 1코걸러뜨기, 안뜨기29, 편물을 뒤집는다.

계속해서 발 섹션(102쪽)을 진행한다.

사이즈2(바늘1에 36코 있음):

1단(겉면): 1코걸러뜨기, [겉뜨기6, 왼코줄임]을 4회 반복, 겉뜨기2. 안면이 보이도록 편물을 뒤집는다(1코는 뜨지 않고 둔다). 4코 줄어듦. 이제 뒤꿈치에 총 32코 있다.

2단(안면): 1코걸러뜨기, 안뜨기29(끝의 1코는 뜨지 않고 둔다). 겉면이 보이도록 편물을 뒤집는다.

3단: 1코걸러뜨기, 겉뜨기28(끝의 2코는 뜨지 않고 둔다). 편물을 뒤집는다.

4단: 1코걸러뜨기, 안뜨기27(구멍 1코 전까지). 편물을 뒤집는다.

5단: 1코걸러뜨기, 겉뜨기26(구멍 1코 전까지). 편물을 뒤집는다.

6단: 1코걸러뜨기, 안뜨기25(구멍 1코 전까지). 편물을 뒤집는다.

7단: 1코걸러뜨기, 구멍 1코 전까지 겉뜨기. 편물을 뒤집는다.

8단: 1코걸러뜨기, 구멍 1코 전까지 안뜨기. 편물을 뒤집는다.
7~8단을 5회 더 반복한다.

19단: 1코걸러뜨기, 구멍 1코 전까지 겉뜨기. 편물을 뒤집는다.

20단: 1코걸러뜨기, 안뜨기11.
중심에 안뜨기 12코가 있고 그 양옆에 뜨지 않은 코가 10코씩 있다. 편물을 뒤집는다.

이제 편물을 뒤집어서 생긴 구멍을 막으면서 뒤꿈치를 평면뜨기로 편물을 뒤집어가며 뜬다.

21단(겉면): 1코걸러뜨기, 겉뜨기10, (구멍 양쪽의 각 1코를 이용해서) 오른코줄임, M1L코늘림. 편물을 뒤집는다.

22단(안면): 1코걸러뜨기, 안뜨기11, 안뜨기로 2코모아뜨기, M1P코늘림. 편물을 뒤집는다.

23단: 1코걸러뜨기, 겉뜨기12, 오른코줄임, M1L코늘림. 편물을 뒤집는다.

24단: 1코걸러뜨기, 안뜨기13, 안뜨기로 2코모아뜨기, M1P코늘림. 편물을 뒤집는다.
계속해서 이미 만들어진 규칙대로 14단 더 뜬다.

39단(겉면): 1코걸러뜨기, 겉뜨기28, 오른코줄임, M1L코늘림. 편물을 뒤집는다.

40단(안면): 1코걸러뜨기, 안뜨기29, 안뜨기로 2코모아뜨기, M1P코늘림. 편물을 뒤집는다.

41단(겉면): [겉뜨기8, M1L코늘림]을 4회 반복한다. 편물을 뒤집는다. 4코 늘어남.
이제 바늘1에 36코 있다.

42단(안면): 1코걸러뜨기, 안뜨기35, 편물을 뒤집는다.
계속해서 발 섹션(102쪽)을 진행한다.

사이즈3(바늘1에 42코 있음):

1단(겉면): 1코걸러뜨기, [겉뜨기5, 왼코줄임]을 5회 반복, 겉뜨기3, 왼코줄임. 안면이 보이도록 편물을 뒤집는다(1코는 뜨지 않고 둔다). 6코 줄어듦. 이제 뒤꿈치에 총 36코 있다.

2단(안면): 1코걸러뜨기, 안뜨기33(끝의 1코는 뜨지 않고 둔다). 겉면이 보이도록 편물을 뒤집는다.

3단: 1코걸러뜨기, 겉뜨기32(끝의 2코는 뜨지 않고 둔다). 편물을 뒤집는다.

4단: 1코걸러뜨기, 안뜨기31(구멍 1코 전까지). 편물을 뒤집는다.

5단: 1코걸러뜨기, 겉뜨기30(구멍 1코 전까지). 편물을 뒤집는다.

6단: 1코걸러뜨기, 안뜨기29(구멍 1코 전까지). 편물을 뒤집는다.

7단: 1코걸러뜨기, 구멍 1코 전까지 겉뜨기. 편물을 뒤집는다.

8단: 1코걸러뜨기, 구멍 1코 전까지 안뜨기. 편물을 뒤집는다.
7~8단을 6회 더 반복한다.

21단: 1코걸러뜨기, 구멍 1코 전까지 겉뜨기. 편물을 뒤집는다.

22단: 1코걸러뜨기, 안뜨기13.
중심에 안뜨기 14코가 있고 그 양옆에 뜨지 않은 코가 11코씩 있다. 편물을 뒤집는다.

이제 편물을 뒤집어서 생긴 구멍을 막으면서 뒤꿈치를 평면뜨기로 편물을 뒤집어가며 뜬다.

23단(겉면): 1코걸러뜨기, 겉뜨기12, (구멍 양쪽의 각 1코를 이용해서) 오른코줄임, M1L코늘림. 편물을 뒤집는다.

24단(안면): 1코걸러뜨기, 안뜨기13, 안뜨기로 2코모아뜨기, M1P코늘림. 편물을 뒤집는다.

25단: 1코걸러뜨기, 겉뜨기14, 오른코줄임, M1L코늘림. 편물을 뒤집는다.

26단: 1코걸러뜨기, 안뜨기15, 안뜨기로 2코모아뜨기, M1P코늘림. 편물을 뒤집는다.

계속해서 이미 만들어진 규칙대로 16단 더 뜬다.

43단(겉면): 1코걸러뜨기, 겉뜨기32, 오른코줄임, M1L코늘림. 편물을 뒤집는다.

44단(안면): 1코걸러뜨기, 안뜨기33, 안뜨기로 2코모아뜨기, M1P코늘림. 편물을 뒤집는다.

45단(겉면): 1코걸러뜨기, [겉뜨기5, M1L코늘림]을 6회 반복, 겉뜨기5. 6코 늘어남.

이제 바늘1에 42코 있다.

46단(안면): 1코걸러뜨기, 안뜨기41, 편물을 뒤집는다.

발(모든 사이즈)

다시 원통으로 연결해서 바탕실과 배색실 및 2.5mm 바늘 (또는 배색뜨기 게이지 치수를 얻을 수 있는 호수의 바늘)을 사용해 뜬다. 바늘1로 시작해서, 배색뜨기 무늬도안을 9단부터 다시 뜬다. 계속해서 발 길이가 원하는 완성품 길이에서 약 3 (4, 4.5)cm 모자랄 때까지 매 단 겉뜨기하는데, 마지막으로 뜨는 단이 1단 혹은 9단이 되도록 끝낸다.

배색실을 자른다.

바탕실을 사용해서 코를 2.25mm 바늘로 다시 옮기면서, 코줄임 단을 뜬다:

사이즈1: *겉뜨기13, 왼코줄임*, *~*을 단 끝까지 반복한다. 4코 줄어듦. 총 56코.

사이즈2: *겉뜨기7, 왼코줄임*, *~*을 단 끝까지 반복한다. 8코 줄어듦. 총 64코.

사이즈3: *겉뜨기5, 왼코줄임*, *~*을 단 끝까지 반복한다. 12코 줄어듦. 총 72코.

발끝

이제 바늘1과 바늘2에 동일한 콧수가 있어야 한다. 단 시작 표시링을 제거한다. 바늘1에는 발바닥 28 (32, 36)코가 있다. 바늘2에는 발등 28 (32, 36)코가 있다.

바탕실과 바늘1을 사용해서 14 (16, 18)코 겉뜨기한다. 방금 뜬 코 다음에 단 시작 표시링을 건다. 이곳은 발바닥 쿠분인 바늘1의 가운데여야 한다.

바탕실을 사용해서:

1단(코줄임 단):

　바늘1: 3코 남을 때까지 겉뜨기, 왼코줄임, 겉뜨기1.

　바늘2: 겉뜨기1, 오른코줄임, 3코 남을 때까지 겉뜨기, 왼코줄임, 겉뜨기1.

　바늘1: 겉뜨기1, 오른코줄임, 단 시작 표시링까지 겉뜨기. 4코 줄어듦.

2단: 모든 코 겉뜨기한다.

각 바늘에 20코 남을 때까지 1~2단을 반복한다(총 40코).

계속해서 각 바늘에 10코 남을 때까지 1단만 반복한다(매 단 코줄임한다)(총 20코).

단 시작 표시링을 제거한다. 양말의 옆선을 만날 때까지 5코 겉뜨기한다. 각 바늘에 남은 10코를 메리야스잇기로 연결한다.

마무리

실끝을 정리한다. 두 번째 양말을 뜬다. 찬물에 부드럽게 손빨래하고 평평하게 뉘어 말린다.

배색뜨기 무늬도안

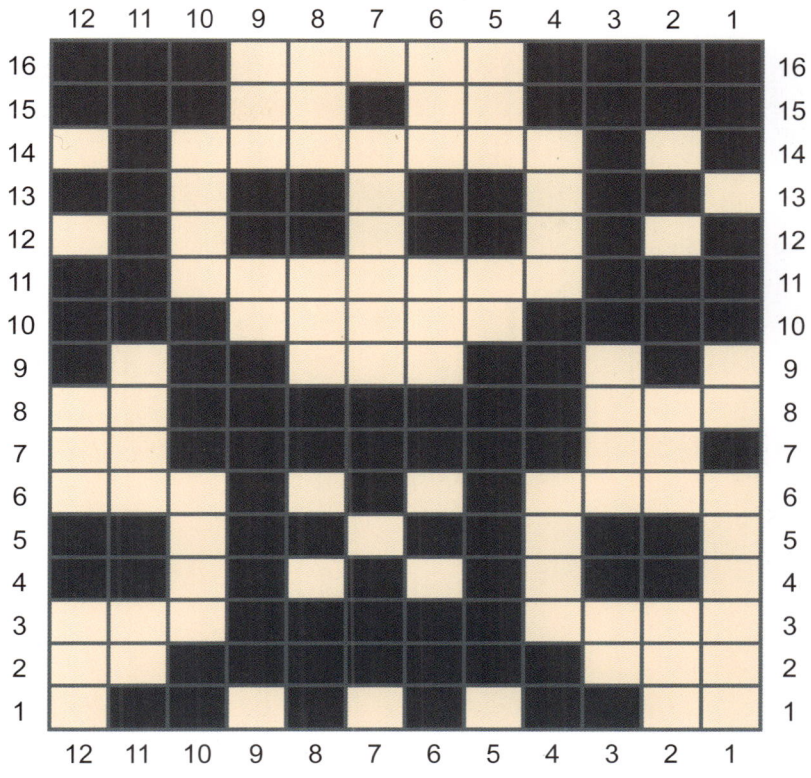

바탕실: 스필드 오일

배색실: 트리트

크리스마스 요정이 사는 집
Gnome Place Like Home

제 시어머니는 창의적인 재능이 없다고 주장하지만, 근사한 크리스마스 요정 컬렉션을 소중히 간직하며 매년 다시 칠하곤 한답니다. 저는 이 작은 친구들에 대한 시어머니의 헌신에 경외심을 느낍니다! 저는 또한 크리스마스 요정에 대한 스칸디나비아 사람들의 집착을 좋아합니다. 그래서 크리스마스 때 신을 다채로운 색상의 양말을 만들기로 결심했어요. 이 녀석들은 아마도 북유럽의 전통적인 것보다 더 밝고 우스꽝스러울 거예요. 시어머니의 컬렉션과 더 닮았거든요. 크리스마스 시즌에 신기에 완벽한, 신으면 행복해지는 양말입니다!

양말 구조
이 양말은 위에서 아래로 내려 뜹니다. 양말목 위쪽에서 시작해 발 전체에 반복되는 귀여운 크리스마스 요정 모티프가 있습니다. 요정의 얼굴과 몸통 중 세 단에는 세 가지 색상이 사용되었습니다. 세 가지 색상으로 배색뜨기를 해도 되고, 덧수로 완성할 수도 있습니다. 양말은 고무뜨기 발목단으로 시작하고 되돌아뜨기 뒤꿈치가 특징입니다. 마지막으로 발끝에서 코를 줄인 다음 메리야스잇기로 마무리합니다.

사이즈
1 (2, 3)
발 둘레: 19~21 (22.5~24.5, 26~28)cm
완성치수: 17.5 (21, 25)cm
권장 여유분: 마이너스 2.5cm. 발 둘레는 발의 가장 넓은 부분을 잰다. 바늘 호수를 높이거나 낮춰서 더 크거나 더 작은 사이즈를 뜰 수 있다.
양말목/발 길이는 쉽게 조정할 수 있다. 자세한 내용은 만드는 법을 참고할 것.
사진 속 작품은 사이즈2(US 8.5/EU 39/UK 6), 발 둘레 22.5cm로 떴다.

재료

실
핑거링 굵기, 존 아번 텍스타일의 엑스무어 삭(엑스무어 블루페이스 60%, 코리데일 20%, 츠바르트블레스 10%, 나일론 10%), 1타래 200m 50g

사진 속 작품에서는 다음 색상을 사용
바탕실: 플래시Plashes(퍼들puddles) 1타래
배색실1: 페글Peggles(베리Berries) 1타래
배색실2: 미즐Mizzle(라이트 레인Light Rain) 1타래
배색실3: 드럼블Drumble(범블비Bumblebee) 1타래
배색실4: 페어리 팀블Fairy Thimble(폭스글러브Foxglove) 자투리실 소량
같은 게이지 치수를 얻을 수 있다면 핑거링 굵기의 실은 무엇이든 사용할 수 있다.

바늘
고무뜨기와 메리야스뜨기에 사용: 2.25mm
80cm 길이 줄바늘(매직루프)/23cm 길이 줄바늘 1개 또는 2개/장갑바늘 중 선호하는 바늘 사용
배색뜨기에 사용: 2.5mm
80cm 길이 줄바늘(매직루프)/23cm 길이 줄바늘 1개 또는 2개/장갑바늘 중 선호하는 바늘 사용
주의사항: 잘 맞는 양말을 뜨기 위해 게이지를 체크할 것. 바늘 호수를 높이거나 낮춰서 추가 사이즈를 뜰 수 있다.

부자재
표시링, 가위, 돗바늘

게이지
36코×44단=10cm×10cm 고무뜨기와 메리야스뜨기
34코×38단=10cm×10cm 배색뜨기

팁 & 스페셜 기법

배색뜨기 다시 보기(8쪽)

덧수(185쪽)

발끝 메리야스잇기(186쪽)

방울뜨기(작은 버전), 양말목의 얼굴 중 코 부분에 선택사항
(186쪽)

주요 기법(184쪽 참고)

만드는 법

발목단

바탕실과 2.25mm 바늘을 사용해서 56 (64, 72)코 만든다.
2개의 바늘에 동일하게 콧수를 나눈다. 장갑바늘을 사용할
경우, 3개(또는 4개)의 바늘에 동일하게 콧수를 나눠 옮긴다.
단 시작에 표시링을 건다. 코가 꼬이지 않도록 조심하며 원
통으로 잇는다.

고무뜨기 단: *겉뜨기2, 안뜨기2*, *~*를 단 끝까지 반복한다.
2코고무뜨기로 총 11단 뜬다(약 2.5cm).

양말목

바탕실을 사용해서 겉뜨기로 1단 뜬다.

바탕실을 사용해서 코를 2.5mm 바늘로 옮기면서 다음과
같이 코늘림 단을 뜬다:

사이즈1: *겉뜨기14, M1L코늘림*, *~*을 단 끝까지 반복한
다. 4코 늘어남. 총 60코.

사이즈2: *겉뜨기8, M1L코늘림*, *~*을 단 끝까지 반복한
다. 8코 늘어남. 총 72코.

사이즈3: *겉뜨기6, M1L코늘림*, *~*을 단 끝까지 반복한
다. 12코 늘어남. 총 84코.

도안이 지시하는 곳에서 배색실1, 배색실2, 배색실3, 배색실
4를 연결하며, 배색뜨기 무늬도안(109쪽) 1~22단을 뜬다. 무
늬도안을 각 단마다 5 (6, 7)회 반복한다. 1~16단을 1회 더 반
복한다.

되돌아뜨기 뒤꿈치

이제 바탕실을 사용해서 2.25mm 바늘1만 가지고, 선택한
사이즈에 맞는 뒤꿈치 지시사항을 따라 뜰 것이다.

사이즈1(바늘1에 30코 있음):

1단(겉면): 1코걸러뜨기, [겉뜨기12, 왼코줄임]을 2회 반복. 안
면이 보이도록 편물을 뒤집는다(1코는 뜨지 않고 둔다). 2코
줄어듦. 이제 뒤꿈치에 총 28코 있다.

2단(안면): 1코걸러뜨기, 안뜨기25(끝의 1코는 뜨지 않고 둔
다). 겉면이 보이도록 편물을 뒤집는다.

3단: 1코걸러뜨기, 겉뜨기24(끝의 2코는 뜨지 않고 둔다).
편물을 뒤집는다.

4단: 1코걸러뜨기, 안뜨기23(구멍 1코 전까지). 편물을 뒤집
는다.

5단: 1코걸러뜨기, 겉뜨기22(구멍 1코 전까지). 편물을 뒤집
는다.

6단: 1코걸러뜨기, 안뜨기21(구멍 1코 전까지). 편물을 뒤집
는다.

7단: 1코걸러뜨기, 구멍 1코 전까지 겉뜨기. 편물을 뒤집는다.

8단: 1코걸러뜨기, 구멍 1코 전까지 안뜨기. 편물을 뒤집는다.
7~8단을 5회 더 반복한다.

19단: 1코걸러뜨기, 구멍 1코 전까지 겉뜨기. 편물을 뒤집는다.

20단: 1코걸러뜨기, 안뜨기7.

중심에 안뜨기 8코가 있고 그 양옆에 뜨지 않은 코가 10코
씩 있다. 편물을 뒤집는다.

이제 편물을 뒤집어서 생긴 구멍을 막으면서 뒤꿈치를 평면
뜨기로 편물을 뒤집어가며 뜬다.

21단(겉면): 1코걸러뜨기, 겉뜨기6, (구멍 양옆의 각 1코를
이용해서) 오른코줄임, M1L코늘림. 편물을 뒤집는다.

22단(안면): 1코걸러뜨기, 안뜨기7, 안뜨기로 2코모아뜨기,
M1P코늘림. 편물을 뒤집는다.

23단: 1코걸러뜨기, 겉뜨기8, 오른코줄임, M1L코늘림. 편물
을 뒤집는다.

24단: 1코걸러뜨기, 안뜨기9, 안뜨기로 2코모아뜨기, M1P코
늘림. 편물을 뒤집는다.

계속해서 이미 만들어진 규칙대로 14단 더 뜬다.

39단(겉면): 1코걸러뜨기, 겉뜨기24, 오른코줄임, M1L코늘림. 편물을 뒤집는다.

40단(안면): 1코걸러뜨기, 안뜨기25, 안뜨기로 2코모아뜨기, M1P코늘림. 편물을 뒤집는다.

41단(겉면): 1코걸러뜨기, [겉뜨기13, M1L코늘림]을 2회 반복, 겉뜨기1. 2코 늘어남. 편물을 뒤집는다.

이제 바늘1에 30코 있다.

42단(안면): 1코걸러뜨기, 안뜨기29, 편물을 뒤집는다.

계속해서 발 섹션(108쪽)을 진행한다.

사이즈2(바늘1에 36코 있음):

1단(겉면): 1코걸러뜨기, [겉뜨기6, 왼코줄임]을 4회 반복, 겉뜨기2. 안면이 보이도록 편물을 뒤집는다(1코는 뜨지 않고 둔다). 4코 줄어듦. 이제 뒤꿈치에 총 32코 있다.

2단(안면): 1코걸러뜨기, 안뜨기29(끝의 1코는 뜨지 않고 둔다). 겉면이 보이도록 편물을 뒤집는다.

3단: 1코걸러뜨기, 겉뜨기28(끝의 2코는 뜨지 않고 둔다). 편물을 뒤집는다.

4단: 1코걸러뜨기, 안뜨기27(구멍 1코 전까지). 편물을 뒤집는다.

5단: 1코걸러뜨기, 겉뜨기26(구멍 1코 전까지). 편물을 뒤집는다.

6단: 1코걸러뜨기, 안뜨기25(구멍 1코 전까지). 편물을 뒤집는다.

7단: 1코걸러뜨기, 구멍 1코 전까지 겉뜨기. 편물을 뒤집는다.

8단: 1코걸러뜨기, 구멍 1코 전까지 안뜨기. 편물을 뒤집는다.
7~8단을 5회 더 반복한다.

19단: 1코걸러뜨기, 구멍 1코 전까지 겉뜨기. 편물을 뒤집는다.

20단: 1코걸러뜨기, 안뜨기11.

중심에 안뜨기 12코가 있고 그 양옆에 뜨지 않은 코가 10코씩 있다. 편물을 뒤집는다.

이제 편물을 뒤집어서 생긴 구멍을 막으면서 뒤꿈치를 평면 뜨기로 편물을 뒤집어가며 뜬다.

21단(겉면): 1코걸러뜨기, 겉뜨기10, (구멍 양쪽의 각 1코를 이용해서) 오른코줄임, M1L코늘림. 편물을 뒤집는다.

22단(안면): 1코걸러뜨기, 안뜨기11, 안뜨기로 2코모아뜨기, M1P코늘림. 편물을 뒤집는다.

23단: 1코걸러뜨기, 겉뜨기12, 오른코줄임, M1L코늘림. 편물을 뒤집는다.

24단: 1코걸러뜨기, 안뜨기13, 안뜨기로 2코모아뜨기, M1P코늘림. 편물을 뒤집는다.

계속해서 이미 만들어진 규칙대로 14단 더 뜬다.

39단(겉면): 1코걸러뜨기, 겉뜨기28, 오른코줄임, M1L코늘림. 편물을 뒤집는다.

40단(안면): 1코걸러뜨기, 안뜨기29, 안뜨기로 2코모아뜨기, M1P코늘림. 편물을 뒤집는다.

41단(겉면): [겉뜨기8, M1L코늘림]을 4회 반복한다. 4코 늘어남. 편물을 뒤집는다.

이제 바늘1에 36코 있다.

42단(안면): 1코걸러뜨기, 안뜨기35, 편물을 뒤집는다.

계속해서 발 섹션(108쪽)을 진행한다.

사이즈3(바늘1에 42코 있음):

1단(겉면): 1코걸러뜨기, [겉뜨기5, 왼코줄임]을 5회 반복, 겉뜨기3, 왼코줄임. 안면이 보이도록 편물을 뒤집는다(1코는 뜨지 않고 둔다). 6코 줄어듦. 이제 뒤꿈치에 총 36코 있다.

2단(안면): 1코걸러뜨기, 안뜨기33(끝의 1코는 뜨지 않고 둔다). 겉면이 보이도록 편물을 뒤집는다.

3단: 1코걸러뜨기, 겉뜨기32(끝의 2코는 뜨지 않고 둔다). 편물을 뒤집는다.

4단: 1코걸러뜨기, 안뜨기31(구멍 1코 전까지). 편물을 뒤집는다.

5단: 1코걸러뜨기, 겉뜨기30(구멍 1코 전까지). 편물을 뒤집는다.

6단: 1코걸러뜨기, 안뜨기29(구멍 1코 전까지). 편물을 뒤집는다.

7단: 1코걸러뜨기, 구멍 1코 전까지 겉뜨기. 편물을 뒤집는다.

8단: 1코걸러뜨기, 구멍 1코 전까지 안뜨기. 편물을 뒤집는다.
7~8단을 6회 더 반복한다.

21단: 1코걸러뜨기, 구멍 1코 전까지 겉뜨기. 편물을 뒤집는다.

22단: 1코걸러뜨기, 안뜨기13.

중심에 안뜨기 14코가 있고 그 양옆에 뜨지 않은 코가 11코씩 있다. 편물을 뒤집는다.

이제 편물을 뒤집어서 생긴 구멍을 막으면서 뒤꿈치를 평면뜨기로 편물을 뒤집어가며 뜬다.

23단(겉면): 1코걸러뜨기, 겉뜨기12, (구멍 양쪽의 각 1코를 이용해서) 오른코줄임, M1L코늘림. 편물을 뒤집는다.

24단(안면): 1코걸러뜨기, 안뜨기13, 안뜨기로 2코모아뜨기, M1P코늘림. 편물을 뒤집는다.

25단: 1코걸러뜨기, 겉뜨기14, 오른코줄임, M1L코늘른. 편물을 뒤집는다.

26단: 1코걸러뜨기, 안뜨기15, 안뜨기로 2코모아뜨그 , M1P코늘림. 편물을 뒤집는다.

계속해서 이미 만들어진 규칙대로 16단 더 뜬다.

43단(겉면): 1코걸러뜨기, 겉뜨기32, 오른코줄임, M1L코늘림. 편물을 뒤집는다.

44단(안면): 1코걸러뜨기, 안뜨기33, 안뜨기로 2코모아뜨기, M1P코늘림. 편물을 뒤집는다.

45단(겉면): 1코걸러뜨기, [겉뜨기5, M1L코늘림]을 5회 반복, 겉뜨기5. 6코 늘어남. 편물을 뒤집는다.

이제 바늘1에 42코 있다.

46단(안면): 1코걸러뜨기, 안뜨기41, 편물을 뒤집는다.

발(모든 사이즈)

다시 원통으로 연결해서 바탕실과 배색실 및 2.5mm 바늘(또는 배색뜨기 게이지 치수를 얻을 수 있는 호수의 바늘)을 사용해 뜬다.

바늘1로 시작해서, 배색뜨기 무늬도안을 17단부터 다시 뜬다. 계속해서 발 길이가 원하는 완성품 길이에서 약 3 (4, 5) cm 모자랄 때까지 매 단 겉뜨기하는데, 마지막으로 뜨는 단이 4단 혹은 15단이 되도록 끝낸다. 배색실을 자른다.

(아직 발끝을 시작하기에 필요한 치수가 되지 않는다면, 다음의 코줄임을 뜬 후 바탕실을 사용해서 원하는 치수까지 몇 단 더 겉뜨기한다.)

바탕실을 사용해서 코를 2.25mm 바늘로 다시 옮기면서 다음과 같이 코줄임 단을 뜬다:

사이즈1: *겉뜨기13, 왼코줄임*, *~*을 단 끝까지 반복한다. 4코 줄어듦. 총 56코.

사이즈2: *겉뜨기7, 왼코줄임*, *~*을 단 끝까지 반복한다. 8코 줄어듦. 총 64코.

사이즈3: *겉뜨기5, 왼코줄임*, *~*을 단 끝까지 반복한다. 12코 줄어듦. 총 72코.

발끝

이제 바늘1과 바늘2에 동일한 콧수가 있어야 한다. 단 시작 표시링을 제거한다. 바늘1에는 발바닥 28 (32, 36)코가 있다. 바늘2에는 발등 28 (32, 36)코가 있다.

바탕실과 바늘1을 사용해서 14 (16, 18)코 겉뜨기한다. 방금 뜬 코 다음에 단 시작 표시링을 건다. 이곳은 발바닥 부분인 바늘1의 가운데여야 한다.

바탕실을 사용해서:

1단(코줄임 단):

  바늘1: 3코 남을 때까지 겉뜨기, 왼코줄임, 겉뜨기1.

  바늘2: 겉뜨기1, 오른코줄임, 3코 남을 때까지 겉뜨기, 왼코줄임, 겉뜨기1.

  바늘1: 겉뜨기1, 오른코줄임, 단 시작 표시링까지 겉뜨기.

  4코 줄어듦.

2단: 모든 코 겉뜨기한다.

각 바늘에 20코 남을 때까지 1~2단을 반복한다(총 40코).

계속해서 각 바늘에 10코 남을 때까지 1단만 반복한다(매 단 코줄임한다)(총 20코).

단 시작 표시링을 제거한다. 양말의 옆선을 만날 때까지 5코 겉뜨기한다. 각 바늘에 남은 10코를 메리야스잇기로 연결한다.

마무리

실끝을 정리한다. 두 번째 양말을 뜬다. 찬물에 부드럽게 손빨래하고 평평하게 뉘어 말린다.

배색뜨기 무늬도안

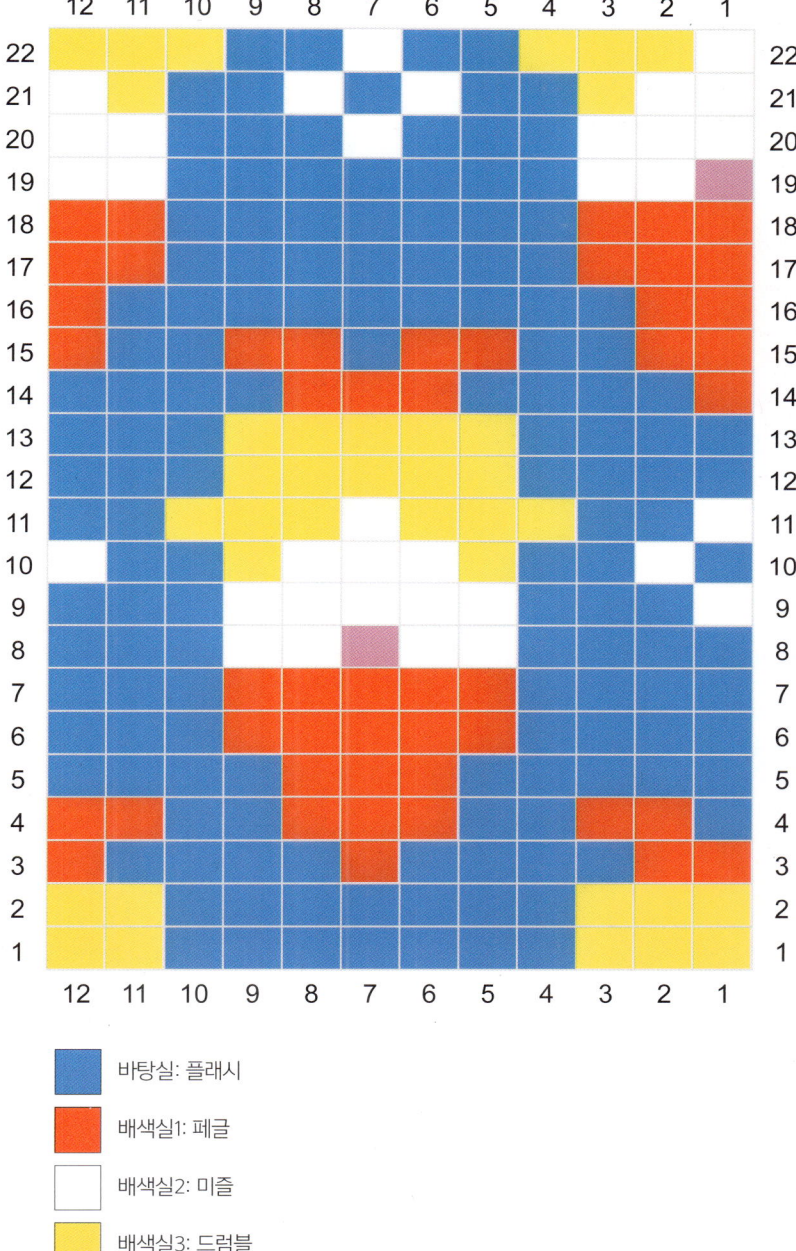

바탕실: 플래시

배색실1: 페글

배색실2: 미즐

배색실3: 드럼블

배색실4: 페어리 팀블

파티 타임
Let's Party

저는 뜨개질을 좋아하는 많은 분들과 마찬가지로 집에서 가족, 반려동물, 식물과 함께 시간을 보내는 것을 정말 좋아해요! 하지만 가끔 외출하거나 사람들과 어울리는 것도 즐겁습니다. 집에서 휴식을 취하고 재충전하는 것도 좋지만, 가끔은 좋은 사람들과 함께하는 신나는 파티도 활력을 높여주지요! 이 양말은 우리가 사랑하는 사람들과 함께 즐길 수 있는 모든 모임을 기념합니다. 모든 종류의 파티에 어울리는 양말 도안이 있습니다(그렇지 않을 수도 있지만요!). 뜨개질하는 사람들이 으레 그렇듯 아늑한 티파티(131쪽)를 선호하든, 가족과 함께 한 주의 마지막을 축하하는 유쾌한 금요일 '피자파티'(125쪽)를 선호하든, 모든 사교적인 행사에 어울리는 무언가를 찾을 수 있을 거라고 생각합니다. 친구에게 멋진 '생일축하 컵케이크'(119쪽) 양말을 선물하거나, 나 자신을 위해 떠서 특별한 날을 축하할 수도 있겠죠. 우리 모두는 대접받을 자격이 있어요! 여름방학을 기념하는 '여름엔 수박'(137쪽)이나 일몰을 보며 좋아하는 음료를 마실 때 신을 수 있는 활기찬 '해피아워'(113쪽) 양말은 어떨까요? 이 양말들과 함께 인생의 좋은 부분을 즐기며 느긋하게 긴장을 풀 시간입니다.

해피아워
Happy Hour

우리 가족은 15년 전 스위스의 취리히를 처음 방문했습니다. 이곳으로 이주할 생각으로 이것저것 알아보려고 왔었지요. 저는 여름 햇살 속에서 호숫가에 앉아 밝은 오렌지색 음료를 마시는 멋진 사람들에게 즉시 매료되었습니다. 고급 바에서도 주택의 발코니에서도 이 빛나는 여름 음료를 보았고, '나도 하나 마셔야겠어!'라고 생각했습니다. 만약 취리히 주민들과 어울리고 싶다면 그 음료를 주문해야 한다는 것을 깨달았습니다. 알고 보니 그 멋진 네온오렌지색 음료는 이탈리아에서 온 상쾌한 여름 칵테일인 아페를 스프리츠였습니다. 처음에는 그 쓴맛을 그다지 좋아하지 않았지만, 저는 호숫가에서 사는 멋진 유럽인이 되고 싶었고, 곧 저녁 식사 전에 지붕 테라스에서 아페롤 스프리츠를 즐기며 여름 저녁노을을 감상하는 방법을 배웠습니다. 그리고 이 음료를 기념하기 위해 양말 한 켤레를 만들고 싶어졌어요. 여러분도 저와 함께 이 밝고 선명한 오렌지색 아페롤 스프리츠 양말을 만들어보세요. 하지만 혹시 레드와인이 더 마음에 든다면, 어두운 클라렛레드 색상을 배색실로 사용해도 좋습니다! 마티니를 좋아한다면 녹색으로! 아니면 로제와인의 연한 분홍색 잔도 좋겠죠? 어떤 음료나 칵테일을 선호하든(알코올이든 무알코올이든!), 이 파티 타임 양말 뜨기를 즐기시길 바랍니다.

양말 구조
이 양말은 위에서 아래로 내려 뜹니다. 한 단에 두 가지 색만 사용해서 뜨며 양말목 위쪽에서 시작하여 발 전체에 반복되는 음료 모티프가 특징입니다. 양말은 고무뜨기 발목단으로 시작하고, 되돌아뜨기 뒤꿈치가 있습니다. 마지막으로 발끝에서 코를 줄인 다음 메리야스잇기로 마무리합니다.

사이즈
1 (2, 3)

발 둘레: 19~21 (22.5~24.5, 26~28)cm
완성치수: 17.5 (21, 25)cm
권장 여유분: 마이너스 2.5cm. 발 둘레는 발의 가장 넓은 부분을 잰다. 바늘 호수를 높이거나 낮춰서 더 크거나 더 작은 사이즈를 뜰 수 있다.
양말목/발 길이는 쉽게 조정할 수 있다. 자세한 내용은 만드는 법을 참고할 것.
사진 속 작품은 사이즈2(US 8.5/EU 39/UK 6), 발 둘레 22.5cm로 떴다.

재료

실

바탕실: 핑거링 굵기, 칭 파이버의 대싱 핑거링(메리노 울 100%), 1타래 400m 100g
배색실: 핑거링 굵기, PRU 얀의 소울(슈퍼워시 메리노 울 85%, 나일론 15%), 1타래 400m 100g

사진 속 작품에서는 다음 색상을 사용
바탕실: 셔벗Sherbet 1타래
배색실: 유즈Yuzu 1타래
같은 게이지 치수를 얻을 수 있다면 핑거링 굵기의 실은 무엇이든 사용할 수 있다.

바늘
고무뜨기와 메리야스뜨기에 사용: 2.25mm
80cm 길이 줄바늘(매직루프)/23cm 길이 줄바늘 1개 또는 2개/장갑바늘 중 선호하는 바늘 사용
배색뜨기에 사용: 2.5mm
80cm 길이 줄바늘(매직루프)/23cm 길이 줄바늘 1개 또는 2개/장갑바늘 중 선호하는 바늘 사용
주의사항: 잘 맞는 양말을 뜨기 위해 게이지를 체크할 것. 바늘 호수를 높이거나 낮춰서 추가 사이즈를 뜰 수 있다.

부자재
표시링, 가위, 돗바늘

게이지
34코×44단=10cm×10cm 고무뜨기와 메리야스뜨기
34코×38단=10cm×10cm 배색뜨기

팁 & 스페셜 기법
배색뜨기 다시 보기(8쪽)
발끝 메리야스잇기(186쪽)
주요 기법(184쪽 참고)

만드는 법

발목단
바탕실과 2.25mm 바늘을 사용해서 56 (64, 72)코 만든다.
2개의 바늘에 동일하게 콧수를 나눈다. 장갑바늘을 사용할
경우, 3개(또는 4개)의 바늘에 동일하게 콧수를 나눠 옮긴다.
단 시작에 표시링을 건다. 코가 꼬이지 않도록 조심하며 원
통으로 잇는다.
고무뜨기 단: *겉뜨기1, 안뜨기1*, *~*을 단 끝까지 반복한다.
고무뜨기로 총 13단 뜬다(약 2.75cm).

양말목
겉뜨기로 1단 뜬다.

코를 2.5mm 바늘로 옮기면서 다음과 같이 코늘림 단을
뜬다:
사이즈1: *겉뜨기14, M1L코늘림*, *~*을 단 끝까지 반복한
다. 4코 늘어남. 총 60코.
사이즈2: *겉뜨기8, M1L코늘림*, *~*을 단 끝까지 반복한
다. 8코 늘어남. 총 72코.
사이즈3: *겉뜨기6, M1L코늘림*, *~*을 단 끝까지 반복한
다. 12코 늘어남. 총 84코.
도안이 지시하는 곳에서 배색실을 연결하며, 배색뜨기 무늬
도안(117쪽) 1~28단을 뜬다. 무늬도안을 각 단마다 5 (6, 7)
회 반복한다. 1~14단을 1회 더 뜬다.

되돌아뜨기 뒤꿈치
이제 바탕실을 사용해서 2.25mm 바늘1만 가지고, 선택한
사이즈에 맞는 뒤꿈치 지시사항을 따라 뜰 것이다.

사이즈1(바늘1에 30코 있음):
1단(겉면): 1코걸러뜨기, [겉뜨기12, 왼코줄임]을 2회 반복.
안면이 보이도록 편물을 뒤집는다(1코는 뜨지 않고 둔다).
2코 줄어듦. 이제 뒤꿈치에 총 28코 있다.
2단(안면): 1코걸러뜨기, 안뜨기25(끝의 1코는 뜨지 않고 둔
다). 겉면이 보이도록 편물을 뒤집는다.
3단: 1코걸러뜨기, 겉뜨기24(끝의 2코는 뜨지 않고 둔다).
편물을 뒤집는다.
4단: 1코걸러뜨기, 안뜨기23(구멍 1코 전까지). 편물을 뒤집
는다.
5단: 1코걸러뜨기, 겉뜨기22(구멍 1코 전까지). 편물을 뒤집
는다.
6단: 1코걸러뜨기, 안뜨기21(구멍 1코 전까지). 편물을 뒤집
는다.
7단: 1코걸러뜨기, 구멍 1코 전까지 겉뜨기. 편물을 뒤집는다.
8단: 1코걸러뜨기, 구멍 1코 전까지 안뜨기. 편물을 뒤집는다.
7~8단을 5회 더 반복한다.
19단: 1코걸러뜨기, 구멍 1코 전까지 겉뜨기. 편물을 뒤집는다.
20단: 1코걸러뜨기, 안뜨기7.
중심에 안뜨기 8코가 있고 그 양옆에 뜨지 않은 코가 10코
씩 있다. 편물을 뒤집는다.

이제 편물을 뒤집어서 생긴 구멍을 막으면서 뒤꿈치를 평면
뜨기로 편물을 뒤집어가며 뜬다.
21단(겉면): 1코걸러뜨기, 겉뜨기6, (구멍 양옆의 각 1코를
이용해서) 오른코줄임, M1L코늘림. 편물을 뒤집는다.
22단(안면): 1코걸러뜨기, 안뜨기7, 안뜨기로 2코모아뜨기,
M1P코늘림. 편물을 뒤집는다.
23단: 1코걸러뜨기, 겉뜨기8, 오른코줄임, M1L코늘림. 편물
을 뒤집는다.
24단: 1코걸러뜨기, 안뜨기9, 안뜨기로 2코모아뜨기, M1P코
늘림. 편물을 뒤집는다.
계속해서 이미 만들어진 규칙대로 14단 더 뜬다.

39단(겉면): 1코걸러뜨기, 겉뜨기24, 오른코줄임, M1L코늘림. 편물을 뒤집는다.

40단(안면): 1코걸러뜨기, 안뜨기25, 안뜨기로 2코모아뜨기, M1P코늘림. 편물을 뒤집는다.

41단(겉면): 1코걸러뜨기, [겉뜨기13, M1L코늘림]을 2회 반복, 겉뜨기1. 2코 늘어남.

이제 바늘1에 30코 있다.

계속해서 발 섹션(116쪽)을 진행한다.

사이즈2(바늘1에 36코 있음):

1단(겉면): 1코걸러뜨기, [겉뜨기6, 왼코줄임]을 4회 반복, 겉뜨기2. 안면이 보이도록 편물을 뒤집는다(1코는 뜨지 않고 둔다). 4코 줄어듦. 이제 뒤꿈치에 총 32코 있다.

2단(안면): 1코걸러뜨기, 안뜨기29(끝의 1코는 뜨지 않고 둔다). 겉면이 보이도록 편물을 뒤집는다.

3단: 1코걸러뜨기, 겉뜨기28(끝의 2코는 뜨지 않고 둔다). 편물을 뒤집는다.

4단: 1코걸러뜨기, 안뜨기27(구멍 1코 전까지). 편물을 뒤집는다.

5단: 1코걸러뜨기, 겉뜨기26(구멍 1코 전까지). 편물을 뒤집는다.

6단: 1코걸러뜨기, 안뜨기25(구멍 1코 전까지). 편물을 뒤집는다.

7단: 1코걸러뜨기, 구멍 1코 전까지 겉뜨기. 편물을 뒤집는다.

8단: 1코걸러뜨기, 구멍 1코 전까지 안뜨기. 편물을 뒤집는다.
7~8단을 5회 더 반복한다.

19단: 1코걸러뜨기, 구멍 1코 전까지 겉뜨기. 편물을 뒤집는다.

20단: 1코걸러뜨기, 안뜨기11.

중심에 안뜨기 12코가 있고 그 양옆에 뜨지 않은 코가 10코씩 있다. 편물을 뒤집는다.

이제 편물을 뒤집어서 생긴 구멍을 막으면서 뒤꿈치를 평면 뜨기로 편물을 뒤집어가며 뜬다.

21단(겉면): 1코걸러뜨기, 겉뜨기10, (구멍 양쪽의 각 1코를 이용해서) 오른코줄임, M1L코늘림. 편물을 뒤집는다.

22단(안면): 1코걸러뜨기, 안뜨기11, 안뜨기로 2코모아뜨기, M1P코늘림. 편물을 뒤집는다.

23단: 1코걸러뜨기, 겉뜨기12, 오른코줄임, M1L코늘림. 편물을 뒤집는다.

24단: 1코걸러뜨기, 안뜨기13, 안뜨기로 2코모아뜨기, M1P코늘림. 편물을 뒤집는다.

계속해서 이미 만들어진 규칙대로 14단 더 뜬다.

39단(겉면): 1코걸러뜨기, 겉뜨기28, 오른코줄임, M1L코늘림. 편물을 뒤집는다.

40단(안면): 1코걸러뜨기, 안뜨기29, 안뜨기로 2코모아뜨기, M1P코늘림. 편물을 뒤집는다.

41단(겉면): [겉뜨기8, M1L코늘림]을 4회 반복한다. 4코 늘어남.

이제 바늘1에 36코 있다.

계속해서 발 섹션(116쪽)을 진행한다.

사이즈3(바늘1에 42코 있음):

1단(겉면): 1코걸러뜨기, [겉뜨기5, 왼코줄임]을 5회 반복, 겉뜨기3, 왼코줄임. 안면이 보이도록 편물을 뒤집는다(1코는 뜨지 않고 둔다). 6코 줄어듦. 이제 뒤꿈치에 총 36코 있다.

2단(안면): 1코걸러뜨기, 안뜨기33(끝의 1코는 뜨지 않고 둔다). 겉면이 보이도록 편물을 뒤집는다.

3단: 1코걸러뜨기, 겉뜨기32(끝의 2코는 뜨지 않고 둔다). 편물을 뒤집는다.

4단: 1코걸러뜨기, 안뜨기31(구멍 1코 전까지). 편물을 뒤집는다.

5단: 1코걸러뜨기, 겉뜨기30(구멍 1코 전까지). 편물을 뒤집는다.

6단: 1코걸러뜨기, 안뜨기29(구멍 1코 전까지). 편물을 뒤집는다.

7단: 1코걸러뜨기, 구멍 1코 전까지 겉뜨기. 편물을 뒤집는다.

8단: 1코걸러뜨기, 구멍 1코 전까지 안뜨기. 편물을 뒤집는다.
7~8단을 6회 더 반복한다.

21단: 1코걸러뜨기, 구멍 1코 전까지 겉뜨기. 편물을 뒤집는다.

22단: 1코걸러뜨기, 안뜨기13.

중심에 안뜨기 14코가 있고 그 양옆에 뜨지 않은 코가 11코씩 있다. 편물을 뒤집는다.

이제 편물을 뒤집어서 생긴 구멍을 막으면서 뒤꿈치를 평면 뜨기로 편물을 뒤집어가며 뜬다.

23단(겉면): 1코걸러뜨기, 겉뜨기12, (구멍 양쪽의 각 1코를 이용해서) 오른코줄임, M1L코늘림. 편물을 뒤집는다.

24단(안면): 1코걸러뜨기, 안뜨기13, 안뜨기로 2코모아뜨기, M1P코늘림. 편물을 뒤집는다.

25단: 1코걸러뜨기, 겉뜨기14, 오른코줄임, M1L코늘림. 편물을 뒤집는다.

26단: 1코걸러뜨기, 안뜨기15, 안뜨기로 2코모아뜨기, M1P코늘림. 편물을 뒤집는다.

계속해서 이미 만들어진 규칙대로 16단 더 뜬다.

43단(겉면): 1코걸러뜨기, 겉뜨기32, 오른코줄임, M1L코늘림. 편물을 뒤집는다.

44단(안면): 1코걸러뜨기, 안뜨기33, 안뜨기로 2코모아뜨기, M1P코늘림. 편물을 뒤집는다.

45단(겉면): 1코걸러뜨기, [겉뜨기5, M1L코늘림]을 6회 반복, 겉뜨기5. 6코 늘어남.

이제 바늘1에 42코 있다.

발(모든 사이즈)

다시 원통으로 연결해서 바탕실과 2.5mm 바늘(또는 배색뜨기 게이지 치수를 얻을 수 있는 호수의 바늘)을 사용해 뜬다.

바탕실을 사용해서, 단 시작 표시링까지 바늘2의 30 (36, 42)코를 겉뜨기한다(이것은 배색뜨기 무늬도안 15단으로 셀 것이다).

바늘1로 시작해서, 배색실을 연결해 배색뜨기 무늬도안을 16단부터 다시 뜬다. 계속해서 발 길이가 원하는 완성품 길이에서 약 3 (4, 5)cm 모자랄 때까지 매 단 겉뜨기하는데, 마지막으로 뜨는 단이 14단 혹은 28단이 되도록 끝낸다. 배색실을 자른다.

(아직 발끝을 시작하기에 필요한 치수가 되지 않는다면, 다음의 코줄임을 뜬 후, 바탕실을 사용해서 원하는 치수까지 몇 단 더 겉뜨기한다.)

바탕실을 사용해서 코를 2.25mm 바늘로 다시 옮기면서 다음과 같이 코줄임 단을 뜬다:

사이즈1: *겉뜨기13, 왼코줄임*, *~*을 단 끝까지 반복한다. 4코 줄어듦. 총 56코.

사이즈2: *겉뜨기7, 왼코줄임*, *~*을 단 끝까지 반복한다. 8코 줄어듦. 총 64코.

사이즈3: *겉뜨기5, 왼코줄임*, *~*을 단 끝까지 반복한다. 12코 줄어듦. 총 72코.

발끝

이제 바늘1과 바늘2에 동일한 콧수가 있어야 한다. 단 시작 표시링을 제거한다. 바늘1에는 발바닥 28 (32, 36)코가 있다. 바늘2에는 발등 28 (32, 36)코가 있다.

바탕실과 바늘1을 사용해서 14 (16, 18)코 겉뜨기한다. 방금 뜬 코 다음에 단 시작 표시링을 건다. 이곳은 발바닥 부분인 바늘1의 가운데여야 한다.

바탕실을 사용해서:

1단(코줄임 단):
    바늘1: 3코 남을 때까지 겉뜨기, 왼코줄임, 겉뜨기1.
    바늘2: 겉뜨기1, 오른코줄임, 3코 남을 때까지 겉뜨기, 왼코줄임, 겉뜨기1.
    바늘1: 겉뜨기1, 오른코줄임, 단 시작 표시링까지 겉뜨기. 4코 줄어듦.

2단: 모든 코 겉뜨기한다.

각 바늘에 20코 남을 때까지 1~2단을 반복한다(총 40코). 계속해서 각 바늘에 10코 남을 때까지 1단만 반복한다(매 단 코줄임한다)(총 20코).

단 시작 표시링을 제거한다. 양말의 옆선을 만날 때까지 5코 겉뜨기한다. 각 바늘에 남은 10코를 메리야스잇기로 연결한다.

마무리

실끝을 정리한다. 두 번째 양말을 뜬다. 찬물에 부드럽게 손빨래하고 평평하게 뉘어 말린다.

배색뜨기 무늬도안

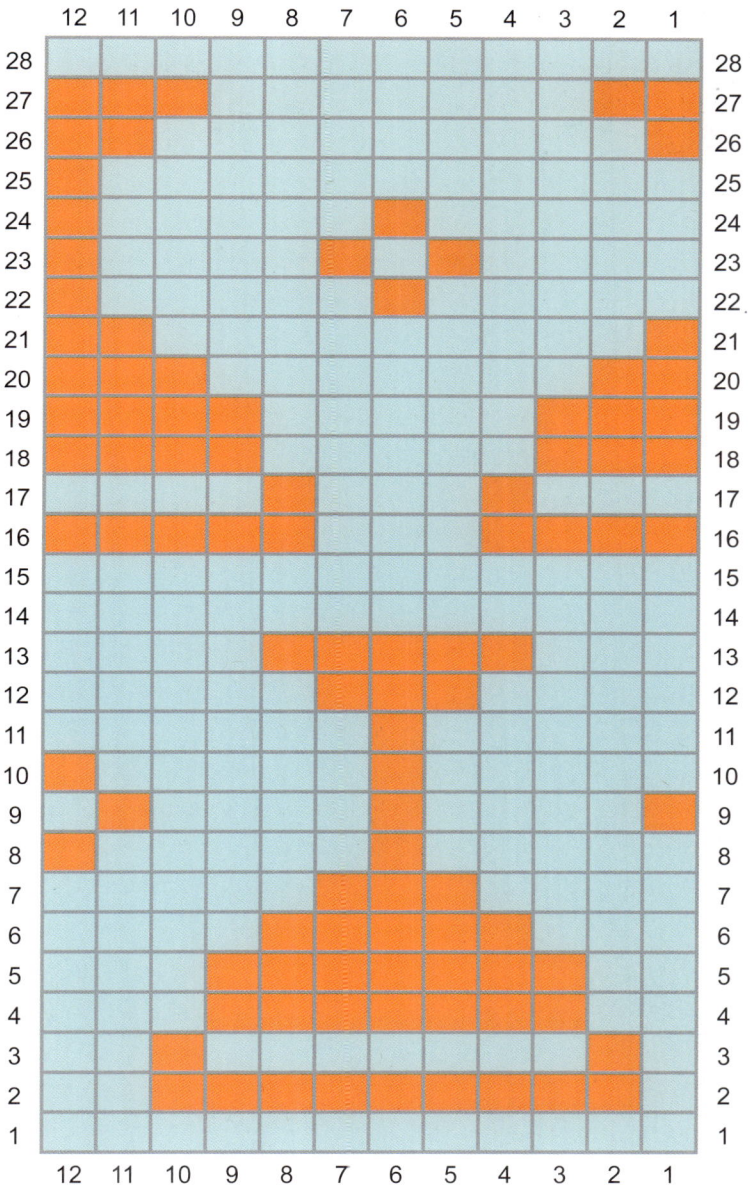

바탕실: 셔벗

배색실: 유즈

생일 축하 컵케이크
Birthday Cupcake

생일에 케이크가 빠질 수는 없죠! 이 사랑스럽고 밝은 색상의 컵케이크가 그려진 설탕 같은 달콤한 양말은 거부하기 어렵습니다. 특별한 날을 기념하기 위해 디자인된 이 양말은 친구의 생일 선물로 또는 자신에게 주는 선물로도 완벽합니다. 나이를 한 살 더 먹는 걸 축하하는 재미있는 방법이죠. 아마 일시적인 당 충전 없이도 기쁨을 누릴 수 있는 방법일 것입니다! 저는 이 양말을 군데군데 다른 색이 섞여 있는 아름다운 스페클 실로 만들었는데, 그 자체로 파티처럼 느껴졌습니다. 새로운 코를 뜰 때마다 다음에는 어떤 색이 나올지 기대가 되었습니다!

양말 구조
이 양말은 위에서 아래로 내려 뜨며, 고무뜨기 발목단, 힐플랩, 그리고 거싯이 있습니다. 양말목에는 배색 무늬로 표현한 알록달록한 컵케이크 모티프가 있습니다. 발끝 앞부분에도 양말목 부분 컵케이크 무늬의 위아래 경계와 같은 작은 배색 무늬가 있어요. 한 단에서 여러 색상을 뜨지 않도록 디테일은 덧수를 사용해도 좋습니다! 만약 한 단에 세 가지 색을 뜨기로 선택했다면, 플로트를 느슨하고 길게 남겨두고, 배색 작업이 끝난 후 편물이 발목에 잘 맞는지 확인해보세요.

사이즈
1 (2, 3)
발 둘레: 19~21 (21.5~23.5, 24~26)cm
완성치수: 17.5 (20, 22.5)cm
권장 여유분: 마이너스 2.5cm. 발 둘레는 발의 가장 넓은 부분을 잰다. 바늘 호수를 높이거나 낮춰서 더 크거나 더 작은 사이즈를 뜰 수 있다. 양말목/발 길이는 쉽게 조정할 수 있다. 자세한 내용은 만드는 법을 참고할 것.
사진 속 작품은 사이즈2(US 8.5/EU 39/UK 6), 발 둘레 22.5cm로 떴다.

재료

실
핑거링 굵기, 하우스 오브 아라모드의 하우스 핑거링 2ply(슈퍼워시 메리노 울 80%, 나일론 20%), 1타래 365m 100g

사진 속 작품에서는 다음 색상을 사용
바탕실: 오아시스Oasis 1타래
배색실1: 로드트립Road Trip 1타래
배색실2: 라크스퍼Larkspur 자투리실 소량
배색실3: 레드Red 자투리실 소량
같은 게이지 치수를 얻을 수 있다면 핑거링 굵기의 실은 무엇이든 사용할 수 있다.

바늘
고무뜨기와 메리야스뜨기에 사용: 2.25mm
80cm 길이 줄바늘(매직루프)/23cm 길이 줄바늘 1개 또는 2개/장갑바늘 중 선호하는 바늘 사용
배색뜨기에 사용: 2.5mm
80cm 길이 줄바늘(매직루프)/23cm 길이 줄바늘 1개 또는 2개/장갑바늘 중 선호하는 바늘 사용
주의사항: 잘 맞는 양말을 뜨기 위해 게이지를 체크할 것. 바늘 호수를 높이거나 낮춰서 추가 사이즈를 뜰 수 있다.

부자재
표시링, 가위, 돗바늘

게이지
32코×44단=10cm×10cm 고무뜨기와 메리야스뜨기
34코×38단=10cm×10cm 배색뜨기

팁 & 스페셜 기법

배색뜨기 다시 보기(8쪽)

덧수(185쪽)

발끝 메리야스잇기(186쪽)

주요 기법(184쪽 참고)

만드는 법

발목단

배색실1과 2.25mm 바늘을 사용해서 56 (64, 72)코 만든다. 2개의 바늘에 동일하게 콧수를 나눈다. 장갑바늘을 사용할 경우, 3개(또는 4개)의 바늘에 동일하게 콧수를 나눠 옮긴다. 단 시작에 표시링을 건다. 코가 꼬이지 않도록 조심하며 원통으로 잇는다.

고무뜨기 단: *겉뜨기1, 안뜨기1*, *~*을 단 끝까지 반복한다. 배색실1을 자른다.

바탕실을 사용해서 고무뜨기로 총 13단 뜬다(약 4cm).

양말목

바탕실을 사용해서 겉뜨기로 1단 뜬다.

바탕실을 사용해서 코를 2.5mm 바늘로 옮기면서 다음과 같이 코늘림 단을 뜬다:

사이즈1: *겉뜨기14, M1L코늘림*, *~*을 단 끝까지 반복한다. 4코 늘어남. 총 60코.

사이즈2: *겉뜨기8, M1L코늘림*, *~*을 단 끝까지 반복한다. 8코 늘어남. 총 72코.

사이즈3: *겉뜨기6, M1L코늘림*, *~*을 단 끝까지 반복한다. 12코 늘어남. 총 84코.

이제 도안이 지시하는 곳에서 배색실1, 배색실2, 배색실3을 연결하며, 배색뜨기 무늬도안(123쪽) 1~24단을 뜬다. 각 단마다 무늬도안을 5 (6, 7)회 반복한다. 8단을 뜬 후 배색실3을 자른다. 14단을 뜬 후 배색실1을 자르고, 무늬도안을 완성하면 배색실2를 자른다.

바탕실을 사용해서 겉뜨기로 1단 뜬다.

코를 다시 2.25mm 바늘로 옮기면서 바탕실을 사용해 다음과 같이 코줄임 단을 뜬다:

사이즈1: *겉뜨기13, 왼코줄임*, *~*을 단 끝까지 반복한다. 4코 줄어듦. 총 56코.

사이즈2: *겉뜨기7, 왼코줄임*, *~*을 단 끝까지 반복한다. 8코 줄어듦. 총 64코.

사이즈3: *겉뜨기5, 왼코줄임*, *~*을 단 끝까지 반복한다. 12코 줄어듦. 총 72코.

겉뜨기로 18단 더 뜬다(약 4.5cm).

(양말을 더 짧게 뜨려면 18단을 다 뜨기 전에 원하는 길이에서 멈추고, 더 길게 뜨려면 계속해서 바탕실을 사용해서 원하는 양말목 길이까지 겉뜨기한다. 두 번째 양말을 동일하게 뜰 수 있게 몇 단을 더 떴는지 기록한다.)

고무뜨기 힐플랩

힐플랩은 배색실1을 사용해서 바늘1의 28 (32, 36)코를 가지고 편물을 뒤집어가며 평면뜨기한다. 바늘2에는 발등 28 (32, 36)코가 있다. 단 시작의 표시링을 제거한다.

세팅 단:

1단(겉면): 겉뜨기28 (32, 36).

2단(안면): 안뜨기하듯이 1코걸러뜨기, 단 끝까지 안뜨기한다. 편물을 뒤집는다.

고무뜨기 단:

1단(겉면): *안뜨기하듯이 1코걸러뜨기, 겉뜨기1*, *~*을 단 끝까지 반복한다. 편물을 뒤집는다.

2단(안면): 안뜨기하듯이 1코걸러뜨기, 단 끝까지 안뜨기한다. 편물을 뒤집는다.

고무뜨기 1~2단을 총 26 (30, 32)단 뜨는데 마지막으로 뜨는 단이 안면(안뜨기) 단이 되도록 끝낸다. 힐턴을 완성한 후 주울 수 있는 가장자리 14 (16, 18)코가 있을 것이다(세팅 1~2단 포함).

힐턴

계속해서 배색실1을 사용해 되돌아뜨기로 뒤꿈치 경사를 만들 것이다.

1단(겉면): 1코걸러뜨기, 겉뜨기15 (18, 20), 오른코줄임, 겉뜨기1. 편물을 뒤집는다.

2단(안면): 1코걸러뜨기, 안뜨기5 (7, 7), 안뜨기로 2코모아뜨기, 안뜨기1. 편물을 뒤집는다.

3단(겉면): 1코걸러뜨기, 겉뜨기6 (8, 8), 오른코줄임, 겉뜨기1. 편물을 뒤집는다.

4단(안면): 1코걸러뜨기, 안뜨기7 (9, 9), 안뜨기로 2코모아뜨기, 안뜨기1. 편물을 뒤집는다.

계속해서 이 규칙대로 뜬다: 1코걸러뜨기, 이전 단에서 편물을 뒤집어서 생긴 구멍 1코 전까지 겉뜨기 또는 안뜨기, 구멍을 막기 위해 오른코줄임 또는 안뜨기로 2코모아뜨기, 겉뜨기1 또는 안뜨기1. 편물을 뒤집는다. **(사이즈1만 해당:** 마지막 2단은 오른코줄임 또는 안뜨기로 2코모아뜨기로 끝날 것이다. 겉뜨기1 또는 안뜨기1을 뜰 남은 코가 없을 것이다.) 계속해서 모든 코를 작업할 때까지 진행하고 마지막으로 뜨는 단이 안면에서 안뜨기 단이 되도록 끝낸다. 겉면이 보이도록 편물을 뒤집는다. 이제 바늘1에 16 (20, 22)코 남아 있다.

거싯

바탕실을 사용해서, 이제 힐플랩의 양쪽 가장자리를 따라서 코를 주울 것이다.

배색실1로 뒤꿈치 코를 겉뜨기하는데, 8 (10, 11)코(중간 지점) 뜬 후 단 시작 표시링을 건다. 배색실1을 자른다.

힐플랩의 가장자리를 따라 14 (16, 18)코를 꼬아뜨기로 줍는다. 모서리에 구멍이 생기지 않게 힐플랩과 발등 사이 모서리에서 1코 더 줍는다. 다음 단의 어디서 코줄임할지 알아볼 수 있게 여기에 표시링을 건다. 또는 뒤꿈치/거싯 코와 발등 코를 각각 다른 바늘에 나눈다.

쉼코로 둔 바늘2의 발등 28 (32, 36)코를 겉뜨기한다. 발등 코를 뜬 후 전과 동일한 방법으로 표시링을 또 건다.

모서리에서 1코 줍고 힐플랩의 가장자리를 따라 14 (16, 18)코를 꼬아뜨기로 줍는다. 단 시작 표시링을 만날 때까지 뒤꿈치의 첫 번째 절반을 겉뜨기한다.

이제 뒤꿈치/거싯에 총 46 (54, 60)코, 발등에 28 (32, 36)코 있다. 이제 다시 모든 코를 사용해서 원통뜨기할 것이다. 바늘에 총 74 (86, 96)코 있다.

거싯 코줄임

1단: 첫 번째 표시링 3코 전까지(매직루프 기법을 사용한다면 바늘1 끝까지) 겉뜨기하고 왼코줄임, 겉뜨기1, 표시링 옮긴다. 두 번째 표시링을 만날 때까지(매직루프 기법을 사용한다면 바늘1 시작까지) 발등 코를 겉뜨기한다, 표시링 옮긴다. 겉뜨기1, 오른코줄임. 단 시작 표시링까지 겉뜨기한다. 2코 줄어듦.

2단: 모든 코 겉뜨기한다.

계속해서 뒤꿈치/거싯 코가 28 (32, 36)코로 줄어들 때까지 1~2단을 반복한다.

발등 28 (32, 36)코는 바늘2에 남아 있다. 이제 총 56 (64, 72)코 있다.

발(모든 사이즈)

계속해서 바탕실을 사용해, 발 길이가 원하는 완성품 길이에서 약 5 (6, 7)cm 모자랄 때까지 매 단 겉뜨기한다.

바탕실을 사용해 2.5mm 바늘로 코를 옮기면서 다음과 같이 코늘림 단을 뜬다:

사이즈1: *겉뜨기14, M1L코늘림*, *~*을 단 끝까지 반복한다. 4코 늘어남. 총 60코.

사이즈2: *겉뜨기8, M1L코늘림*, *~*을 단 끝까지 반복한다. 8코 늘어남. 총 72코.

사이즈3: *겉뜨기6, M1L코늘림*, *~*을 단 끝까지 반복한다. 12코 늘어남. 총 84코.

도안이 지시하는 곳에서 배색실2를 연결하면서, 배색뜨기 무늬도안(123쪽) 1~3단을 뜬다. 무늬도안은 각 단마다 5 (6, 7)회 반복한다.

배색실2를 자른다.

바탕실을 사용해서 겉뜨기로 1단 뜬다.

코를 다시 2.25mm 바늘로 옮기면서 바탕실을 사용해 다음과 같이 코줄임 단을 뜬다:

사이즈1: *겉뜨기13, 왼코줄임*, *~*을 단 끝까지 반복한다. 4코 줄어듦. 총 56코.

사이즈2: *겉뜨기7, 왼코줄임*, *~*을 단 끝까지 반복한다. 8코 줄어듦. 총 64코.

사이즈3: *겉뜨기5, 왼코줄임*, *~*을 단 끝까지 반복한다.

12코 줄어듦. 총 72코.
바탕실을 자른다.

발끝

이제 코는 바늘1과 바늘2에 동일하게 나뉘어 있다. 바늘1에는
발바닥 28 (32, 36)코가 있고, 단 시작 표시링 양쪽게 각각
14 (16, 18)코씩 있다. 바늘2에는 발등 28 (32, 36)코가 있다.

배색실1을 사용해서 단 시작 표시링에서 시작한다:
1단(코줄임 단):
　　바늘1: 3코 남을 때까지 겉뜨기, 왼코줄임, 겉뜨기1.
　　바늘2: 겉뜨기1, 오른코줄임, 3코 남을 때까지 겉뜨기,
　　왼코줄임, 겉뜨기1.
　　바늘1: 겉뜨기1, 오른코줄임, 단 시작 표시링까지 겉뜨기.
　　4코 줄어듦.
2단: 모든 코 겉뜨기한다.
1~2단을 각 바늘에 20코 남을 때까지 반복한다(총 40코).
계속해서 각 바늘에 10코 남을 때까지 1단만 반복한다(매 단
코줄임한다)(총 20코).
단 시작 표시링을 제거한다. 양말 옆선을 만날 때까지 5코를
겉뜨기한다. 각 바늘의 10코를 메리야스잇기로 연결한다.

마무리

실끝을 정리한다. 두 번째 양말을 뜬다. 찬물에 부드럽게 손
빨래하고 평평하게 뉘어 말린다.

배색뜨기 무늬도안

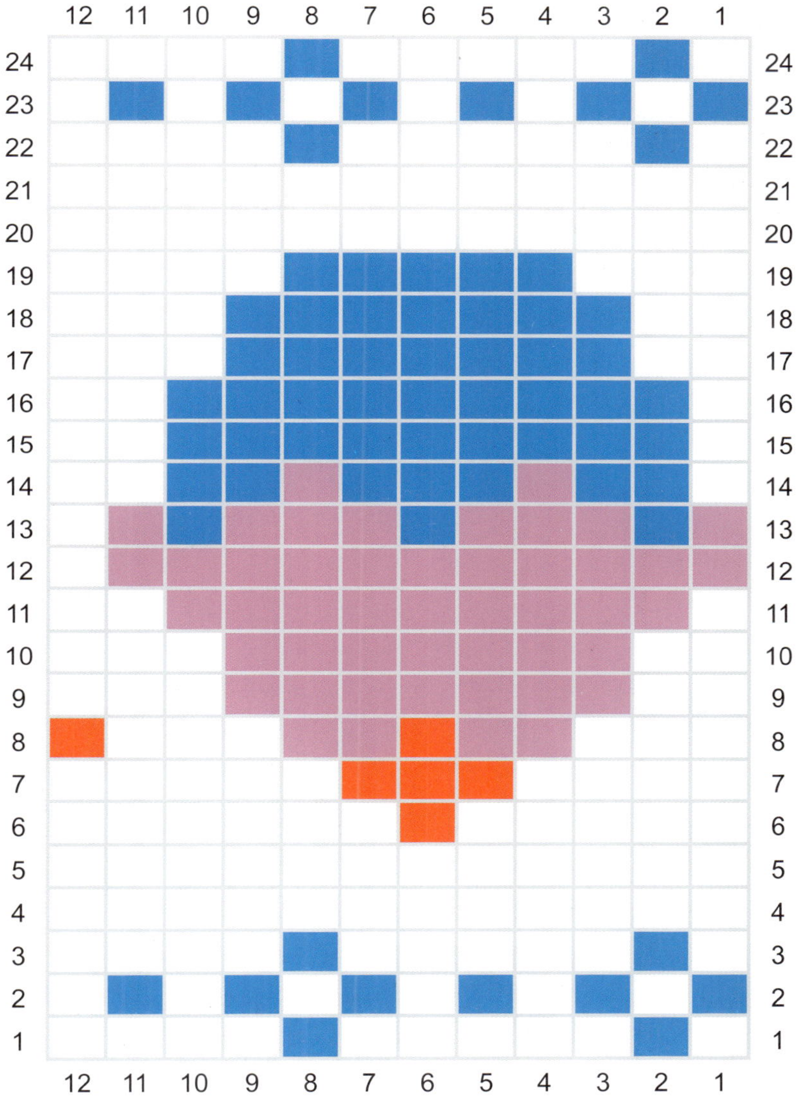
12 11 10 9 8 7 6 5 4 3 2 1
24 23 22 21 20 19 18 17 16 15 14 13 12 11 10 9 8 7 6 5 4 3 2 1

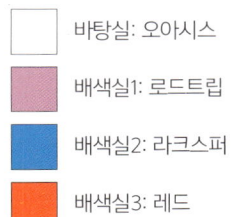

바탕실: 오아시스

배색실1: 로드트립

배색실2: 라크스퍼

배색실3: 레드

피자파티
Pizza Night

우리 가족은 금요일 저녁에 주말이 시작되는 것을 기념하며 피자파티를 즐깁니다. 우리 모두에게 간단한 즐거움이자, 학교와 일에서 벗어나 잘 쉬어갈 주말이 시작되었음을 알리는 상징적인 시간입니다. 스위스에 사는 우리에게는 이탈리아가 가까운 나라여서, 근처에 훌륭한 정통 피자 가게가 많아서 정말 행복합니다! 단순한 마르게리타 피자에 방울토마토를 얹은 것을 좋아하든, 페퍼로니를 얹은 피자를 선호하든, 실제 피자처럼 디자인된 이 양말은 좋아하는 피자를 먹을 때 신기에 완벽합니다.

양말 구조
이 양말은 위에서 아래로 내려 뜨며, 고무뜨기 발목단으로 시작해서 되돌아뜨기 뒤꿈치가 있습니다. 배색 무늬는 '크러스트 발목단' 이후 물결 모양 토마토소스 무늬로 이어집니다. 그 후, 간단하게 뜰 수 있는 치즈와 토마토/페퍼로니 원형이 양말 전체에 반복됩니다. 물결 모양 토마토소스 무늬로 배색 무늬를 마무리한 후, 피자크러스트 색상을 사용해서 발끝에서 코를 줄인 다음 메리야스잇기로 마무리합니다.

사이즈
1 (2, 3)
발 둘레: 19~21 (22.5~24.5, 26~28)cm
완성치수: 17.5 (21, 25)cm
권장 여유분: 마이너스 2.5cm. 발 둘레는 발의 가장 넓은 부분을 잰다. 바늘 호수를 높이거나 낮춰서 더 크거나 더 작은 사이즈를 뜰 수 있다.
양말목/발 길이는 쉽게 조정할 수 있다. 자세한 내용은 만드는 법을 참고할 것.
사진 속 작품은 사이즈2(US 8.5/EU 39/UK 6), 발 둘레 22.5cm로 떴다.

재료

실
바탕실: 핑거링 굵기, 히든폰드 얀의 스퀴시 삭(슈퍼워시 메리노 울 80%, 나일론 20%), 1타래 400m 114g
배색실1: 핑거링 굵기, 얀러브의 신데렐라 삭(슈퍼워시 블루페이스레스터 울 80%, 나일론 20%), 1타래 170m 50g
배색실2: 핑거링 굵기, 말라브리고의 얼티밋 삭 4ply(슈퍼워시 메리노 울 75%, 나일론 25%), 1타래 385m 100g

사진 속 작품에서는 다음 색상을 사용
바탕실: 올스타All Star 1타래
배색실1: 샴페인Champagne 1타래
배색실2: 래블리레드Ravelry Red 1타래
같은 게이지 치수를 얻을 수 있다면 핑거링 굵기의 실은 무엇이든 사용할 수 있다.

바늘
고무뜨기와 메리야스뜨기에 사용: 2.25mm
80cm 길이 줄바늘(매직루프)/23cm 길이 줄바늘 1개 또는 2개/장갑바늘 중 선호하는 바늘 사용
배색뜨기에 사용: 2.5mm
80cm 길이 줄바늘(매직루프)/23cm 길이 줄바늘 1개 또는 2개/장갑바늘 중 선호하는 바늘 사용
주의사항: 잘 맞는 양말을 뜨기 위해 게이지를 체크할 것. 바늘 호수를 높이거나 낮춰서 추가 사이즈를 뜰 수 있다.

부자재
표시링, 가위, 돗바늘

게이지
34코×44단=10cm×10cm 고무뜨기와 메리야스뜨기
34코×38단=10cm×10cm 배색뜨기

팁 & 스페셜 기법

배색뜨기 다시 보기(8쪽)
발끝 메리야스잇기(186쪽)
주요 기법(184쪽) 참고

만드는 법

발목단

배색실1과 2.25mm 바늘을 사용해서 56 (64, 72)코 만든다. 2개의 바늘에 동일하게 콧수를 나눈다. 장갑바늘을 사용할 경우, 3개(또는 4개)의 바늘에 동일하게 콧수를 나눠 옮긴다. 단 시작에 표시링을 건다. 코가 꼬이지 않도록 조심하며 원통으로 잇는다.

고무뜨기 단: *꼬아뜨기로 겉뜨기1, 안뜨기1*, *~*을 단 끝까지 반복한다.

꼬아고무뜨기로 총 12단 뜬다(약 2.75cm).
배색실1을 자른다.

양말목

배색실2를 사용해서 겉뜨기로 1단 뜬다.

배색실2를 사용해서 코를 2.5mm 바늘로 옮기면서 다음과 같이 코늘림 단을 뜬다:

사이즈1: *겉뜨기14, M1L코늘림*, *~*을 단 끝까지 반복한다. 4코 늘어남. 총 60코.

사이즈2: *겉뜨기8, M1L코늘림*, *~*을 단 끝까지 반복한다. 8코 늘어남. 총 72코.

사이즈3: *겉뜨기6, M1L코늘림*, *~*을 단 끝까지 반복한다. 12코 늘어남. 총 84코.

도안이 지시하는 곳에서 바탕실을 연결하며, 배색뜨기 무늬도안(129쪽) 1~25단을 뜬다. 무늬도안을 각 단마다 5 (6, 7)회 반복한다. 6~24단을 1회 더 반복한다. 24단을 완성하면, 계속해서 되돌아뜨기 뒤꿈치 섹션을 작업한다.
배색실2를 자른다.

되돌아뜨기 뒤꿈치

이제 배색실1을 사용해서 2.25mm 바늘1만 가지고, 선택한 사이즈에 맞는 뒤꿈치 지시사항을 따라 뜰 것이다.

사이즈1(바늘1에 30코 있음):

1단(겉면): 1코걸러뜨기, [겉뜨기12, 왼코줄임]을 2회 반복. 안면이 보이도록 편물을 뒤집는다(1코는 뜨지 않고 둔다). 2코 줄어듦. 이제 뒤꿈치에 총 28코 있다.

2단(안면): 1코걸러뜨기, 안뜨기25(끝의 1코는 뜨지 않고 둔다). 겉면이 보이도록 편물을 뒤집는다.

3단: 1코걸러뜨기, 겉뜨기24(끝의 2코는 뜨지 않고 둔다). 편물을 뒤집는다.

4단: 1코걸러뜨기, 안뜨기23(구멍 1코 전까지). 편물을 뒤집는다.

5단: 1코걸러뜨기, 겉뜨기22(구멍 1코 전까지). 편물을 뒤집는다.

6단: 1코걸러뜨기, 안뜨기21(구멍 1코 전까지). 편물을 뒤집는다.

7단: 1코걸러뜨기, 구멍 1코 전까지 겉뜨기. 편물을 뒤집는다.

8단: 1코걸러뜨기, 구멍 1코 전까지 안뜨기. 편물을 뒤집는다.
7~8단을 5회 더 반복한다.

19단: 1코걸러뜨기, 구멍 1코 전까지 겉뜨기. 편물을 뒤집는다.

20단: 1코걸러뜨기, 안뜨기7.

중심에 안뜨기 8코가 있고 그 양옆에 뜨지 않은 코가 10코씩 있다. 편물을 뒤집는다.

이제 편물을 뒤집어서 생긴 구멍을 막으면서 뒤꿈치를 평면뜨기로 편물을 뒤집어가며 뜬다.

21단(겉면): 1코걸러뜨기, 겉뜨기6, (구멍 양옆의 각 1코를 이용해서) 오른코줄임, M1L코늘림. 편물을 뒤집는다.

22단(안면): 1코걸러뜨기, 안뜨기7, 안뜨기로 2코모아뜨기, M1P코늘림. 편물을 뒤집는다.

23단: 1코걸러뜨기, 겉뜨기8, 오른코줄임, M1L코늘림. 편물을 뒤집는다.

24단: 1코걸러뜨기, 안뜨기9, 안뜨기로 2코모아뜨기, M1P코늘림. 편물을 뒤집는다.

계속해서 이미 만들어진 규칙대로 14단 더 뜬다.

39단(겉면): 1코걸러뜨기, 겉뜨기24, 오른코줄임, M1L코늘림. 편물을 뒤집는다.

40단(안면): 1코걸러뜨기, 안뜨기25, 안뜨기로 2코모아뜨기, M1P코늘림. 편물을 뒤집는다.

41단(겉면): 1코걸러뜨기, [겉뜨기13, M1L코늘림]을 2회 반복, 겉뜨기1. 2코 늘어남.

이제 바늘1에 30코 있다.

계속해서 발 섹션(128쪽)을 진행한다.

사이즈2(바늘1에 36코 있음):

1단(겉면): 1코걸러뜨기, [겉뜨기6, 왼코줄임]을 4회 반복, 겉뜨기2. 안면이 보이도록 편물을 뒤집는다(1코는 뜨지 않고 둔다). 4코 줄어듦. 이제 뒤꿈치에 총 32코 있다.

2단(안면): 1코걸러뜨기, 안뜨기29(끝의 1코는 뜨지 않고 둔다). 겉면이 보이도록 편물을 뒤집는다.

3단: 1코걸러뜨기, 겉뜨기28(끝의 2코는 뜨지 않고 둔다). 편물을 뒤집는다.

4단: 1코걸러뜨기, 안뜨기27(구멍 1코 전까지). 편물을 뒤집는다.

5단: 1코걸러뜨기, 겉뜨기26(구멍 1코 전까지). 편물을 뒤집는다.

6단: 1코걸러뜨기, 안뜨기25(구멍 1코 전까지). 편물을 뒤집는다.

7단: 1코걸러뜨기, 구멍 1코 전까지 겉뜨기. 편물을 뒤집는다.

8단: 1코걸러뜨기, 구멍 1코 전까지 안뜨기. 편물을 뒤집는다.

7~8단을 5회 더 반복한다.

19단: 1코걸러뜨기, 구멍 1코 전까지 겉뜨기. 편물을 뒤집는다.

20단: 1코걸러뜨기, 안뜨기11.

중심에 안뜨기 12코가 있고 그 양옆에 뜨지 않은 코가 10코씩 있다. 편물을 뒤집는다.

이제 편물을 뒤집어서 생긴 구멍을 막으면서 뒤꿈치를 평면뜨기로 편물을 뒤집어가며 뜬다.

21단(겉면): 1코걸러뜨기, 겉뜨기10, (구멍 양쪽의 각 1코를 이용해서) 오른코줄임, M1L코늘림. 편물을 뒤집는다.

22단(안면): 1코걸러뜨기, 안뜨기11, 안뜨기로 2코모아뜨기, M1P코늘림. 편물을 뒤집는다.

23단: 1코걸러뜨기, 겉뜨기12, 오른코줄임, M1L코늘림. 편물을 뒤집는다.

24단: 1코걸러뜨기, 안뜨기13, 안뜨기로 2코모아뜨기, M1P코늘림. 편물을 뒤집는다.

계속해서 이미 만들어진 규칙대로 14단 더 뜬다.

39단(겉면): 1코걸러뜨기, 겉뜨기28, 오른코줄임, M1L코늘림. 편물을 뒤집는다.

40단(안면): 1코걸러뜨기, 안뜨기29, 안뜨기로 2코모아뜨기, M1P코늘림. 편물을 뒤집는다.

41단(겉면): [겉뜨기8, M1L코늘림]을 4회 반복한다. 4코 늘어남.

이제 바늘1에 36코 있다.

계속해서 발 섹션(128쪽)을 진행한다.

사이즈3(바늘1에 42코 있음):

1단(겉면): 1코걸러뜨기, [겉뜨기5, 왼코줄임]을 5회 반복, 겉뜨기3, 왼코줄임. 안면이 보이도록 편물을 뒤집는다(1코는 뜨지 않고 둔다). 6코 줄어듦. 이제 뒤꿈치에 총 36코 있다.

2단(안면): 1코걸러뜨기, 안뜨기33(끝의 1코는 뜨지 않고 둔다). 겉면이 보이도록 편물을 뒤집는다.

3단: 1코걸러뜨기, 겉뜨기32(끝의 2코는 뜨지 않고 둔다). 편물을 뒤집는다.

4단: 1코걸러뜨기, 안뜨기31(구멍 1코 전까지). 편물을 뒤집는다.

5단: 1코걸러뜨기, 겉뜨기30(구멍 1코 전까지). 편물을 뒤집는다.

6단: 1코걸러뜨기, 안뜨기29(구멍 1코 전까지). 편물을 뒤집는다.

7단: 1코걸러뜨기, 구멍 1코 전까지 겉뜨기. 편물을 뒤집는다.

8단: 1코걸러뜨기, 구멍 1코 전까지 안뜨기. 편물을 뒤집는다.

7~8단을 6회 더 반복한다.

21단: 1코걸러뜨기, 구멍 1코 전까지 겉뜨기. 편물을 뒤집는다.

22단: 1코걸러뜨기, 안뜨기13.

중심에 안뜨기 14코가 있고 그 양옆에 뜨지 않은 코가 11코씩 있다. 편물을 뒤집는다.

이제 편물을 뒤집어서 생긴 구멍을 막으면서 뒤꿈치를 평면 뜨기로 편물을 뒤집어가며 뜬다.

23단(겉면): 1코걸러뜨기, 겉뜨기12, (구멍 양쪽의 각 1코를 이용해서) 오른코줄임, M1L코늘림. 편물을 뒤집는다.

24단(안면): 1코걸러뜨기, 안뜨기13, 안뜨기로 2코모아뜨기, M1P코늘림. 편물을 뒤집는다.

25단: 1코걸러뜨기, 겉뜨기14, 오른코줄임, M1L코늘림. 편물을 뒤집는다.

26단: 1코걸러뜨기, 안뜨기15, 안뜨기로 2코모아뜨기, M1P코늘림. 편물을 뒤집는다.

계속해서 이미 만들어진 규칙대로 16단 더 뜬다.

43단(겉면): 1코걸러뜨기, 겉뜨기32, 오른코줄임, M1L코늘림. 편물을 뒤집는다.

44단(안면): 1코걸러뜨기, 안뜨기33, 안뜨기로 2코모아뜨기, M1P코늘림. 편물을 뒤집는다.

45단(겉면): 1코걸러뜨기, [겉뜨기5, M1L코늘림]을 6회 반복, 겉뜨기5. 6코 늘어남.

이제 바늘1에 42코 있다.

발(모든 사이즈)

배색실1을 자른다. 다시 원통으로 연결해서 바탕실과 2.5mm 바늘(또는 배색뜨기 게이지 치수를 얻을 수 있는 호수의 바늘)을 사용해 뜬다. 단 시작 표시링까지 바늘2의 30 (36, 42)코를 겉뜨기한다(이것은 배색뜨기 무늬도안의 25단으로 셀 것이다).

바늘1로 시작해서 배색뜨기 무늬도안(129쪽)을 6단에서 다시 시작한다. 도안이 지시하는 곳에서 배색실2를 연결해가며 7~25단을 뜬다. 계속해서 양말의 발 길이가 원하는 완성 길이에서 약 5 (6, 7)cm 모자랄 때까지 6~25단을 반복하는데, 마지막으로 뜨는 단이 15단 혹은 25단이 되도록 끝낸다. 필요하다면 바탕실을 사용해서 적절한 길이까지 겉뜨기로 몇 단 더 뜬다.

배색뜨기 무늬도안(129쪽) 26~29단을 뜬다. 무늬도안 끝에서 바탕실과 배색실2를 자른다.

배색실1을 사용해서 겉뜨기로 1단 뜬다.

배색실1을 사용해서 코를 2.25mm 바늘로 다시 옮기면서 다음과 같이 코줄임 단을 뜬다:

사이즈1: *겉뜨기13, 왼코줄임*, *~*을 단 끝까지 반복한다. 4코 줄어듦. 총 56코.

사이즈2: *겉뜨기7, 왼코줄임*, *~*을 단 끝까지 반복한다. 8코 줄어듦. 총 64코.

사이즈3: *겉뜨기5, 왼코줄임*, *~*을 단 끝까지 반복한다. 12코 줄어듦. 총 72코.

발끝

이제 바늘1과 바늘2에 동일한 콧수가 있어야 한다. 단 시작 표시링을 제거한다. 바늘1에는 발바닥 28 (32, 36)코가 있다. 바늘2에는 발등 28 (32, 36)코가 있다.

배색실1과 바늘1을 사용해서 14 (16, 18)코 겉뜨기한다. 방금 뜬 코 다음에 단 시작 표시링을 건다. 이곳은 발바닥 부분인 바늘1의 가운데여야 한다.

1단(코줄임 단):

바늘1: 3코 남을 때까지 겉뜨기, 왼코줄임, 겉뜨기1.

바늘2: 겉뜨기1, 오른코줄임, 3코 남을 때까지 겉뜨기, 왼코줄임, 겉뜨기1.

바늘1: 겉뜨기1, 오른코줄임, 단 시작 표시링까지 겉뜨기. 4코 줄어듦.

2단: 모든 코 겉뜨기한다.

각 바늘에 20코 남을 때까지 1~2단을 반복한다(총 40코). 계속해서 각 바늘에 10코 남을 때까지 1단만 반복한다(매 단 코줄임한다)(총 20코).

단 시작 표시링을 제거한다. 양말의 옆선을 만날 때까지 5코 겉뜨기한다. 각 바늘에 남은 10코를 메리야스잇기로 연결한다.

마무리

실끝을 정리한다. 두 번째 양말을 뜬다. 찬물에 부드럽게 손빨래하고 평평하게 뉘어 말린다.

배색뜨기 무늬도안

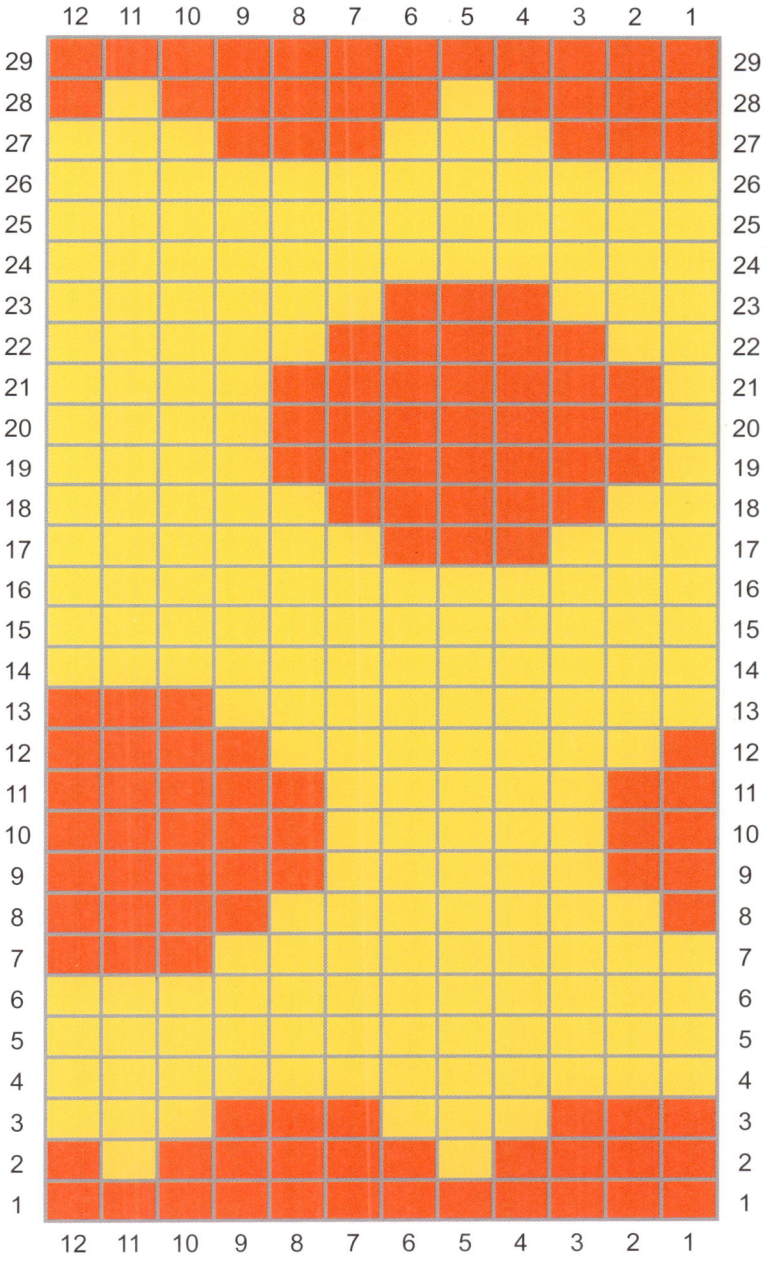

□ 바탕실: 올스타

■ 배색실2: 래블리레드

차 한잔할래요?

Fancy a Cuppa?

저는 15년 전에 영국을 떠나면서 많은 영국적인 특성을 놓아주었지만, 여전히 오후에는 따뜻한 차를 끓이는 것을 좋아합니다. 특히 비가 올 때, 커피의 카페인 말고 편안하고 기분 좋은 음료가 필요할 때 더욱 그렇습니다. (아침은 커피 없이 시작할 수 없지만요!) 애프터눈티는 1800년대에 빅토리아 여왕의 친구가 늦은 오후에 '기운이 빠지는 것'을 피하기 위해 창안한 것이라고 합니다. 그리고 그 방법은 정말 효과적입니다! 이 티타임의 간식은 곧 영국 전역에서 인기를 끌었습니다. 영국에서는 남의 집을 방문하면 "차 한잔할래요?"라는 인사를 자주 들을 수 있습니다. 우리는 가족이나 친구들과 함께 앉아서 차를 마시며 이야기를 나누고 휴식하는 것을 좋아하죠. 이 양말은 그런 소박한 즐거움을 좋아하는 차 애호가들에게 딱 맞습니다. 홍차든 녹차든, 얼그레이든 우롱차든 (혹은 루이보스티도!) 이 양말은 여러분과 여러분의 티타임 친구들을 위해 준비된 양말입니다.

양말 구조

이 양말은 위에서 아래로 내려 뜨며, 고무뜨기 발목단, 힐플랩, 그리고 거싯이 있습니다. 양말목 부분에는 장식적인 테두리와 찻주전자 모티프가 포함된 배색 무늬가 있습니다. 발 부분에서 이 테두리가 반복되며, 발끝 바로 전에 찻잔 모티프가 들어갑니다. 이 디자인은 총 세 가지 색을 사용합니다. 찻주전자와 찻잔을 둘러싼 테두리에는 한 단에 세 가지 색을 사용하는 몇 단이 있지만, 전체적으로는 간단하고 반복적인 도안입니다.

사이즈

1 (2, 3)

발 둘레: 19~21 (21.5~23.5, 24~26)cm
완성치수: 17.5 (20, 22.5)cm
권장 여유분: 마이너스 2.5cm. 발 둘레는 발의 가장 넓은 부분을 잰다. 바늘 호수를 높이거나 낮춰서 더 크거나 더 작은 사이즈를 뜰 수 있다.
양말목/발 길이는 쉽게 조정할 수 있다. 자세한 내용은 만드는 법을 참고할 것.
사진 속 작품은 사이즈2(US 8.5/EU 39/UK 6), 발 둘레 22.5cm로 떴다.

재료

실

핑거링 굵기, 파머스도터 파이버의 베어파우 삭(슈퍼워시 메리노 울 70%, 야크 20%, 나일론 10%), 1타래 400m 100g

사진 속 작품에서는 다음 색상을 사용
바탕실: 매드마티건Madmartigan 1타래
배색실1: 에브리싱스 코퍼세틱Everything's Copacetic 1타래
배색실2: 덤플링Dumplin' 1타래
같은 게이지 치수를 얻을 수 있다면 핑거링 굵기의 실은 무엇이든 사용할 수 있다.

바늘
고무뜨기와 메리야스뜨기에 사용: 2.25mm
80cm 길이 줄바늘(매직루프)/23cm 길이 줄바늘 1개 또는 2개/장갑바늘 중 선호하는 바늘 사용
배색뜨기에 사용: 2.5mm
80cm 길이 줄바늘(매직루프)/23cm 길이 줄바늘 1개 또는 2개/장갑바늘 중 선호하는 바늘 사용
주의사항: 잘 맞는 양말을 뜨기 위해 게이지를 체크할 것.
바늘 호수를 높이거나 낮춰서 추가 사이즈를 뜰 수 있다.

부자재

표시링, 가위, 돗바늘

게이지

32코×44단=10cm×10cm 고무뜨기와 메리야스뜨기
34코×38단=10cm×10cm 배색뜨기

팁 & 스페셜 기법

배색뜨기 다시 보기(8쪽)
발끝 메리야스잇기(186쪽)
주요 기법(184쪽 참고)

만드는 법

발목단

배색실1과 2.25mm 바늘을 사용해서 56 (64, 72)코 만든다.
2개의 바늘에 동일하게 콧수를 나눈다. 장갑바늘을 사용할
경우, 3개(또는 4개)의 바늘에 동일하게 콧수를 나눠 옮긴다.
단 시작에 표시링을 건다. 코가 꼬이지 않도록 조심하며 원
통으로 잇는다.
고무뜨기 단: *꼬아뜨기로 겉뜨기1, 안뜨기1*, *~*을 단 끝까
지 반복한다.
꼬아고무뜨기로 총 14단 뜬다(약 4cm).
배색실1을 자른다.

양말목

바탕실을 사용해서 겉뜨기로 1단 뜬다.

**바탕실을 사용해서 코를 2.5mm 바늘로 옮기면서 다음과
같이 코늘림 단을 뜬다:**
사이즈1: *겉뜨기14, M1L코늘림*, *~*을 단 끝까지 반복한
다. 4코 늘어남. 총 60코.
사이즈2: *겉뜨기8, M1L코늘림*, *~*을 단 끝까-지 반복한
다. 8코 늘어남. 총 72코.
사이즈3: *겉뜨기6, M1L코늘림*, *~*을 단 끝까지 반복한
다. 12코 늘어남. 총 84코.

도안이 지시하는 곳에서 바탕실과 배색실1, 배색실2를 연결
하며, 배색뜨기 무늬도안A(135쪽) 1~26단을 뜬다. 무늬도안
을 각 단마다 5 (6, 7)회 반복한다. 4단을 뜬 후 바탕실을 자
르고 23단에서 다시 연결한다. 24단을 뜬 후 배색실1을 자르
고, 25단을 뜬 후 배색실2를 자른다.

**바탕실을 사용해서 코를 2.25mm 바늘로 다시 옮기면서
다음과 같이 코줄임 단을 뜬다:**
사이즈1: *겉뜨기13, 왼코줄임*, *~*을 단 끝까지 반복한다.
4코 줄어듦. 총 56코.
사이즈2: *겉뜨기7, 왼코줄임*, *~*을 단 끝까지 반복한다.
8코 줄어듦. 총 64코.
사이즈3: *겉뜨기5, 왼코줄임*, *~*을 단 끝까지 반복한다.
12코 줄어듦. 총 72코.
겉뜨기로 22단 더 뜬다(약 5cm).
(양말을 더 짧게 뜨려면 22단을 다 뜨기 전에 원하는 길이에
서 멈추고, 더 길게 뜨려면 계속해서 바탕실을 사용해 원하
는 양말목 길이까지 겉뜨기한다. 두 번째 양말을 동일하게
뜰 수 있게 몇 단을 더 떴는지 기록한다.)
바탕실을 자른다.

고무뜨기 힐플랩

힐플랩은 배색실1을 사용해서 바늘1의 28 (32, 36)코를 가지
고 편물을 뒤집어가며 평면뜨기한다. 바늘2에는 발등 28 (32,
36)코가 있다. 단 시작의 표시링을 제거한다.
1단(겉면): *안뜨기하듯이 1코걸러뜨기, 겉뜨기1*, *~*을 단
끝까지 반복한다. 편물을 뒤집는다.
2단(안면): 안뜨기하듯이 1코걸러뜨기, 단 끝까지 안뜨기한
다. 편물을 뒤집는다.
1~2단을 총 28 (32, 36)단 뜨는데 마지막으로 뜨는 단이 안
면(안뜨기) 단이 되도록 끝낸다. 힐턴을 완성한 후 주울 수
있는 가장자리 14 (16, 18)코가 있을 것이다.

힐턴

계속해서 배색실1을 사용해 되돌아뜨기로 뒤꿈치 경사를 만들 것이다.

1단(겉면): 1코걸러뜨기, 겉뜨기15 (18, 20), 오른코줄임, 겉뜨기1. 편물을 뒤집는다.

2단(안면): 1코걸러뜨기, 안뜨기5 (7, 7), 안뜨기로 2코모아뜨기, 안뜨기1. 편물을 뒤집는다.

3단(겉면): 1코걸러뜨기, 겉뜨기6 (8, 8), 오른코줄임, 겉뜨기1. 편물을 뒤집는다.

4단(안면): 1코걸러뜨기, 안뜨기7 (9, 9), 안뜨기로 2코모아뜨기, 안뜨기1. 편물을 뒤집는다.

계속해서 이 규칙대로 뜬다: 1코걸러뜨기, 이전 단에서 편물을 뒤집어서 생긴 구멍 1코 전까지 겉뜨기 또는 안뜨기, 구멍을 막기 위해 오른코줄임 또는 안뜨기로 2코모아뜨기, 겉뜨기1 또는 안뜨기1. 편물을 뒤집는다. (**사이즈1만 해당:** 마지막 2단은 오른코줄임 또는 안뜨기로 2코모아뜨기로 끝날 것이다. 겉뜨기1 또는 안뜨기1을 뜰 남은 코가 없을 것이다.) 계속해서 모든 코를 작업할 때까지 진행하고 마지막으로 뜨는 단이 안면에서 안뜨기 단이 되도록 끝낸다. 겉면이 보이도록 편물을 뒤집는다. 이제 바늘1에 16 (20, 22)코 남아 있다.

거싯

바탕실을 사용해서, 이제 힐플랩의 양쪽 가장자리를 따라서 코를 주울 것이다.

배색실1을 사용해서, 뒤꿈치 코를 겉뜨기하는데, 8 (10, 11)코 (중간 지점) 뜬 후 단 시작 표시링을 건다. 배색실1을 자른다. 바탕실을 다시 연결해서, 힐플랩의 가장자리를 따라 14 (16, 18)코를 꼬아뜨기로 줍는다. 모서리에 구멍이 생기지 않게 힐플랩과 발등 사이 모서리에서 1코 더 줍는다. 다음 단의 어디서 코줄임할지 알아볼 수 있게 여기에 표시링을 건다. 또는 뒤꿈치/거싯 코와 발등 코를 각각 다른 바늘에 나눈다.

쉼코로 둔 바늘2의 발등 28 (32, 36)코를 겉뜨기한다. 발등 코를 뜬 후 전과 동일한 방법으로 표시링을 또 건다.

모서리에서 1코 줍고 힐플랩의 가장자리를 따라 14 (16, 18)코를 꼬아뜨기로 줍는다. 단 시작 표시링을 만날 때까지 뒤꿈치의 첫 번째 절반을 겉뜨기한다.

이제 뒤꿈치/거싯에 총 46 (54, 60)코, 발등에 28 (32, 36)코 있다. 이제 다시 모든 코를 사용해서 원통뜨기할 것이다. 바늘에 총 74 (86, 96)코 있다.

거싯 코줄임

1단: 첫 번째 표시링 3코 전까지(매직루프 기법을 사용한다면 바늘1 끝까지) 겉뜨기하고 왼코줄임, 겉뜨기1, 표시링 옮긴다. 두 번째 표시링을 만날 때까지(매직루프 기법을 사용한다면, 바늘1 시작까지) 발등 코를 겉뜨기한다, 표시링 옮긴다. 겉뜨기1, 오른코줄임. 단 시작 표시링까지 겉뜨기한다. 2코 줄어듦.

2단: 모든 코 겉뜨기한다.

계속해서 뒤꿈치/거싯 코가 28 (32, 36)코로 줄어들 때까지 1~2단을 반복한다.

발등 28 (32, 36)코는 바늘2에 남아 있다. 이제 총 56 (64, 72)코 있다.

발

계속해서 바탕실을 사용해, 발 길이가 원하는 완성품 길이에서 약 11.5 (12, 13)cm 모자랄 때까지 매 단 겉뜨기한다.

바탕실을 사용해서 2.5mm 바늘로 코를 옮기면서 다음과 같이 코늘림 단을 뜬다:

사이즈1: *겉뜨기14, M1L코늘림*, *~*을 단 끝까지 반복한다. 4코 늘어남. 총 60코.

사이즈2: *겉뜨기8, M1L코늘림*, *~*을 단 끝까지 반복한다. 8코 늘어남. 총 72코.

사이즈3: *겉뜨기6, M1L코늘림*, *~*을 단 끝까지 반복한다. 12코 늘어남. 총 84코.

바탕실을 사용해 도안이 지시하는 곳에서 배색실1, 배색실2를 연결하면서, 배색뜨기 무늬도안B(135쪽) 1~24단을 뜬다. 무늬도안은 각 단마다 5 (6, 7)회 반복한다. 4단을 뜬 후 바탕실을 자르고 21단에서 다시 연결한다. 22단을 뜬 후 배색실1을 자르고, 23단을 뜬 후 배색실2를 자른다.

코를 다시 2.25mm 바늘로 옮기면서 바탕실을 사용해 다음과 같이 코줄임 단을 뜬다:

사이즈1: *겉뜨기13, 왼코줄임*, *~*을 단 끝까지 반복한다. 4코 줄어듦. 총 56코.

사이즈2: *겉뜨기7, 왼코줄임*, *~*을 단 끝까지 반복한다. 8코 줄어듦. 총 64코.

사이즈3: *겉뜨기5, 왼코줄임*, *~*을 단 끝까지 반복한다. 12코 줄어듦. 총 72코.

바탕실을 자른다.

발끝

이제 코는 바늘1과 바늘2에 동일하게 나뉘어 있다. 바늘1에는 발바닥 28 (32, 36)코가 있고, 단 시작 표시링 양쪽에 각각 14 (16, 18)코씩 있다. 바늘2에는 발등 28 (32, 36)코가 있다.

배색실1을 사용해서 단 시작 표시링에서 시작한다:

1단(코줄임 단):

바늘1: 3코 남을 때까지 겉뜨기, 왼코줄임, 겉뜨기1.

바늘2: 겉뜨기1, 오른코줄임, 3코 남을 때까지 겉뜨기, 왼코줄임, 겉뜨기1.

바늘1: 겉뜨기1, 오른코줄임, 단 시작 표시링까지 겉뜨기.

4코 줄어듦.

2단: 모든 코 겉뜨기한다.

1~2단을 각 바늘에 20코 남을 때까지 반복한다(총 40코).

계속해서 각 바늘에 10코 남을 때까지 1단만 반복한다(매 단 코줄임한다)(총 20코).

단 시작 표시링을 제거한다. 양말 옆선을 만날 때까지 5코를 겉뜨기한다. 각 바늘의 10코를 메리야스잇기로 연결한다.

마무리

실끝을 정리한다. 두 번째 양말을 뜬다. 찬물에 부드럽게 손 빨래하고 평평하게 뉘어 말린다.

배색뜨기 무늬도안A

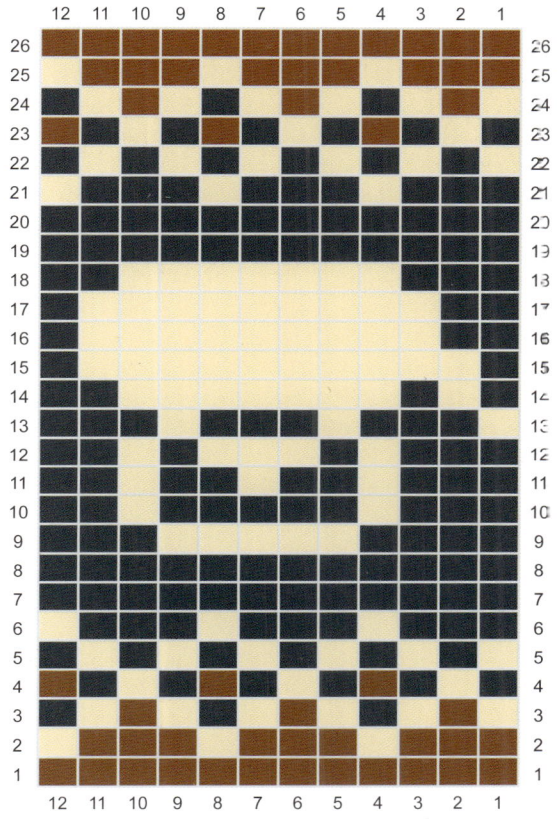

배색뜨기 무늬도안B

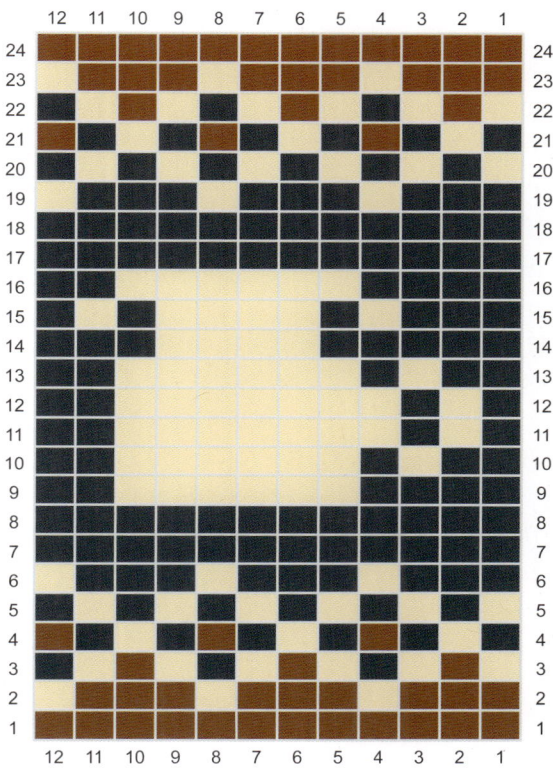

바탕실: 매드마티건

배색실1: 에브리싱스 코퍼세틱

배색실2: 덤플링

바탕실: 매드마티건

배색실1: 에브리싱스 코퍼세틱

배색실2: 덤플링

여름엔 수박
Melondrama

무더운 여름날에는 신선하고 즙이 많은 수박만큼 좋은 게 없습니다. 그 밝고 강렬한 색상과 보기만 해도 즐거운 생김새, 그리고 달콤한 맛까지, 수박은 정말 매력적인 과일입니다. 수박은 92%가 물로 구성되어 있어, 상쾌함과 시원함을 원할 때 완벽한 선택이죠. 여름의 가장 더운 달에 항상 제철을 맞이하는 수박을 기억하며, 저는 이 과일에 헌정하는 재미있는 짧은 양말을 만들고 싶었습니다. 이 양말을 신을 때면, 여름휴가의 즐겁고 편안한 기분을 일 년 내내 느낄 수 있을 거예요.

양말 구조
이 짧은 양말은 위에서 아래로 내려 뜨며, 고무뜨기 발목단, 고무뜨기 힐플랩, 그리고 거싯이 있습니다. 큰 수박 조각 모티프가 배색 무늬로 양말 전체에 세 번 반복되며, 그 사이에는 메리야스뜨기 부분이 있습니다. 세 가지 색으로 뜨지만 각 단에서 두 가지 색만 사용하며, 수박 씨는 긴 플로트를 만들지 않도록 배치되어 있습니다.

사이즈
1 (2, 3)
발 둘레: 19.5~21 (24~26, 28~30)cm
완성치수: 17.5 (23, 26)cm
권장 여유분: 마이너스 2.5cm. 발 둘레는 발의 가장 넓은 부분을 잰다. 바늘 호수를 높이거나 낮춰서 더 크거나 더 작은 사이즈를 뜰 수 있다.
양말목/발 길이는 쉽게 조정할 수 있다. 자세한 내용은 만드는 법을 참고할 것.
사진 속 작품은 사이즈2(US 8.5/EU 39/UK 6), 발 둘레 22.5cm로 떴다.

재료

실
핑거링 굵기, PRU 얀의 소울(슈퍼워시 메리노 울 85%, 나일론 15%), 1타래 400m 100g

사진 속 작품에서는 다음 색상을 사용
바탕실: 애틀랜틱Atlantic 1타래
배색실1: 포이즌Poison 1타래
배색실2: 워터멜론슈거팝Watermelonsugarpop 1타래
같은 게이지 치수를 얻을 수 있다면 핑거링 굵기의 실은 무엇이든 사용할 수 있다.

바늘
고무뜨기, 메리야스뜨기, 배색뜨기에 사용: 2.25mm
80cm 길이 줄바늘(매직루프)/23cm 길이 줄바늘 1개 또는 2개/장갑바늘 중 선호하는 바늘 사용
주의사항: 잘 맞는 양말을 뜨기 위해 게이지를 체크할 것. 바늘 호수를 높이거나 낮춰서 추가 사이즈를 뜰 수 있다.

부자재
표시링, 가위, 돗바늘

게이지
36코×44단=10cm×10cm 고무뜨기와 메리야스뜨기
36코×44단=10cm×10cm 배색뜨기

팁 & 스페셜 기법
배색뜨기 다시 보기(8쪽)
발끝 메리야스잇기(186쪽)
주요 기법(184쪽 참고)

만드는 법

발목단

배색실1과 2.25mm 바늘을 사용해서 56 (64, 72)코 만든다. 2개의 바늘에 동일하게 콧수를 나눈다. 장갑바늘을 사용할 경우, 3개(또는 4개)의 바늘에 동일하게 콧수를 나눠 옮긴다. 단 시작에 표시링을 건다. 코가 꼬이지 않도록 조심하며 원통으로 잇는다.

고무뜨기 단: *겉뜨기1, 안뜨기1*, *~*을 단 끝까지 반복한다. 배색실1을 자른다.

배색실2를 사용해서, 고무뜨기로 2단 뜬다. 배색실2를 자른다.

바탕실을 사용해서, 고무뜨기로 5단 뜬다.

코를 만든 가장자리부터 총 8단 떴다(약 2.5cm).

양말목

바탕실을 사용해서 겉뜨기로 1단 뜬다.

바탕실을 사용해서 다음과 같이 코늘림 단을 뜬다:

사이즈1: *겉뜨기7, M1L코늘림*, *~*을 단 끝까지 반복한다. 8코 늘어남. 총 64코.

사이즈2: *겉뜨기4, M1L코늘림*, *~*을 단 끝까지 반복한다. 16코 늘어남. 총 80코.

사이즈3: *겉뜨기3, M1L코늘림*, *~*을 단 끝까지 반복한다. 24코 늘어남. 총 96코.

이제 도안이 지시하는 곳에서 배색실1, 배색실2를 연결하며, 배색뜨기 무늬도안(141쪽) 1~16단을 뜬다. 각 단마다 무늬도안을 4 (5, 6)회 반복한다. 13단을 뜬 후 배색실2를 자르고, 무늬도안을 완성하면 배색실1을 자른다.

바탕실을 사용해서 다음과 같이 코줄임 단을 뜬다.

사이즈1: *겉뜨기6, 왼코줄임*, *~*을 단 끝까지 반복한다. 8코 줄어듦. 총 56코.

사이즈2: *겉뜨기3, 왼코줄임*, *~*을 단 끝까지 반복한다. 16코 줄어듦. 총 64코.

사이즈3: *겉뜨기2, 왼코줄임*, *~*을 단 끝까지 반복한다. 24코 줄어듦. 총 72코.

겉뜨기로 3단 더 뜨고, 이어서 힐플랩 지시사항을 따라 진행한다.

바탕실을 자른다.

고무뜨기 힐플랩

힐플랩은 배색실2를 사용해서 바늘1의 28 (32, 36)코를 가지고 편물을 뒤집어가며 평면뜨기한다. 바늘2에는 발등 28 (32, 36)코가 있다. 단 시작의 표시링을 제거한다.

1단(겉면): *안뜨기하듯이 1코걸러뜨기, 겉뜨기1*, *~*을 단 끝까지 반복한다. 편물을 뒤집는다.

2단(안면): 안뜨기하듯이 1코걸러뜨기, 단 끝까지 안뜨기한다. 편물을 뒤집는다.

1~2단을 총 28 (32, 36)단 뜨는데 마지막으로 뜨는 단이 안면(안뜨기) 단이 되도록 끝낸다. 힐턴을 완성한 후 주울 수 있는 가장자리 14 (16, 18)코가 있을 것이다.

힐턴

계속해서 배색실2를 사용해 되돌아뜨기로 뒤꿈치 경사를 만들 것이다.

1단(겉면): 1코걸러뜨기, 겉뜨기15 (18, 20), 오른코줄임, 겉뜨기1. 편물을 뒤집는다.

2단(안면): 1코걸러뜨기, 안뜨기5 (7, 7), 안뜨기로 2코모아뜨기, 안뜨기1. 편물을 뒤집는다.

3단(겉면): 1코걸러뜨기, 겉뜨기6 (8, 8), 오른코줄임, 겉뜨기1. 편물을 뒤집는다.

4단(안면): 1코걸러뜨기, 안뜨기7 (9, 9), 안뜨기로 2코모아뜨기, 안뜨기1. 편물을 뒤집는다.

계속해서 이 규칙대로 뜬다: 1코걸러뜨기, 이전 단에서 편물을 뒤집어서 생긴 구멍 1코 전까지 겉뜨기 또는 안뜨기, 구멍을 막기 위해 오른코줄임 또는 안뜨기로 2코모아뜨기, 겉뜨기1 또는 안뜨기1. 편물을 뒤집는다. (**사이즈1만 해당:** 마지막 2단은 오른코줄임 또는 안뜨기로 2코모아뜨기로 끝날 것이다. 겉뜨기1 또는 안뜨기1을 뜰 남은 코가 없을 것이다.) 계속해서 모든 코를 작업할 때까지 진행하고 마지막으로 뜨는 단이 안면에서 안뜨기 단이 되도록 끝낸다. 겉면이 보이도록 편물을 뒤집는다. 이제 바늘1에 16 (20, 22)코 있다.

거싯

뒤꿈치 코를 걷뜨기하는데, 8 (10, 11)코(중간 지점) 뜬 후 단 시작 표시링을 건다. 배색실2를 자른다.

바탕실을 다시 연결해서, 이제 힐플랩의 양쪽 가장자리를 따라서 코를 주울 것이다.
힐플랩의 가장자리를 따라 14 (16, 18)코를 꼬아뜨기로 줍는다. 모서리에 구멍이 생기지 않게 힐플랩과 발등 사이 모서리에서 1코 더 줍는다. 다음 단의 어디서 코줄임할지 알아볼 수 있게 여기에 표시링을 건다. 또는 뒤꿈치/거싯 코와 발등 코를 각각 다른 바늘에 나눈다.
쉼코로 둔 바늘2의 발등 28 (32, 36)코를 걷뜨기한다. 발등 코를 뜬 후 전과 동일한 방법으로 표시링을 또 건다.
모서리에서 1코 줍고 힐플랩의 가장자리를 따라 14 (16, 18)코를 꼬아뜨기로 줍는다. 단 시작 표시링을 만날 때까지 뒤꿈치의 첫 번째 절반을 걷뜨기한다.
이제 뒤꿈치/거싯에 총 46 (54, 60)코, 발등에 28 (32, 36)코 있다. 이제 다시 모든 코를 사용해서 원통뜨기할 것이다. 바늘에 총 74 (86, 96)코 있다.

거싯 코줄임

1단: 첫 번째 표시링 3코 전까지(매직루프 기법을 사용한다면 바늘1 끝까지) 걷뜨기하고 왼코줄임, 걷뜨기1, 표시링 옮긴다. 두 번째 표시링을 만날 때까지(매직루프 기법을 사용한다면 바늘1 시작까지) 발등 코를 걷뜨기한다, 표시링 옮긴다. 걷뜨기1, 오른코줄임. 단 시작 표시링까지 걷뜨기한다. 2코 줄어듦.
2단: 모든 코 걷뜨기한다.
계속해서 뒤꿈치/거싯 코가 28 (32, 36)코로 줄어들 때까지 1~2단을 반복한다.
발등 28 (32, 36)코는 바늘2에 남아 있다. 이제 총 56 (64, 72)코 있다.
거싯 코줄임을 완성하면, (발바닥 코를 쉼코로 두었던) 바늘1 시작까지 걷뜨기하고, 단 시작 표시링을 (뒤꿈치를 시작하기 전) 원래 위치로 옮긴다.

발(모든 사이즈)

바탕실을 사용해서 다음과 같이 코늘림 단을 뜬다:
사이즈1: *걷뜨기7, M1L코늘림*, *~*을 단 끝까지 반복한다. 8코 늘어남. 총 64코.
사이즈2: *걷뜨기4, M1L코늘림*, *~*을 단 끝까지 반복한다. 16코 늘어남. 총 80코.
사이즈3: *걷뜨기3, M1L코늘림*, *~*을 단 끝까지 반복한다. 24코 늘어남. 총 96코.
도안이 지시하는 곳에서 배색실1과 배색실2를 연결하며, 배색뜨기 무늬도안(141쪽) 1~16단을 뜬다. 무늬도안은 각 단마다 4 (5, 6)회 반복한다. 13단을 뜬 후 배색실2를 자르고, 무늬도안을 완성하면 배색실1을 자른다.

바탕실을 사용해서 다음과 같이 코줄임 단을 뜬다:
사이즈1: *걷뜨기6, 왼코줄임*, *~*을 단 끝까지 반복한다. 8코 줄어듦. 총 56코.
사이즈2: *걷뜨기3, 왼코줄임*, *~*을 단 끝까지 반복한다. 16코 줄어듦. 총 64코.
사이즈3: *걷뜨기2, 왼코줄임*, *~*을 단 끝까지 반복한다. 24코 줄어듦. 총 72코.
계속해서 바탕실을 사용해, 발 길이가 원하는 완성품 길이에서 9 (10, 11)cm 모자랄 때까지 매 단 걷뜨기한다.

바탕실을 사용해서 다음과 같이 코늘림 단을 뜬다:
사이즈1: *걷뜨기7, M1L코늘림*, *~*을 단 끝까지 반복한다. 8코 늘어남. 총 64코.
사이즈2: *걷뜨기4, M1L코늘림*, *~*을 단 끝까지 반복한다. 16코 늘어남. 총 80코.
사이즈3: *걷뜨기3, M1L코늘림*, *~*을 단 끝까지 반복한다. 24코 늘어남. 총 96코.
도안이 지시하는 곳에서 배색실1과 배색실2를 연결하며, 배색뜨기 무늬도안(141쪽) 1~16단을 뜬다. 무늬도안은 각 단마다 4 (5, 6)회 반복한다. 13단을 뜬 후 배색실2를 자르고, 무늬도안을 완성하면 배색실1을 자른다.

바탕실을 사용해서 다음과 같이 코줄임 단을 뜬다:
사이즈1: *겉뜨기6, 왼코줄임*, *~*을 단 끝까지 반복한다.
8코 줄어듦. 총 56코.
사이즈2: *겉뜨기3, 왼코줄임*, *~*을 단 끝까지 반복한다.
16코 줄어듦. 총 64코.
사이즈3: *겉뜨기2, 왼코줄임*, *~*을 단 끝까지 반복한다.
24코 줄어듦. 총 72코.
발 길이가 원하는 완성품 길이에서 3 (4, 4.5)cm 모자란지
확인한다. 발끝을 시작하기에 필요한 치수가 되지 않는다면,
원하는 치수까지 바탕실을 사용해 몇 단 더 겉뜨기한다.

발끝
이제 바늘1과 바늘2에 동일한 콧수가 있어야 한다. 단 시작
표시링을 제거한다. 바늘1에는 발바닥 28 (32, 36)코가 있다.
바늘2에는 발등 28 (32, 36)코가 있다.
배색실1과 바늘1을 사용해서 14 (16, 18)코 겉뜨기한다. 방금
뜬 코 다음에 단 시작 표시링을 건다. 이곳은 발바닥 부분인
바늘1의 가운데여야 한다.
바늘1에는 단 시작 표시링 양쪽에 14 (16, 18)코씩 발바닥 28
(32, 36)코가 있다. 바늘2에는 발등 28 (32, 36)코가 있다.

배색실1을 사용해서 단 시작 표시링에서 시작한다:
1단(코줄임 단):
　　바늘1: 3코 남을 때까지 겉뜨기, 왼코줄임, 겉뜨기1.
　　바늘2: 겉뜨기1, 오른코줄임, 3코 남을 때까지 겉뜨기,
　　왼코줄임, 겉뜨기1.
　　바늘1: 겉뜨기1, 오른코줄임, 단 시작 표시링까지 겉뜨기.
　　4코 줄어듦.
2단: 모든 코 겉뜨기한다.
1~2단을 각 바늘에 20코 남을 때까지 반복한다(총 40코).
계속해서 각 바늘에 10코 남을 때까지 1단만 반복한다(매 단
코줄임한다)(총 20코).
단 시작 표시링을 제거한다. 양말 옆선을 만날 때까지 5코를
겉뜨기한다. 각 바늘의 10코를 메리야스잇기로 연결한다.

마무리
실끝을 정리한다. 두 번째 양말을 뜬다. 찬물에 부드럽게 손
빨래하고 평평하게 뉘어 말린다.

배색뜨기 무늬도안

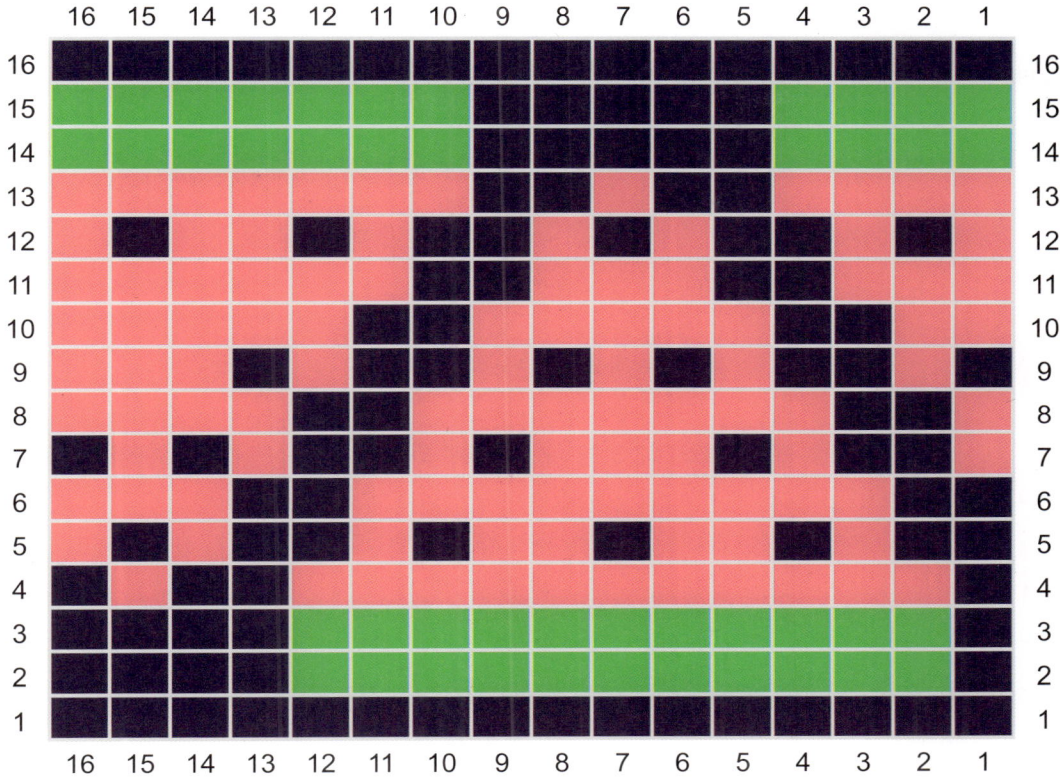

■ 바탕실: 애틀랜틱

■ 배색실1: 포이즌

■ 배색실2: 워터멜론슈거팝

단순한 취미가 아니야
It's Not Just a Hobby

많은 사람에게 뜨개질은 단순한 취미가 아니라 라이프스타일입니다! 우리가 좋아하는 다른 여러 가지 취미도 마찬가지죠. 물론 저에게는 뜨개질이 제1의 취미지만, 가족과 친구들의 다양한 활동에서 영감을 얻어 재미있는 양말을 디자인하게 되었습니다. 제 주변에는 게임을 좋아하는 사람이 많아서, 그들이 좋아하는 활동을 즐기며 신을 양말을 만들어주고 싶었어요. 만약 당신이 게임을 좋아하지 않더라도, 색감이 풍부한 '레트로 게임'(157쪽) 양말을 거부할 수 있을까요? 아니면 우리가 즐겨 하는 보드게임에서 영감을 받은 쉽게 뜰 수 있는 '체크메이트'(151쪽) 양말은 어떨까요? 저는 캠핑을 그다지 좋아하지 않지만, 캠핑을 사랑하는 사람들을 위한 완벽한 야외용 양말인 '캠핑카를 세우면 어디든 집'(163쪽) 양말은 정말 마음에 듭니다. 또한 '패션은 나의 열정'(145쪽) 양말은 메이크업에 관심이 많거나 귀여운 립스틱과 입술 모양을 좋아하는 사람들에게 딱이에요! 신비롭고 초자연적인 것에 흥미를 느끼는 사람이라면, 마법을 부리거나 미래를 예언할 때 신을 '카드로 보는 운세'(169쪽) 양말을 놓칠 수 없겠죠! 여러분의 취미를 즐기며 신을 수 있는 양말을 찾길 바랍니다.

패션은 나의 열정
Fashion Is My Passion

열정을 쏟는 일은 무엇이든 취미라고 할 수 있습니다! 이 양말은 패션과 메이크업에 열정을 가진 사람들을 위한 양말입니다. 개인적으로는 이 분야에 뛰어난 재능이 있지는 않지만, 완벽하게 메이크업할 수 있는 사람들에게는 정말 감탄합니다. 저는 립스틱을 사랑하는 친구들을 위해 재미있는 양말이 필요하다고 생각했어요. 또한 이 양말은 제 헤어디자이너 선생님에게 바치는 것이기도 해요. 제가 소셜미디어에 맨얼굴로 찍은 사진을 올렸을 때 그녀는 "다시는 립스틱을 바르지 않은 사진을 올리지 말아요!"라고 단호하게 말했거든요. 이 충고는 공개적으로 사진을 게시할 때마다 제 머릿속에 계속 맴돈답니다. 이제 이 재미있는 양말을 신으면 그때의 기억이 떠오를 것 같아요!

양말 구조

이 양말은 위에서 아래로 내려 뜨며, 고무뜨기 발목단에서 시작하여 되돌아뜨기 뒤꿈치가 있습니다. 재미있고 쉽게 뜰 수 있는 립스틱 모티프 무늬에 이어 다채로운 입술 무늬가 양말목과 발 전체에 반복됩니다. 이 도안에서는 한 단에 두 가지 색만 사용됩니다. 무늬 도안을 발 길이에 맞게 완성하면, 발끝에서 코를 줄인 다음 메리야스잇기로 마무리합니다.

사이즈

1 (2, 3)
발 둘레: 19~21 (22.5~24.5, 26~28)cm
완성치수: 17.5 (21, 25)cm
권장 여유분: 마이너스 2.5cm. 발 둘레는 발의 가장 넓은 부분을 잰다. 바늘 호수를 높이거나 낮춰서 더 크거나 더 작은 사이즈를 뜰 수 있다.
양말목/발 길이는 쉽게 조정할 수 있다. 자세한 내용은 만드는 법을 참고할 것.
사진 속 작품은 사이즈2(US 8.5/EU 39/UK 6), 발 둘레 22.5cm로 떴다.

재료

실

바탕실, 배색실1, 배색실2: 핑거링 굵기, 하우스 오브 아라모드의 하우스 핑거링 2ply(슈퍼워시 메리노 울 80%, 나일론 20%), 1타래 365m 100g
배색실3: 핑거링 굵기, 필콜라나의 아르웨타 클래식(슈퍼워시 메리노 울 80%, 나일론 20%), 1타래 210m 50g

사진 속 작품에서는 다음 색상을 사용

바탕실: 인투더우즈Into the Woods 1타래
배색실1: 이스케이프Escape 1타래
배색실2: 로드트립Road Trip 1타래
배색실3: 차콜Charcoal 956(멜란지) 1타래
같은 게이지 치수를 얻을 수 있다면 핑거링 굵기의 실은 무엇이든 사용할 수 있다.

바늘

고무뜨기와 메리야스뜨기에 사용: 2.25mm
80cm 길이 줄바늘(매직루프)/23cm 길이 줄바늘 1개 또는 2개/장갑바늘 중 선호하는 바늘 사용
배색뜨기에 사용: 2.5mm
80cm 길이 줄바늘(매직루프)/23cm 길이 줄바늘 1개 또는 2개/장갑바늘 중 선호하는 바늘 사용
주의사항: 잘 맞는 양말을 뜨기 위해 게이지를 체크할 것. 바늘 호수를 높이거나 낮춰서 추가 사이즈를 뜰 수 있다.

부자재

표시링, 가위, 돗바늘

게이지

34코×44단=10cm×10cm 고무뜨기와 메리야스뜨기
34코×38단=10cm×10cm 배색뜨기

팁 & 스페셜 기법

배색뜨기 다시 보기(8쪽)

발끝 메리야스잇기(186쪽)

주요 기법(184쪽 참고)

만드는 법

발목단

배색실1과 2.25mm 바늘을 사용해서 56 (64, 72)코 만든다. 2개의 바늘에 동일하게 콧수를 나눈다. 장갑바늘을 사용할 경우, 3개(또는 4개)의 바늘에 동일하게 콧수를 나눠 옮긴다. 단 시작에 표시링을 건다. 코가 꼬이지 않도록 조심하며 원통으로 잇는다.

고무뜨기 단: *겉뜨기1, 안뜨기1*, *~*을 단 끝까지 반복한다. 배색실1을 자른다.

바탕실을 사용해서 고무뜨기로 총 13단 뜬다(약 4cm).

양말목

바탕실을 사용해서 겉뜨기로 1단 뜬다.

바탕실을 사용해서 코를 2.5mm 바늘로 옮기면서 다음과 같이 코늘림 단을 뜬다:

사이즈1: *겉뜨기14, M1L코늘림*, *~*을 단 끝까지 반복한다. 4코 늘어남. 총 60코.

사이즈2: *겉뜨기8, M1L코늘림*, *~*을 단 끝까지 반복한다. 8코 늘어남. 총 72코.

사이즈3: *겉뜨기6, M1L코늘림*, *~*을 단 끝까지 반복한다. 12코 늘어남. 총 84코.

도안이 지시하는 곳에서 배색실1, 배색실2, 배색실3을 연결하며, 배색뜨기 무늬도안(149쪽) 1~36단을 뜬다. 무늬도안을 각 단마다 5 (6, 7)회 반복한다. 36단을 완성하면, 계속해서 되돌아뜨기 뒤꿈치 섹션을 진행한다.

되돌아뜨기 뒤꿈치

이제 바탕실을 사용해서 2.25mm 바늘1만 가지고, 선택한 사이즈에 맞는 뒤꿈치 지시사항을 따라 뜰 것이다.

사이즈1(바늘1에 30코 있음):

1단(겉면): 1코걸러뜨기, [겉뜨기12, 왼코줄임]을 2회 반복. 안면이 보이도록 편물을 뒤집는다(1코는 뜨지 않고 둔다). 2코 줄어듦. 이제 뒤꿈치에 총 28코 있다.

2단(안면): 1코걸러뜨기, 안뜨기25(끝의 1코는 뜨지 않고 둔다). 겉면이 보이도록 편물을 뒤집는다.

3단: 1코걸러뜨기, 겉뜨기24(끝의 2코는 뜨지 않고 둔다). 편물을 뒤집는다.

4단: 1코걸러뜨기, 안뜨기23(구멍 1코 전까지). 편물을 뒤집는다.

5단: 1코걸러뜨기, 겉뜨기22(구멍 1코 전까지). 편물을 뒤집는다.

6단: 1코걸러뜨기, 안뜨기21(구멍 1코 전까지). 편물을 뒤집는다.

7단: 1코걸러뜨기, 구멍 1코 전까지 겉뜨기. 편물을 뒤집는다.

8단: 1코걸러뜨기, 구멍 1코 전까지 안뜨기. 편물을 뒤집는다.

7~8단을 5회 더 반복한다.

19단: 1코걸러뜨기, 구멍 1코 전까지 겉뜨기. 편물을 뒤집는다.

20단: 1코걸러뜨기, 안뜨기7.

중심에는 안뜨기 8코가 있고 그 양옆에 뜨지 않은 코가 10코씩 있다. 편물을 뒤집는다.

이제 편물을 뒤집어서 생긴 구멍을 막으면서 뒤꿈치를 평면뜨기로 편물을 뒤집어가며 뜬다.

21단(겉면): 1코걸러뜨기, 겉뜨기6, (구멍 양옆의 각 1코를 이용해서) 오른코줄임, M1L코늘림. 편물을 뒤집는다.

22단(안면): 1코걸러뜨기, 안뜨기7, 안뜨기로 2코모아뜨기, M1P코늘림. 편물을 뒤집는다.

23단: 1코걸러뜨기, 겉뜨기8, 오른코줄임, M1L코늘림. 편물을 뒤집는다.

24단: 1코걸러뜨기, 안뜨기9, 안뜨기로 2코모아뜨기, M1P코늘림. 편물을 뒤집는다.

계속해서 이미 만들어진 규칙대로 14단 더 뜬다.

39단(겉면): 1코걸러뜨기, 겉뜨기24, 오른코줄임, M1L코늘림. 편물을 뒤집는다.

40단(안면): 1코걸러뜨기, 안뜨기25, 안뜨기로 2코모아뜨기, M1P코늘림. 편물을 뒤집는다.

41단(겉면): 1코걸러뜨기, [겉뜨기13, M1L코늘림]을 2회 반복, 겉뜨기1. 2코 늘어남.

이제 바늘1에 30코 있다.

계속해서 발 섹션(148쪽)을 진행한다.

사이즈2(바늘1에 36코 있음):

1단(겉면): 1코걸러뜨기, [겉뜨기6, 왼코줄임]을 4회 반복, 겉뜨기2. 안면이 보이도록 편물을 뒤집는다(1코는 뜨지 않고 둔다). 4코 줄어듦. 이제 뒤꿈치에 총 32코 있다.

2단(안면): 1코걸러뜨기, 안뜨기29(끝의 1코는 뜨지 않고 둔다). 겉면이 보이도록 편물을 뒤집는다.

3단: 1코걸러뜨기, 겉뜨기28(끝의 2코는 뜨지 않고 둔다). 편물을 뒤집는다.

4단: 1코걸러뜨기, 안뜨기27(구멍 1코 전까지). 편물을 뒤집는다.

5단: 1코걸러뜨기, 겉뜨기26(구멍 1코 전까지). 편물을 뒤집는다.

6단: 1코걸러뜨기, 안뜨기25(구멍 1코 전까지). 편물을 뒤집는다.

7단: 1코걸러뜨기, 구멍 1코 전까지 겉뜨기. 편물을 뒤집는다.

8단: 1코걸러뜨기, 구멍 1코 전까지 안뜨기. 편물을 뒤집는다.

7~8단을 5회 더 반복한다.

19단: 1코걸러뜨기, 구멍 1코 전까지 겉뜨기. 편물을 뒤집는다.

20단: 1코걸러뜨기, 안뜨기11.

중심에 안뜨기 12코가 있고 그 양옆에 뜨지 않은 코가 10코씩 있다. 편물을 뒤집는다.

이제 편물을 뒤집어서 생긴 구멍을 막으면서 뒤꿈치를 평면뜨기로 편물을 뒤집어가며 뜬다.

21단(겉면): 1코걸러뜨기, 겉뜨기10, (구멍 양쪽의 각 1코를 이용해서) 오른코줄임, M1L코늘림. 편물을 뒤집는다.

22단(안면): 1코걸러뜨기, 안뜨기11, 안뜨기로 2코모아뜨기, M1P코늘림. 편물을 뒤집는다.

23단: 1코걸러뜨기, 겉뜨기12, 오른코줄임, M1L코늘림. 편물을 뒤집는다.

24단(안면): 1코걸러뜨기, 안뜨기13, 안뜨기로 2코모아뜨기, M1P코늘림. 편물을 뒤집는다.

계속해서 이미 만들어진 규칙대로 14단 더 뜬다.

39단(겉면): 1코걸러뜨기, 겉뜨기28, 오른코줄임, M1L코늘림. 편물을 뒤집는다.

40단(안면): 1코걸러뜨기, 안뜨기29, 안뜨기로 2코모아뜨기, M1P코늘림. 편물을 뒤집는다.

41단(겉면): [겉뜨기8, M1L코늘림]을 4회 반복한다. 4코 늘어남.

이제 바늘1에 36코 있다.

계속해서 발 섹션(148쪽)을 진행한다.

사이즈3(바늘1에 42코 있음):

1단(겉면): 1코걸러뜨기, [겉뜨기5, 왼코줄임]을 5회 반복, 겉뜨기3, 왼코줄임. 안면이 보이도록 편물을 뒤집는다(1코는 뜨지 않고 둔다). 6코 줄어듦. 이제 뒤꿈치에 총 36코 있다.

2단(안면): 1코걸러뜨기, 안뜨기33(끝의 1코는 뜨지 않고 둔다). 겉면이 보이도록 편물을 뒤집는다.

3단: 1코걸러뜨기, 겉뜨기32(끝의 2코는 뜨지 않고 둔다). 편물을 뒤집는다.

4단: 1코걸러뜨기, 안뜨기31(구멍 1코 전까지). 편물을 뒤집는다.

5단: 1코걸러뜨기, 겉뜨기30(구멍 1코 전까지). 편물을 뒤집는다.

6단: 1코걸러뜨기, 안뜨기29(구멍 1코 전까지). 편물을 뒤집는다.

7단: 1코걸러뜨기, 구멍 1코 전까지 겉뜨기. 편물을 뒤집는다.

8단: 1코걸러뜨기, 구멍 1코 전까지 안뜨기. 편물을 뒤집는다.

7~8단을 6회 더 반복한다.

21단: 1코걸러뜨기, 구멍 1코 전까지 겉뜨기. 편물을 뒤집는다.

22단: 1코걸러뜨기, 안뜨기13.

중심에 안뜨기 14코가 있고 그 양옆에 뜨지 않은 코가 11코씩 있다. 편물을 뒤집는다.

이제 편물을 뒤집어서 생긴 구멍을 막으면서 뒤꿈치를 평면 뜨기로 편물을 뒤집어가며 뜬다.

23단(겉면): 1코걸러뜨기, 겉뜨기12, (구멍 양쪽의 각 1코를 이용해서) 오른코줄임, M1L코늘림. 편물을 뒤집는다.

24단(안면): 1코걸러뜨기, 안뜨기13, 안뜨기로 2코모아뜨기, M1P코늘림. 편물을 뒤집는다.

25단: 1코걸러뜨기, 겉뜨기14, 오른코줄임, M1L코늘림. 편물을 뒤집는다.

26단: 1코걸러뜨기, 안뜨기15, 안뜨기로 2코모아뜨기, M1P코늘림. 편물을 뒤집는다.

계속해서 이미 만들어진 규칙대로 16단 더 뜬다.

43단(겉면): 1코걸러뜨기, 겉뜨기32, 오른코줄임, M1L코늘림. 편물을 뒤집는다.

44단(안면): 1코걸러뜨기, 안뜨기33, 안뜨기로 2코도아뜨기, M1P코늘림. 편물을 뒤집는다.

45단(겉면): 1코걸러뜨기, [겉뜨기5, M1L코늘림]을 6회 반복, 겉뜨기5. 6코 늘어남.

이제 바늘1에 42코 있다.

발(모든 사이즈)

다시 원통으로 연결해서 바탕실 및 2.5mm 바늘(또는 배색 뜨기 게이지 치수를 얻을 수 있는 호수의 바늘)을 사용해 뜬다. 단 시작 표시링까지 바늘2의 30 (36, 42)코를 겉뜨기한다(이것은 배색뜨기 무늬도안의 21단으로 셀 것이다).

바늘1로 시작해서, 배색뜨기 무늬도안을 22단에서 다시 시작하고 36단까지 뜬다. 계속해서 양말의 발 길이가 원하는 완성품 길이에서 약 3 (4, 4.5)cm 모자랄 때까지 필요하면 21~36단을 반복한다. 마지막으로 뜨는 단이 28단 혹은 36단이 되도록 끝낸다. 배색실을 자른다

바탕실을 사용해서 코를 2.25mm 바늘로 다시 옮기면서 다음과 같이 코줄임 단을 뜬다:

사이즈1: *겉뜨기13, 왼코줄임*, *~*을 단 끝까지 반복한다. 4코 줄어듦. 총 56코.

사이즈2: *겉뜨기7, 왼코줄임*, *~*을 단 끝까지 반복한다. 8코 줄어듦. 총 64코.

사이즈3: *겉뜨기5, 왼코줄임*, *~*을 단 끝까지 반복한다. 12코 줄어듦. 총 72코.

발끝

이제 바늘1과 바늘2에 동일한 콧수가 있어야 한다. 단 시작 표시링을 제거한다. 바늘1에는 발바닥 28 (32, 36)코가 있다. 바늘2에는 발등 28 (32, 36)코가 있다.

바탕실과 바늘1을 사용해서 14 (16, 18)코 겉뜨기한다. 방금 뜬 코 다음에 단 시작 표시링을 건다. 이곳은 발바닥 부분인 바늘1의 가운데여야 한다.

바탕실을 사용해서:

1단(코줄임 단):

　　바늘1: 3코 남을 때까지 겉뜨기, 왼코줄임, 겉뜨기1.

　　바늘2: 겉뜨기1, 오른코줄임, 3코 남을 때까지 겉뜨기, 왼코줄임, 겉뜨기1.

　　바늘1: 겉뜨기1, 오른코줄임, 단 시작 표시링까지 겉뜨기. 4코 줄어듦.

2단: 모든 코 겉뜨기한다.

각 바늘에 20코 남을 때까지 1~2단을 반복한다(총 40코).

계속해서 각 바늘에 10코 남을 때까지 1단만 반복한다(매 단 코줄임한다)(총 20코).

단 시작 표시링을 제거한다. 양말의 옆선을 만날 때까지 5코 겉뜨기한다. 각 바늘에 남은 10코를 메리야스잇기로 연결한다.

마무리

실끝을 정리한다. 두 번째 양말을 뜬다. 찬물에 부드럽게 손빨래하고 평평하게 뉘어 말린다.

배색뜨기 무늬도안

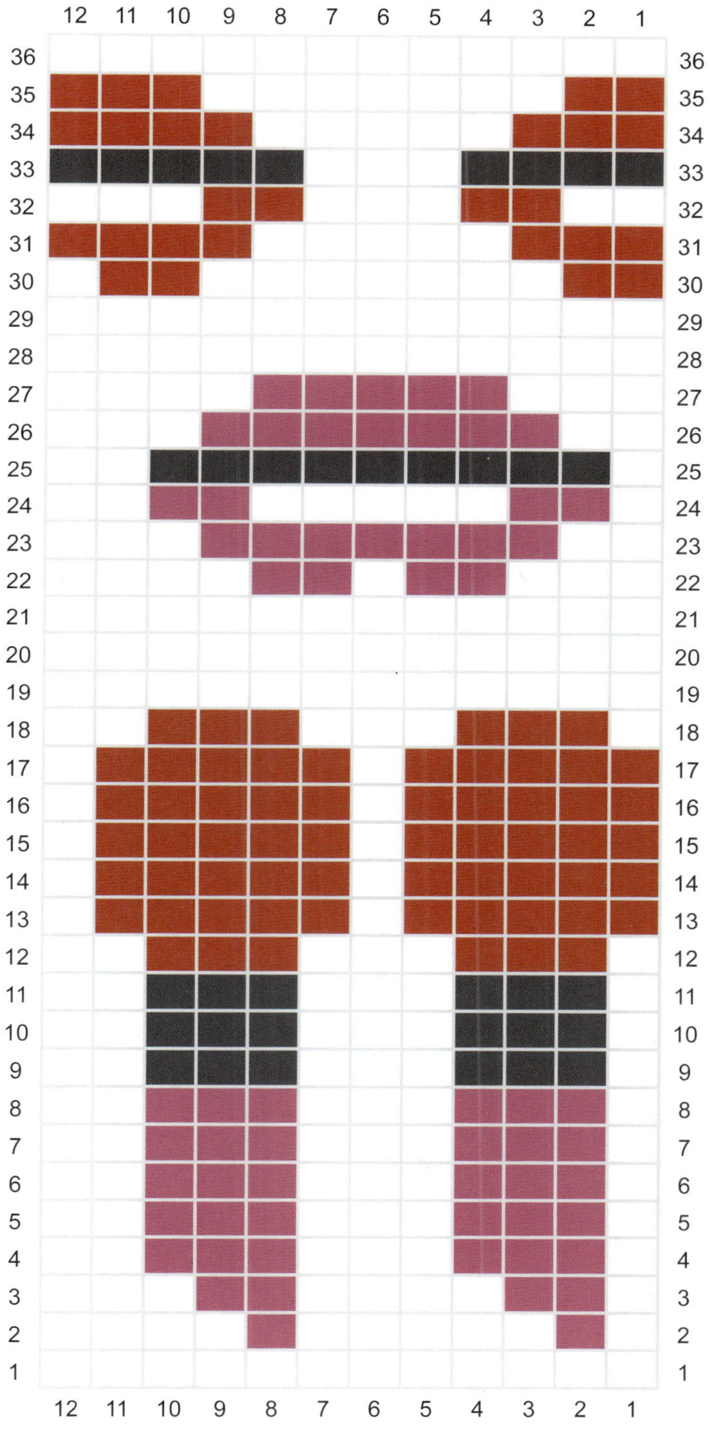

⬜	바탕실: 인투더우즈
🟥	배색실1: 이스케이프
🟪	배색실2: 로드트립
⬛	배색실3: 차콜

체크메이트
Checkmate

이 양말은 친구들과 가족과 함께 즐기는 보드게임에 대한 사랑을 기념하기 위해 디자인되었습니다. 체스를 좋아하는지는 차치하더라도, 함께 모여 보드게임을 하며 토내는 저녁시간의 단순한 즐거움을 포근하고 쉽게 뜰 수 있는 양말 한 켤레로 기념해야겠다고 생각했습니다! 처스판에서 디자인의 영감을 얻고 나서, 저는 이 간단한 무늬를 뜨는 동안 두 가지 평범한 색상 대신 그러데이션 바색실이 더 흥미로울 거라고 생각했습니다. 제 생각이 맞았음을 입증한 것 같아요! 이 양말 뜨기는 정말 재미있고 중독적인 작업이랍니다. 색상 변화를 보려고 한 켤레를 더 뜨고 싶어질 거예요. 그러데이션되는 색상을 똑같이 맞춰서 완전히 동일한 양말 한 켤레를 만들 수도 있고, 여기서 제가 한 것처럼 같은 실로 그러데이션이 다른 두 짝의 양말을 만들 수도 있습니다. 이렇게 하면 무서운 두 번째 양말 증후군을 완전히 피할 수 있답니다!

양말 구조
이 양말은 위에서 아래로 내려 뜨며 두 가지 실만 사용합니다. 고무뜨기 발목단에서 시작해, 양말목과 발 전체에 반복되는 재미있고 쉽게 뜰 수 있는 체크무늬가 있습니다. 되돌아뜨기 뒤꿈치가 있어서 발로 이어지는 배색 무늬는 방해받지 않고 뜰 수 있습니다. 마지막으로 발끝에서 코를 줄인 다음 메리야스잇기로 마무리합니다.

사이즈
1 (2, 3)
발 둘레: 19~21 (22.5~24.5, 26~28)cm
완성치수: 17.5 (21, 25)cm
권장 여유분: 마이너스 2.5cm. 발 둘레는 발의 가장 넓은 부분을 잰다. 바늘 호수를 높이거나 낮춰서 더 크거나 더 작은 사이즈를 뜰 수 있다.
양말목/발 길이는 쉽게 조정할 수 있다. 자세한 내용은 만드는 법을 참고할 것.

사진 속 작품은 사이즈2(US 8.5/EU 39/UK 6), 발 둘레 22.5cm로 떴다.

재료

실
바탕실: 핑거링 굵기, 랑 얀의 야볼 삭(울 75%, 나일론/폴리아미드 25%), 1타래 210m 50g
배색실: 핑거링 굵기, 해피 십의 매직 삭 울(슈퍼워시 울 70%, 폴리아미드 30%), 1타래 400m 100g

사진 속 작품에서는 다음 색상을 사용
바탕실: 블랙Black 04 2타래
배색실: 레인보Rainbow 01 1타래
같은 게이지 치수를 얻을 수 있다면 핑거링 굵기의 실은 무엇이든 사용할 수 있다. 그러데이션 양말 실은 쇼펠 볼레Schoppel Wolle의 차우버발Zauberball, 랑 얀의 야볼 매직 디그레이드Jawoll Magic Degrade 또는 니트픽스의 스트롤 그래디언트Stroll Gradient로 대체할 수 있다.

바늘
고무뜨기와 메리야스뜨기에 사용: 2.25mm
80cm 길이 줄바늘(매직루프)/23cm 길이 줄바늘 1개 또는 2개/장갑바늘 중 선호하는 바늘 사용
배색뜨기에 사용: 2.5mm
80cm 길이 줄바늘(매직루프)/23cm 길이 줄바늘 1개 또는 2개/장갑바늘 중 선호하는 바늘 사용
주의사항: 잘 맞는 양말을 뜨기 위해 게이지를 체크할 것. 바늘 호수를 높이거나 낮춰서 추가 사이즈를 뜰 수 있다.

부자재
표시링, 가위, 돗바늘

게이지

36코×44단=10cm×10cm 고무뜨기와 메리야스뜨기
34코×38단=10cm×10cm 배색뜨기

팁 & 스페셜 기법

배색뜨기 다시 보기(8쪽)
발끝 메리야스잇기(186쪽)
주요 기법(184쪽 참고)

만드는 법

발목단

바탕실과 2.25mm 바늘을 사용해서 56 (64, 72)코 만든다.
2개의 바늘에 동일하게 콧수를 나눈다. 장갑바늘을 사용할 경우, 3개(또는 4개)의 바늘에 동일하게 콧수를 나눠 옮긴다. 단 시작에 표시링을 건다. 코가 꼬이지 않도록 조심하며 원통으로 잇는다.
고무뜨기 단: *겉뜨기2, 안뜨기2*, *~*를 단 끝까지 반복한다.
2코고무뜨기로 총 12단 뜬다(약 4cm).

양말목

바탕실을 사용해서 겉뜨기로 1단 뜬다.

바탕실을 사용해서 코를 2.5mm 바늘로 옮기면서 다음과 같이 코늘림 단을 뜬다:
사이즈1: *겉뜨기14, M1L코늘림*, *~*을 단 끝까지 반복한다. 4코 늘어남. 총 60코.
사이즈2: *겉뜨기8, M1L코늘림*, *~*을 단 끝까지 반복한다. 8코 늘어남. 총 72코.
사이즈3: *겉뜨기6, M1L코늘림*, *~*을 단 끝까지 반복한다. 12코 늘어남. 총 84코.
이제 도안이 지시하는 곳에서 배색실을 연결하며, 배색뜨기 무늬도안(155쪽) 1~12단을 뜬다. 무늬도안을 각 단마다 5 (6, 7)회 반복한다. 1~12단을 2회 더 반복하고 1~6단을 뜬다.

되돌아뜨기 뒤꿈치

바탕실을 사용해서 2.25mm 바늘1만 가지고, 선택한 사이즈에 맞는 뒤꿈치 지시사항을 따라 뜰 것이다.

사이즈1(바늘1에 30코 있음):
1단(겉면): 1코걸러뜨기, [겉뜨기12, 왼코줄임]을 2회 반복. 안면이 보이도록 편물을 뒤집는다(1코는 뜨지 않고 둔다). 2코 줄어듦. 이제 뒤꿈치에 총 28코 있다.
2단(안면): 1코걸러뜨기, 안뜨기25(끝의 1코는 뜨지 않고 둔다). 겉면이 보이도록 편물을 뒤집는다.
3단: 1코걸러뜨기, 겉뜨기24(끝의 2코는 뜨지 않고 둔다). 편물을 뒤집는다.
4단: 1코걸러뜨기, 안뜨기23(구멍 1코 전까지). 편물을 뒤집는다.
5단: 1코걸러뜨기, 겉뜨기22(구멍 1코 전까지). 편물을 뒤집는다.
6단: 1코걸러뜨기, 안뜨기21(구멍 1코 전까지). 편물을 뒤집는다.
7단: 1코걸러뜨기, 구멍 1코 전까지 겉뜨기. 편물을 뒤집는다.
8단: 1코걸러뜨기, 구멍 1코 전까지 안뜨기. 편물을 뒤집는다.
7~8단을 5회 더 반복한다.
19단: 1코걸러뜨기, 구멍 1코 전까지 겉뜨기. 편물을 뒤집는다.
20단: 1코걸러뜨기, 안뜨기7.
중심에 안뜨기 8코가 있고 그 양옆에 뜨지 않은 코가 10코씩 있다. 편물을 뒤집는다.

이제 편물을 뒤집어서 생긴 구멍을 막으면서 뒤꿈치를 평면뜨기로 편물을 뒤집어가며 뜬다.
21단(겉면): 1코걸러뜨기, 겉뜨기6, (구멍 양옆의 각 1코를 이용해서) 오른코줄임, M1L코늘림. 편물을 뒤집는다.
22단(안면): 1코걸러뜨기, 안뜨기7, 안뜨기로 2코모아뜨기, M1P코늘림. 편물을 뒤집는다.
23단: 1코걸러뜨기, 겉뜨기8, 오른코줄임, M1L코늘림. 편물을 뒤집는다.
24단: 1코걸러뜨기, 안뜨기9, 안뜨기로 2코모아뜨기, M1P코늘림. 편물을 뒤집는다.
계속해서 이미 만들어진 규칙대로 14단 더 뜬다.

39단(겉면): 1코걸러뜨기, 겉뜨기24, 오른코줄임, M1L코늘림. 편물을 뒤집는다.
40단(안면): 1코걸러뜨기, 안뜨기25, 안뜨기로 2코모아뜨기, M1P코늘림. 편물을 뒤집는다.
41단(겉면): 1코걸러뜨기, [겉뜨기13, M1L코늘림]을 2회 반복, 겉뜨기1. 2코 늘어남. 편물을 뒤집는다.
이제 바늘1에 30코 있다.
42단(안면): 1코 걸러뜨기, 안뜨기29, 편물을 뒤집는다.
계속해서 발 섹션(154쪽)을 진행한다.

사이즈2(바늘1에 36코 있음):
1단(겉면): 1코걸러뜨기, [겉뜨기6, 왼코줄임]을 4회 반복, 겉뜨기2. 안면이 보이도록 편물을 뒤집는다(1코는 뜨지 않고 둔다). 4코 줄어듦. 이제 뒤꿈치에 총 32코 있다.
2단(안면): 1코걸러뜨기, 안뜨기29(끝의 1코는 뜨지 않고 둔다). 겉면이 보이도록 편물을 뒤집는다.
3단: 1코걸러뜨기, 겉뜨기28(끝의 2코는 뜨지 않고 둔다). 편물을 뒤집는다.
4단: 1코걸러뜨기, 안뜨기27(구멍 1코 전까지). 편물을 뒤집는다.
5단: 1코걸러뜨기, 겉뜨기26(구멍 1코 전까지). 편물을 뒤집는다.
6단: 1코걸러뜨기, 안뜨기25(구멍 1코 전까지). 편물을 뒤집는다.
7단: 1코걸러뜨기, 구멍 1코 전까지 겉뜨기. 편물을 뒤집는다.
8단: 1코걸러뜨기, 구멍 1코 전까지 안뜨기. 편물을 뒤집는다.
7~8단을 5회 더 반복한다.
19단: 1코걸러뜨기, 구멍 1코 전까지 겉뜨기. 편물을 뒤집는다.
20단: 1코걸러뜨기, 안뜨기11.
중심에 안뜨기 12코가 있고 그 양옆에 뜨지 않은 코가 10코씩 있다. 편물을 뒤집는다.

이제 편물을 뒤집어서 생긴 구멍을 막으면서 뒤꿈치를 평면뜨기로 편물을 뒤집어가며 뜬다.
21단(겉면): 1코걸러뜨기, 겉뜨기10, (구멍 양쪽의 각 1코를 이용해서) 오른코줄임, M1L코늘림. 편물을 뒤집는다.
22단(안면): 1코걸러뜨기, 안뜨기11, 안뜨기로 2코모아뜨기, M1P코늘림. 편물을 뒤집는다.

23단: 1코걸러뜨기, 겉뜨기12, 오른코줄임, M1L코늘림. 편물을 뒤집는다.
24단(안면): 1코걸러뜨기, 안뜨기13, 안뜨기로 2코모아뜨기, M1P코늘림. 편물을 뒤집는다.
계속해서 이미 만들어진 규칙대로 14단 더 뜬다.
39단(겉면): 1코걸러뜨기, 겉뜨기28, 오른코줄임, M1L코늘림. 편물을 뒤집는다.
40단(안면): 1코걸러뜨기, 안뜨기29, 안뜨기로 2코모아뜨기, M1P코늘림. 편물을 뒤집는다.
41단(겉면): [겉뜨기8, M1L코늘림]을 4회 반복한다. 4코 늘어남. 편물을 뒤집는다.
이제 바늘1에 36코 있다.
42단(안면): 1코걸러뜨기, 안뜨기35, 편물을 뒤집는다.
계속해서 발 섹션(154쪽)을 진행한다.

사이즈3(바늘1에 42코 있음):
1단(겉면): 1코걸러뜨기, [겉뜨기5, 왼코줄임]을 5회 반복, 겉뜨기3, 왼코줄임. 안면이 보이도록 편물을 뒤집는다(1코는 뜨지 않고 둔다). 6코 줄어듦. 이제 뒤꿈치에 총 36코 있다.
2단(안면): 1코걸러뜨기, 안뜨기33(끝의 1코는 뜨지 않고 둔다). 겉면이 보이도록 편물을 뒤집는다.
3단: 1코걸러뜨기, 겉뜨기32(끝의 2코는 뜨지 않고 둔다). 편물을 뒤집는다.
4단: 1코걸러뜨기, 안뜨기31(구멍 1코 전까지). 편물을 뒤집는다.
5단: 1코걸러뜨기, 겉뜨기30(구멍 1코 전까지). 편물을 뒤집는다.
6단: 1코걸러뜨기, 안뜨기29(구멍 1코 전까지). 편물을 뒤집는다.
7단: 1코걸러뜨기, 구멍 1코 전까지 겉뜨기. 편물을 뒤집는다.
8단: 1코걸러뜨기, 구멍 1코 전까지 안뜨기. 편물을 뒤집는다.
7~8단을 6회 더 반복한다.
21단: 1코걸러뜨기, 구멍 1코 전까지 겉뜨기. 편물을 뒤집는다.
22단: 1코걸러뜨기, 안뜨기13.
중심에 안뜨기 14코가 있고 그 양옆에 뜨지 않은 코가 11코씩 있다. 편물을 뒤집는다.

이제 편물을 뒤집어서 생긴 구멍을 막으면서 뒤꿈치를 평면 뜨기로 편물을 뒤집어가며 뜬다.

23단(겉면): 1코걸러뜨기, 겉뜨기12, (구멍 양쪽의 각 1코를 이용해서) 오른코줄임, M1L코늘림. 편물을 뒤집는다.

24단(안면): 1코걸러뜨기, 안뜨기13, 안뜨기로 2코모아뜨기, M1P코늘림. 편물을 뒤집는다.

25단: 1코걸러뜨기, 겉뜨기14, 오른코줄임, M1L코늘림. 편물을 뒤집는다.

26단: 1코걸러뜨기, 안뜨기15, 안뜨기로 2코모아뜨기, M1P코늘림. 편물을 뒤집는다.

계속해서 이미 만들어진 규칙대로 16단 더 뜬다.

43단(겉면): 1코걸러뜨기, 겉뜨기32, 오른코줄임, M1L코늘림. 편물을 뒤집는다.

44단(안면): 1코걸러뜨기, 안뜨기33, 안뜨기로 2코모아뜨기, M1P코늘림. 편물을 뒤집는다.

45단(겉면): 1코걸러뜨기, [겉뜨기5, M1L코늘림]을 6회 반복, 겉뜨기5. 6코 늘어남. 편물을 뒤집는다.

이제 바늘1에 42코 있다.

46단(안면): 1코 걸러뜨기, 안뜨기41, 편물을 뒤집는다.

발(모든 사이즈)

다시 원통으로 연결해서 바탕실, 배색실 및 2.5mm 바늘(또는 배색뜨기 게이지 치수를 얻을 수 있는 호수의 바늘)을 사용해 뜬다. 바늘1로 시작해서, 배색뜨기 무늬도안을 7단부터 다시 뜬다. 계속해서 발 길이가 원하는 완성품 길이에서 약 3 (4, 4.5)cm 모자랄 때까지 매 단 겉뜨기하는데, 마지막으로 뜨는 단이 6단 혹은 12단이 되도록 끝낸다. 배색실을 자른다.

바탕실을 사용해서 코를 2.25mm 바늘로 다시 옮기면서 다음과 같이 코줄임 단을 뜬다:

사이즈1: *겉뜨기13, 왼코줄임*, *~*을 단 끝까지 반·복한다. 4코 줄어듦. 총 56코.

사이즈2: *겉뜨기7, 왼코줄임*, *~*을 단 끝까지 반·복한다. 8코 줄어듦. 총 64코.

사이즈3: *겉뜨기5, 왼코줄임*, *~*을 단 끝까지 반·복한다. 12코 줄어듦. 총 72코.

발끝

이제 바늘1과 바늘2에 동일한 콧수가 있어야 한다. 단 시작 표시링을 제거한다. 바늘1에는 발바닥 28 (32, 36)코가 있다. 바늘2에는 발등 28 (32, 36)코가 있다.

바탕실과 바늘1을 사용해서 14 (16, 18)코 겉뜨기한다. 방금 뜬 코 다음에 단 시작 표시링을 건다. 이곳은 발바닥 부분인 바늘1의 가운데여야 한다.

바탕실을 사용해서:

1단(코줄임 단):

바늘1: 3코 남을 때까지 겉뜨기, 왼코줄임, 겉뜨기1.

바늘2: 겉뜨기1, 오른코줄임, 3코 남을 때까지 겉뜨기, 왼코줄임, 겉뜨기1.

바늘1: 겉뜨기1, 오른코줄임, 단 시작 표시링까지 겉뜨기. 4코 줄어듦.

2단: 모든 코 겉뜨기한다.

각 바늘에 20코 남을 때까지 1~2단을 반복한다(총 40코).

계속해서 각 바늘에 10코 남을 때까지 1단만 반복한다(매 단 코줄임한다)(총 20코).

단 시작 표시링을 제거한다. 양말의 옆선을 만날 때까지 5코 겉뜨기한다. 각 바늘에 남은 10코를 메리야스잇기로 연결한다.

마무리

실끝을 정리한다. 두 번째 양말을 뜬다. 찬물에 부드럽게 손빨래하고 평평하게 뉘어 말린다.

배색뜨기 무늬도안

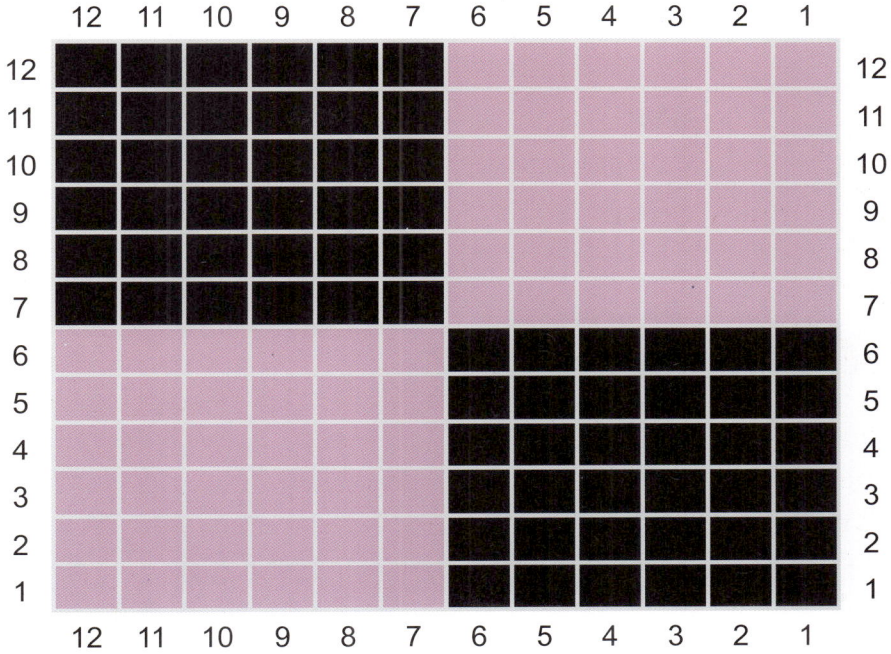

■ 바탕실: 블랙

▨ 배색실: 레인보

레트로 게임
Retro Gamer

이 양말은 제가 1990년대에 즐겨 했던 고전 게임에 대한 오마주로 디자인했습니다. 선명하고 심플한 그래픽을 좋아했는데, 양말에도 잘 어울려요! 비디오게임은 학교나 직장에서 긴 하루를 보낸 후 긴장을 풀 수 있는 좋은 취미이자 재밋거리입니다. 전 세계 수많은 사람들에게 비디오게임은 행복의 원천입니다! 또한 전 세계 게이머들과 어울리고 새로운 친구를 사귈 수 있는 좋은 방법이기도 해요 (뜨개 커뮤니티와 비슷하죠!). 퍼즐게임 '캔디 크러시 사가'와 농장을 운영하는 '헤이데이' 게임에 심하게 집착했던 저는 (둘 다 결국 핸드폰에서 삭제해야 했습니다!) 이제는 양말을 통해 게임에 대한 애정을 표현하고 싶습니다. 이 양말은 게임마니아라면 누구에게나 완벽한 선물이 될 것입니다.

양말 구조
이 양말은 위에서 아래로 내려 뜹니다. 한 단에 두 가지 색상으로만 뜨며, 양말목 위쪽에서 시작해 발 전체에 반복되는 게임 모티프가 있습니다. 이 양말은 고무뜨기 발목단으로 시작해 되돌아뜨기 뒤꿈치가 특징입니다. 발끝에서 코를 줄인 다음 메리야스잇기합니다.

사이즈
1 (2, 3)
발 둘레: 19~21 (22.5~24.5, 26~28)cm
완성치수: 17.5 (21, 25)cm
권장 여유분: 마이너스 2.5cm. 발 둘레는 발의 가장 넓은 부분을 잰다. 바늘 호수를 높이거나 낮춰서 더 크거나 더 작은 사이즈를 뜰 수 있다.
양말목/발 길이는 쉽게 조정할 수 있다. 자세한 내용은 만드는 법을 참고할 것.
사진 속 작품은 사이즈2(US 8.5/EU 39/UK 6), 발 둘레 22.5cm로 떴다.

재료

실
핑거링 굵기, 레트로사리아의 몬딤(논슈퍼워시 파인 포르투갈 울 100%), 1타래 385m 100g

사진 속 작품에서는 다음 색상을 사용
바탕실: 네이비Navy 105 1타래
배색실: 게이밍 모티프에 쓸 빨강, 분홍, 청록, 노랑, 보라, 주황, 흰색, 민트, 초록 자투리실 3그램씩
같은 게이지 치수를 얻을 수 있다면 핑거링 굵기의 실은 무엇이든 사용할 수 있다.

바늘
고무뜨기와 메리야스뜨기에 사용: 2.25mm
80cm 길이 줄바늘(매직루프)/23cm 길이 줄바늘 1개 또는 2개/장갑바늘 중 선호하는 바늘 사용
배색뜨기에 사용: 2.5mm
매직루프 기법으로 뜰 경우 80cm 길이 줄바늘, 또는 장갑바늘, 또는 23cm 길이 줄바늘 2개(선호하는 바늘 사용)
주의사항: 잘 맞는 양말을 뜨기 위해 게이지를 체크할 것. 바늘 호수를 높이거나 낮춰서 추가 사이즈를 뜰 수 있다.

부자재
표시링, 가위, 돗바늘

게이지
34코×44단=10cm×10cm 고무뜨기와 메리야스뜨기
34코×38단=10cm×10cm 배색뜨기

팁 & 스페셜 기법
배색뜨기 다시 보기(8쪽)
발끝 메리야스잇기(186쪽)
주요 기법(184쪽 참고)

만드는 법

발목단

바탕실과 2.25mm 바늘을 사용해서 56 (64, 72)코 만든다.
2개의 바늘에 동일하게 콧수를 나눈다. 장갑바늘을 사용할
경우, 3개(또는 4개)의 바늘에 동일하게 콧수를 나눠 옮긴다.
단 시작에 표시링을 건다. 코가 꼬이지 않도록 조심하며 원
통으로 잇는다.

고무뜨기 단: *겉뜨기2, 안뜨기2*, *~*를 단 끝까지 반·복한다.
2코고무뜨기로 총 12단 뜬다(약 2.75cm).

양말목

겉뜨기로 1단 뜬다.

바탕실을 사용해서 코를 2.5mm 바늘로 옮기면서 다음과
같이 코늘림 단을 뜬다:

사이즈1: *겉뜨기14, M1L코늘림*, *~*을 단 끝까지 반복한
다. 4코 늘어남. 총 60코.

사이즈2: *겉뜨기8, M1L코늘림*, *~*을 단 끝까지 반복한
다. 8코 늘어남. 총 72코.

사이즈3: *겉뜨기6, M1L코늘림*, *~*을 단 끝까지 반복한
다. 12코 늘어남. 총 84코.

이제 도안이 지시하는 곳에서 색색의 배색실을 연결하며, 배
색뜨기 무늬도안(161쪽) 1~22단을 뜬다. 무늬도안을 각 단마
다 5 (6, 7)회 반복한다. 1~22단을 1회 더 반복한다.

되돌아뜨기 뒤꿈치

바탕실을 사용해서 2.25mm 바늘1만 가지고, 선택한 사이즈
에 맞는 뒤꿈치 지시사항을 따라 뜰 것이다.

사이즈1(바늘1에 30코 있음):

1단(겉면): 1코걸러뜨기, [겉뜨기12, 왼코줄임]을 2회 반복.
안면이 보이도록 편물을 뒤집는다(1코는 뜨지 않그 둔다).
2코 줄어듦. 이제 뒤꿈치에 총 28코 있다.

2단(안면): 1코걸러뜨기, 안뜨기25(끝의 1코는 뜨지 않고 둔
다). 겉면이 보이도록 편물을 뒤집는다.

3단: 1코걸러뜨기, 겉뜨기24(끝의 2코는 뜨지 않고 둔다).
편물을 뒤집는다.

4단: 1코걸러뜨기, 안뜨기23(구멍 1코 전까지). 편물을 뒤집
는다.

5단: 1코걸러뜨기, 겉뜨기22(구멍 1코 전까지). 편물을 뒤집
는다.

6단: 1코걸러뜨기, 안뜨기21(구멍 1코 전까지). 편물을 뒤집
는다.

7단: 1코걸러뜨기, 구멍 1코 전까지 겉뜨기. 편물을 뒤집는다.

8단: 1코걸러뜨기, 구멍 1코 전까지 안뜨기. 편물을 뒤집는다.
7~8단을 5회 더 반복한다.

19단: 1코걸러뜨기, 구멍 1코 전까지 겉뜨기. 편물을 뒤집는다.

20단: 1코걸러뜨기, 안뜨기7.

중심에 안뜨기 8코가 있고 그 양옆에 뜨지 않은 코가 10코
씩 있다. 편물을 뒤집는다.

이제 편물을 뒤집어서 생긴 구멍을 막으면서 뒤꿈치를 평면
뜨기로 편물을 뒤집어가며 뜬다.

21단(겉면): 1코걸러뜨기, 겉뜨기6, (구멍 양옆의 각 1코를
이용해서) 오른코줄임, M1L코늘림. 편물을 뒤집는다.

22단(안면): 1코걸러뜨기, 안뜨기7, 안뜨기로 2코모아뜨기,
M1P코늘림. 편물을 뒤집는다.

23단: 1코걸러뜨기, 겉뜨기8, 오른코줄임, M1L코늘림. 편물
을 뒤집는다.

24단: 1코걸러뜨기, 안뜨기9, 안뜨기로 2코모아뜨기, M1P코
늘림. 편물을 뒤집는다.

계속해서 이미 만들어진 규칙대로 14단 더 뜬다.

39단(겉면): 1코걸러뜨기, 겉뜨기24, 오른코줄임, M1L코늘
림. 편물을 뒤집는다.

40단(안면): 1코걸러뜨기, 안뜨기25, 안뜨기로 2코모아뜨
기, M1P코늘림. 편물을 뒤집는다.

41단(겉면): 1코걸러뜨기, [겉뜨기13, M1L코늘림]을 2회 반
복, 겉뜨기1. 2코 늘어남.

이제 바늘1에 30코 있다.

계속해서 발 섹션(160쪽)을 진행한다.

사이즈2(바늘1에 36코 있음):

1단(겉면): 1코걸러뜨기, [겉뜨기6, 왼코줄임]을 4회 반복, 겉뜨기2. 안면이 보이도록 편물을 뒤집는다(1코는 뜨지 않고 둔다). 4코 줄어듦. 이제 뒤꿈치에 총 32코 있다.

2단(안면): 1코걸러뜨기, 안뜨기29(끝의 1코는 뜨지 않고 둔다). 겉면이 보이도록 편물을 뒤집는다.

3단: 1코걸러뜨기, 겉뜨기28(끝의 2코는 뜨지 않고 둔다). 편물을 뒤집는다.

4단: 1코걸러뜨기, 안뜨기27(구멍 1코 전까지). 편물을 뒤집는다.

5단: 1코걸러뜨기, 겉뜨기26(구멍 1코 전까지). 편물을 뒤집는다.

6단: 1코걸러뜨기, 안뜨기25(구멍 1코 전까지). 편물을 뒤집는다.

7단: 1코걸러뜨기, 구멍 1코 전까지 겉뜨기. 편물을 뒤집는다.

8단: 1코걸러뜨기, 구멍 1코 전까지 안뜨기. 편물을 뒤집는다. 7~8단을 5회 더 반복한다.

19단: 1코걸러뜨기, 구멍 1코 전까지 겉뜨기. 편물을 뒤집는다.

20단: 1코걸러뜨기, 안뜨기11.

중심에 안뜨기 12코가 있고 그 양옆에 뜨지 않은 코가 10코씩 있다. 편물을 뒤집는다.

이제 편물을 뒤집어서 생긴 구멍을 막으면서 뒤꿈치를 평면뜨기로 편물을 뒤집어가며 뜬다.

21단(겉면): 1코걸러뜨기, 겉뜨기10, (구멍 양쪽의 각 1코를 이용해서) 오른코줄임, M1L코늘림. 편물을 뒤집는다.

22단(안면): 1코걸러뜨기, 안뜨기11, 안뜨기로 2코모아뜨기, M1P코늘림. 편물을 뒤집는다.

23단: 1코걸러뜨기, 겉뜨기12, 오른코줄임, M1L코늘림. 편물을 뒤집는다.

24단: 1코걸러뜨기, 안뜨기13, 안뜨기로 2코모아뜨기, M1P코늘림. 편물을 뒤집는다.

계속해서 이미 만들어진 규칙대로 14단 더 뜬다.

39단(겉면): 1코걸러뜨기, 겉뜨기28, 오른코줄임, M1L코늘림. 편물을 뒤집는다.

40단(안면): 1코걸러뜨기, 안뜨기29, 안뜨기로 2코모아뜨기, M1P코늘림. 편물을 뒤집는다.

41단(겉면): [겉뜨기8, M1L코늘림]을 4회 반복한다. 4코 늘어남.

이제 바늘1에 36코 있다.

계속해서 발 섹션(160쪽)을 진행한다.

사이즈3(바늘1에 42코 있음):

1단(겉면): 1코걸러뜨기, [겉뜨기5, 왼코줄임]을 5회 반복, 겉뜨기3, 왼코줄임. 안면이 보이도록 편물을 뒤집는다(1코는 뜨지 않고 둔다). 6코 줄어듦. 이제 뒤꿈치에 총 36코 있다.

2단(안면): 1코걸러뜨기, 안뜨기33(끝의 1코는 뜨지 않고 둔다). 겉면이 보이도록 편물을 뒤집는다.

3단: 1코걸러뜨기, 겉뜨기32(끝의 2코는 뜨지 않고 둔다). 편물을 뒤집는다.

4단: 1코걸러뜨기, 안뜨기31(구멍 1코 전까지). 편물을 뒤집는다.

5단: 1코걸러뜨기, 겉뜨기30(구멍 1코 전까지). 편물을 뒤집는다.

6단: 1코걸러뜨기, 안뜨기29(구멍 1코 전까지). 편물을 뒤집는다.

7단: 1코걸러뜨기, 구멍 1코 전까지 겉뜨기. 편물을 뒤집는다.

8단: 1코걸러뜨기, 구멍 1코 전까지 안뜨기. 편물을 뒤집는다. 7~8단을 6회 더 반복한다.

21단: 1코걸러뜨기, 구멍 1코 전까지 겉뜨기. 편물을 뒤집는다.

22단: 1코걸러뜨기, 안뜨기13.

중심에 안뜨기 14코가 있고 그 양옆에 뜨지 않은 코가 11코씩 있다. 편물을 뒤집는다.

이제 편물을 뒤집어서 생긴 구멍을 막으면서 뒤꿈치를 평면뜨기로 편물을 뒤집어가며 뜬다.

23단(겉면): 1코걸러뜨기, 겉뜨기12, (구멍 양쪽의 각 1코를 이용해서) 오른코줄임, M1L코늘림. 편물을 뒤집는다.

24단(안면): 1코걸러뜨기, 안뜨기13, 안뜨기로 2코모아뜨기, M1P코늘림. 편물을 뒤집는다.

25단: 1코걸러뜨기, 겉뜨기14, 오른코줄임, M1L코늘림. 편물을 뒤집는다.

26단: 1코걸러뜨기, 안뜨기15, 안뜨기로 2코모아뜨기, M1P코늘림. 편물을 뒤집는다.

계속해서 이미 만들어진 규칙대로 16단 더 뜬다.

43단(겉면): 1코걸러뜨기, 겉뜨기32, 오른코줄임, M1L코늘림. 편물을 뒤집는다.

44단(안면): 1코걸러뜨기, 안뜨기33, 안뜨기로 2코모아뜨기, M1P코늘림. 편물을 뒤집는다.

45단(겉면): 1코걸러뜨기, [겉뜨기5, M1L코늘림]을 6회 반복, 겉뜨기5. 6코 늘어남.

이제 바늘1에 42코 있다.

발(모든 사이즈)

다시 원통으로 연결해서 바탕실과 2.5mm 바늘(또는 배색뜨기 게이지 치수를 얻을 수 있는 호수의 바늘)을 사용해 뜬다. 단 시작 표시링까지 바늘2의 30 (36, 42)코를 겉뜨기한다 (이것은 배색뜨기 무늬도안의 1단으로 셀 것이다).

바늘1로 시작해서, 배색뜨기 무늬도안을 2단부터 다시 뜨는데, 배색실을 바꿔 연결해가며 뜬다. 계속해서 발 길이가 원하는 완성품 길이에서 약 3 (4, 5)cm 모자랄 때까지 매 단 겉뜨기하는데 마지막으로 뜨는 단이 11단 혹은 22단이 되도록 끝낸다. 배색실을 자른다.

(아직 발끝을 시작하기에 필요한 치수가 되지 않는다면, 다음의 코줄임을 뜬 후 바탕실을 사용해서 원하는 치수까지 몇 단 더 겉뜨기한다.)

바탕실을 사용해서 코를 2.25mm 바늘로 다시 옮기면서 다음과 같이 코줄임 단을 뜬다:

사이즈1: *겉뜨기13, 왼코줄임*, *~*을 단 끝까지 반복한다. 4코 줄어듦. 총 56코.

사이즈2: *겉뜨기7, 왼코줄임*, *~*을 단 끝까지 반복한다. 8코 줄어듦. 총 64코.

사이즈3: *겉뜨기5, 왼코줄임*, *~*을 단 끝까지 반복한다. 12코 줄어듦. 총 72코.

발끝

이제 바늘1과 바늘2에 동일한 콧수가 있어야 한다. 단 시작 표시링을 제거한다. 바늘1에는 발바닥 28 (32, 36)코가 있다. 바늘2에는 발등 28 (32, 36)코가 있다.

바탕실과 바늘1을 사용해서 14 (16, 18)코 겉뜨기한다. 방금 뜬 코 다음에 단 시작 표시링을 건다. 이곳은 발바닥 부분인 바늘1의 가운데여야 한다.

바탕실을 사용해서:

1단(코줄임 단):

　바늘1: 3코 남을 때까지 겉뜨기, 왼코줄임, 겉뜨기1.

　바늘2: 겉뜨기1, 오른코줄임, 3코 남을 때까지 겉뜨기, 왼코줄임, 겉뜨기1.

　바늘1: 겉뜨기1, 오른코줄임, 단 시작 표시링까지 겉뜨기. 4코 줄어듦.

2단: 모든 코 겉뜨기한다.

각 바늘에 20코 남을 때까지 1~2단을 반복한다(총 40코).

계속해서 각 바늘에 10코 남을 때까지 1단만 반복한다(매 단 코줄임한다)(총 20코).

단 시작 표시링을 제거한다. 양말의 옆선을 만날 때까지 5코 겉뜨기한다. 각 바늘에 남은 10코를 메리야스잇기로 연결한다.

마무리

실끝을 정리한다. 두 번째 양말을 뜬다. 찬물에 부드럽게 손빨래하고 평평하게 뉘어 말린다.

배색뜨기 무늬도안

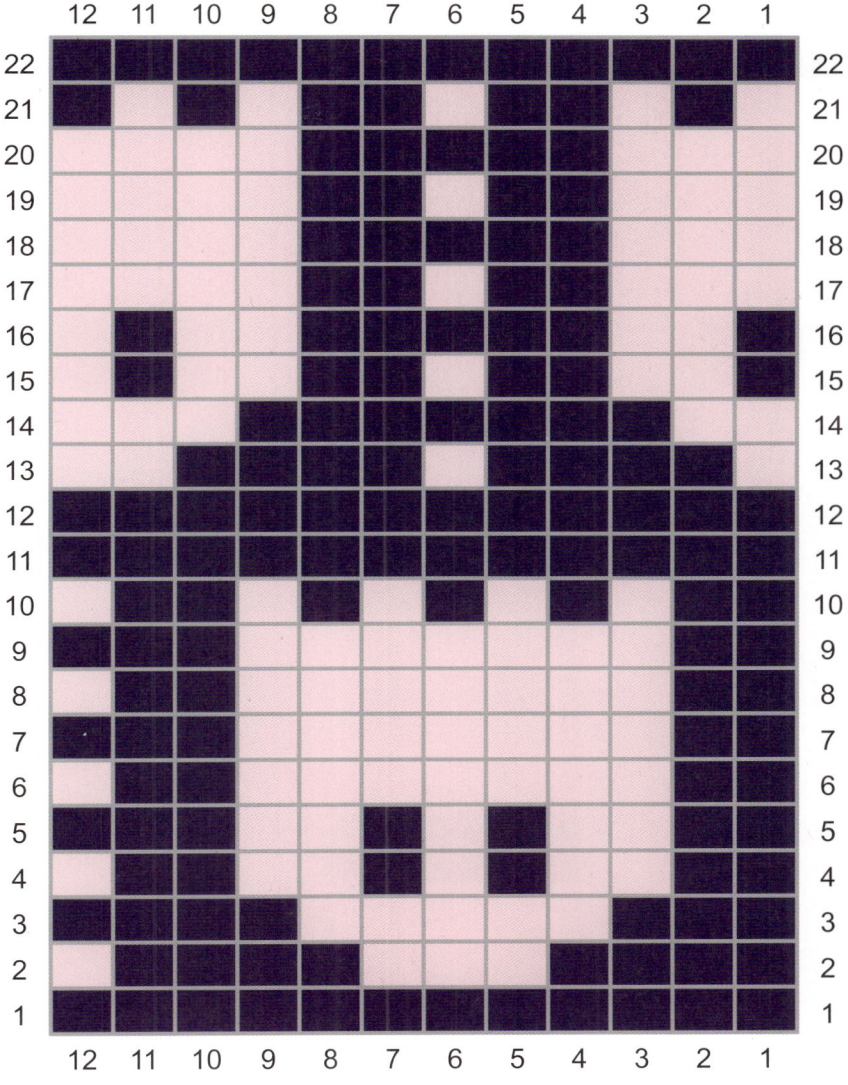

바탕실: 네이비

배색실: 재료 소개의 '실' 부분 참고

캠핑카를 세우면 어디든 집
Home IS Where You Park IT

캠핑에는 자연과 하나가 되는 기쁨과 많은 유익한 점이 있다고 합니다. 하지만 저는 인생에서 대체로 캠핑을 피해 온 것 같습니다! 영국에서 보낸 시절에는 야외에서 잠을 잘 때면 비가 잦은 날씨와 소름 끼치는 벌레가 종종 문제가 되었거든요. 하지만 캠핑카에서 지내는 것은 좋을 것 같아요! 원하는 곳 어디든 자유롭게 운전해서 가고, 주차만 하면 잠을 잘 수 있다니 정말 완벽한 것 같습니다. 비가 내려도 젖지 않으니 편리하고, 필요한 온갖 생활용품을 차량에 싣고 내릴 필요도 없고, 텐트를 치느라 고생할 필요도 없으니까요! 저는 캠핑카를 타고 여행하는 동안(또는 그런 꿈을 꾸는 동안) 신기에 적합한 양말을 만들고 싶었습니다. 긴 양말목 디자인과 실용적이면서도 세련된 고무뜨기 무늬가 발목과 발을 감싸는 이 양말은 별빛 아래에서 잠을 자는 동안 발을 따뜻하게 지켜줄 것입니다.

양말 구조
이 양말은 위에서 아래로 내려 뜨고 발목단과 양말목, 뒤꿈치, 발바닥을 가로지르는 고무뜨기 무늬로 이루어져 있습니다. 뒤꿈치에는 고무뜨기 힐플랩과 거싯이 있습니다. 양말목에는 뜨기 쉬운 캠핑카 무늬가 있고 작은 소나무들이 그 경계를 이룹니다.

사이즈
1 (2, 3)
발 둘레: 19~21 (21.5~23.5, 24~26)cm
완성치수: 17.5 (20, 22.5)cm
권장 여유분: 마이너스 2.5cm. 발 둘레는 발의 가장 넓은 부분을 잰다. 바늘 호수를 높이거나 낮춰서 더 크거나 더 작은 사이즈를 뜰 수 있다.
양말목/발 길이는 쉽게 조정할 수 있다. 자세한 내용은 만드는 법을 참고할 것.
사진 속 작품은 사이즈2(US 8.5/EU 39/UK 6), 발 둘레 22.5cm로 떴다.

재료

실
바탕실: 핑거링 굵기, 라이프인더롱그래스의 파인 삭(슈퍼워시 메리노 울 75%, 나일론 25%), 1타래 425m 100g
배색실1: 핑거링 굵기, 문드레이크 얀의 피카피카(슈퍼워시 메리노 울 60%, 실크 20%, 모시 20%), 1타래 365m 100g
배색실2, 배색실3: 핑거링 굵기, 랑 얀의 야볼 삭(울 75%, 나일론/폴리아미드 25%), 1타래 210m 50g

사진 속 작품에서는 다음 색상을 사용
바탕실: 그로브Grove 1타래
배색실1: 민트Mint 1타래
배색실2: 화이트White 01 자투리실
배색실3: 블랙Black 04 자투리실
같은 게이지 치수를 얻을 수 있다면 핑거링 굵기의 실은 무엇이든 사용할 수 있다.

바늘
고무뜨기와 메리야스뜨기에 사용: 2.25mm
80cm 길이 줄바늘(매직루프)/23cm 길이 줄바늘 1개 또는 2개/장갑바늘 중 선호하는 바늘 사용
배색뜨기에 사용: 2.5mm
80cm 길이 줄바늘(매직루프)/23cm 길이 줄바늘 1개 또는 2개/장갑바늘 중 선호하는 바늘 사용
주의사항: 잘 맞는 양말을 뜨기 위해 게이지를 체크할 것. 바늘 호수를 높이거나 낮춰서 추가 사이즈를 뜰 수 있다.

부자재
표시링
가위
돗바늘

게이지

32코×44단=10cm×10cm 고무뜨기와 메리야스뜨기
34코×38단=10cm×10cm 배색뜨기

팁 & 스페셜 기법

배색뜨기 다시 보기(8쪽)
발끝 메리야스잇기(186쪽)
주요 기법(184쪽 참고)

만드는 법

발목단

바탕실과 2.25mm 바늘을 사용해서 56 (64, 72)코 만든다.
2개의 바늘에 동일하게 콧수를 나눈다. 장갑바늘을 사용할
경우, 3개(또는 4개)의 바늘에 동일하게 콧수를 나눠 옮긴다.
단 시작에 표시링을 건다. 코가 꼬이지 않도록 조심하며 원
통으로 잇는다.
고무뜨기 단: *겉뜨기2, 안뜨기2*, *~*를 단 끝까지 반복한다.
2코고무뜨기로 총 19단 뜬다(약 5cm).

양말목

바탕실을 사용해서 코를 2.5mm 바늘로 옮기면서 다음과
같이 코늘림 단을 뜬다:
사이즈1: *겉뜨기14, M1L코늘림*, *~*을 단 끝까지 반복한
다. 4코 늘어남. 총 60코.
사이즈2: *겉뜨기6, M1L코늘림*, *~*을 단 끝에 4코 남을 때
까지 반복한다, 겉뜨기4, M1L코늘림. 11코 늘어남. 총 75코.
사이즈3: *겉뜨기4, M1L코늘림*, *~*을 단 끝까지 반복한
다. 18코 늘어남. 총 90코.
이제 도안이 지시하는 곳에서 배색실1, 배색실2, 배색실3을
연결하며, 배색뜨기 무늬도안(167쪽) 1~26단을 뜬다. 무늬도
안을 각 단마다 4 (5, 6)회 반복한다. 13단을 뜬 후 배색실2를
자르고, 19단을 뜬 후 배색실3을 자르고, 배색뜨기 무늬도안
을 완성하면 배색실1을 자른다.

코를 다시 2.25mm 바늘로 옮기면서 바탕실을 사용해 다
음과 같이 코줄임 단을 뜬다:
사이즈1: *겉뜨기13, 왼코줄임*, *~*을 단 끝까지 반복한다.
4코 줄어듦. 총 56코.
사이즈2: *겉뜨기5, 왼코줄임*, *~*을 단 끝에 5코 남을 때
까지 반복한다, 겉뜨기3, 왼코줄임. 11코 줄어듦. 총 64코.
사이즈3: *겉뜨기3, 왼코줄임*, *~*을 단 끝까지 반복한다.
18코 줄어듦. 총 72코.
겉뜨기2, 안뜨기2를 반복하는 2코고무뜨기로 18단 더 뜬다
(약 5cm).
(양말을 더 길게 뜨려면, 계속해서 바탕실을 사용해서 원하
는 양말목 길이까지 겉뜨기한다. 두 번째 양말을 동일하게
뜰 수 있게 몇 단을 더 떴는지 기록한다.)

고무뜨기 힐플랩

힐플랩은 바탕실을 사용해서 바늘1의 28 (32, 36)코를 가
지고 편물을 뒤집어가며 평면뜨기한다. 바늘2에는 발등 28
(32, 36)코가 있다. 단 시작의 표시링을 제거한다.
1단(겉면): *안뜨기하듯이 2코걸러뜨기, 안뜨기2*, *~*를 단
끝까지 반복한다. 편물을 뒤집는다.
2단(안면): 안뜨기하듯이 1코걸러뜨기, 겉뜨기1, 안뜨기2,
겉뜨기, 안뜨기2, *~*를 단 끝까지 반복한다. 편물을 뒤집
는다.
1~2단을 총 28 (32, 36)단 뜨는데 마지막으로 뜨는 단이 안
면(안뜨기) 단이 되도록 끝낸다. 힐턴을 완성한 후 주울 수
있는 가장자리 14 (16, 18)코가 있을 것이다.

힐턴

바탕실을 사용해서 되돌아뜨기로 뒤꿈치 경사를 만들 것이다.

1단(겉면): 1코걸러뜨기, 겉뜨기15 (18, 20), 오른코줄임, 겉뜨기1. 편물을 뒤집는다.

2단(안면): 1코걸러뜨기, 안뜨기5 (7, 7), 안뜨기로 2코모아뜨기, 안뜨기1. 편물을 뒤집는다.

3단(겉면): 1코걸러뜨기, 겉뜨기6 (8, 8), 오른코줄임, 겉뜨기1. 편물을 뒤집는다.

4단(안면): 1코걸러뜨기, 안뜨기7 (9, 9), 안뜨기로 2코모아뜨기, 안뜨기1. 편물을 뒤집는다.

계속해서 이 규칙대로 뜬다: 1코걸러뜨기, 이전 단에서 편물을 뒤집어서 생긴 구멍 1코 전까지 겉뜨기 또는 안뜨기, 구멍을 막기 위해 오른코줄임 또는 안뜨기로 2코모아뜨기, 겉뜨기1 또는 안뜨기1. 편물을 뒤집는다. **(사이즈1만 해당:** 마지막 2단은 오른코줄임 또는 안뜨기로 2코모아뜨기로 끝날 것이다. 겉뜨기1 또는 안뜨기1을 뜰 남은 코가 없을 것이다.) 계속해서 모든 코를 작업할 때까지 진행하고 마지막으로 뜨는 단이 안면에서 안뜨기 단이 되도록 끝난다. 겉면이 보이도록 편물을 뒤집는다; 이제 바늘1에 16 (20, 22)코 남아 있다.

거싯

바탕실을 사용해서, 이제 힐플랩의 양쪽 가장자리를 따라서 코를 주울 것이다.

뒤꿈치 코를 겉뜨기하는데, 8 (10, 11)코(중간 지점) 뜬 후 단 시작 표시링을 건다.

힐플랩의 가장자리를 따라 14 (16, 18)코를 꼬아뜨기로 줍는다. 모서리에 구멍이 생기지 않게 힐플랩과 발등 사이 모서리에서 1코 더 줍는다. 다음 단의 어디서 코줄임할지 알아볼 수 있게 여기에 표시링을 건다. 또는 뒤꿈치/거싯 코와 발등 코를 각각 다른 바늘에 나눈다.

쉼코로 둔 바늘2의 발등 28 (32, 36)코를 겉뜨기2, 안뜨기2를 반복하는 2코고무뜨기로 뜬다. 발등 코를 뜬 후 전과 동일한 방법으로 표시링을 또 건다.

모서리에서 1코 줍고 힐플랩의 가장자리를 따라 14 (16, 18)코를 꼬아뜨기로 줍는다. 단 시작 표시링을 만날 때까지 뒤꿈치의 첫 번째 절반을 겉뜨기한다.

이제 뒤꿈치/거싯에 총.46 (54, 60)코, 발등에 28 (32, 36)코 있다. 이제 다시 모든 코를 사용해서 원통뜨기할 것이다. 바늘에 총 74 (86, 96)코 있다.

거싯 코줄임

1단: 첫 번째 표시링 3코 전까지(매직루프 기법을 사용한다면 바늘1 끝까지) 겉뜨기하고 왼코줄임, 겉뜨기1, 표시링 옮긴다. 두 번째 표시링을 만날 때까지(매직루프 기법을 사용한다면, 바늘1 시작까지) 발등 코를 겉뜨기2, 안뜨기2를 반복하는 2코고무뜨기로 뜬다, 표시링 옮긴다. 겉뜨기1, 오른코줄임. 단 시작 표시링까지 겉뜨기한다. 2코 줄어듦.

2단: 모든 코 겉뜨기한다.

계속해서 뒤꿈치/거싯 코가 28 (32, 36)코로 줄어들 때까지 1~2단을 반복한다.

발등 28 (32, 36)코는 바늘2에 남아 있다. 이제 총 56 (64, 72)코 있다.

발(모든 사이즈)

계속해서 바탕실을 사용해, 발 길이가 원하는 완성품 길이에서 약 3 (4, 5)cm 모자랄 때까지. 바늘2의 발등 코는 겉뜨기2, 안뜨기2를 반복하는 2코고무뜨기 무늬로 뜨고, 바늘1의 발바닥 코는 겉뜨기한다.

발끝

이제 코는 바늘1과 바늘2에 동일하게 나뉘어 있다. 바늘1에는 발바닥 28 (32, 36)코가 있고, 단 시작 표시링 양쪽에 각각 14 (16, 18)코씩 있다. 바늘2에는 발등 28 (32, 36)코가 있다.

바탕실을 사용해서 단 시작 표시링에서 시작한다:

1단(코줄임 단):

바늘1: 3코 남을 때까지 겉뜨기, 왼코줄임, 겉뜨기1.

바늘2: 겉뜨기1, 오른코줄임, 3코 남을 때까지 겉뜨기, 왼코줄임, 겉뜨기1.

바늘1: 겉뜨기1, 오른코줄임, 단 시작 표시링까지 겉뜨기. 4코 줄어듦.

2단: 모든 코 겉뜨기한다.

1~2단을 각 바늘에 20코 남을 때까지 반복한다(총 40코). 계속해서 각 바늘에 10코 남을 때까지 1단만 반복한다(매 단 코줄임한다)(총 20코).

단 시작 표시링을 제거한다. 양말 옆선을 만날 때까지 5코를 겉뜨기한다. 각 바늘의 10코를 메리야스잇기로 연결한다.

마무리

실끝을 정리한다. 두 번째 양말을 뜬다. 찬물에 부드럽게 손 빨래하고 평평하게 뉘어 말린다.

배색뜨기 무늬도안

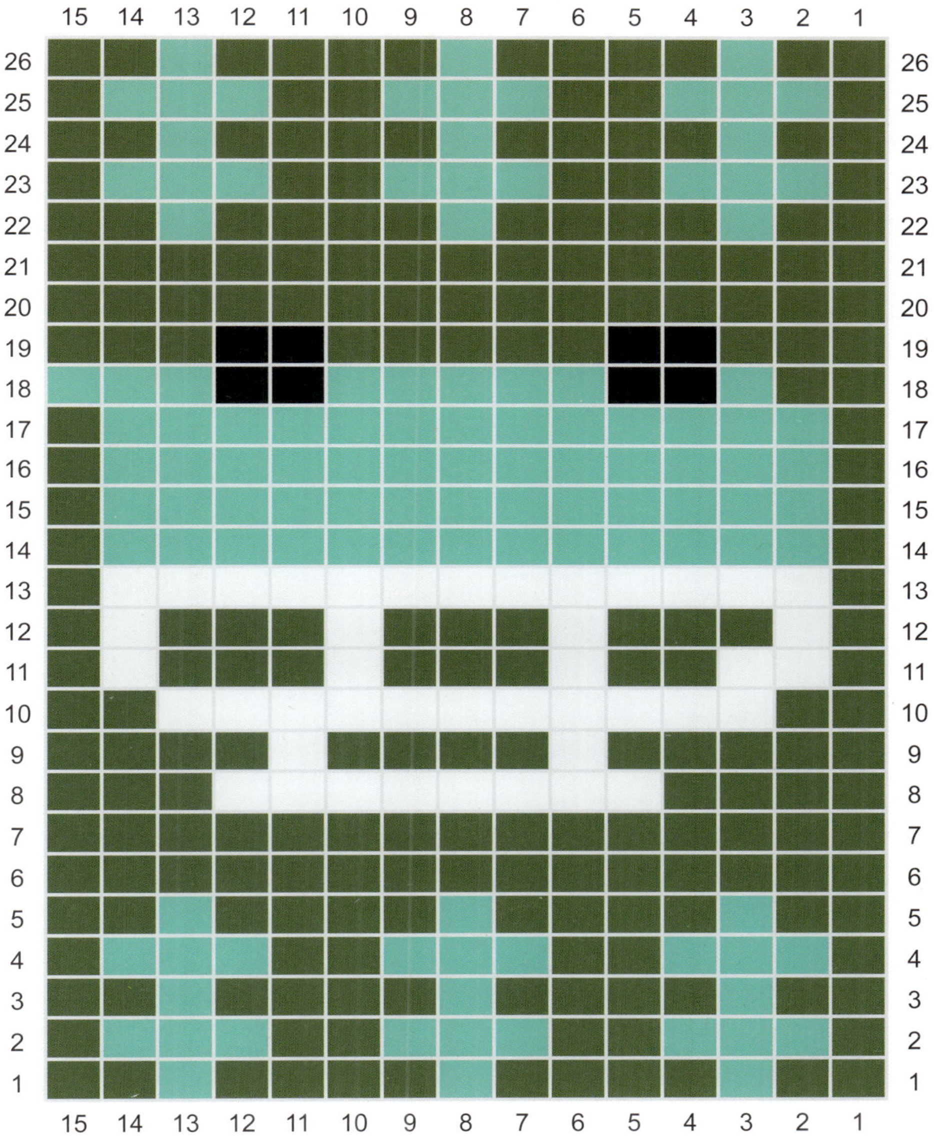

바탕실: 그로브

배색실1: 민트

배색실2: 화이트

배색실3: 블랙

카드로 보는 운세
Read It in the Cards

타로카드와 뜨개는 의외로 공통점이 많습니다. 둘 다 많은 사람에게 취미로 여겨지지만, 실제로 타로카드를 보는 사람(또는 뜨개를 하는 사람!)에게는 취미보다 라이프스타일에 가까운 경우가 많습니다. 타로카드를 읽는 사람들은 이것이 단순히 미래를 예측하는 도구가 아니라 자기 성찰을 돕고 인생의 문제를 해결할 방법을 암시한다는 것을 알고 있습니다. 이 양말은 제가 가장 좋아하는 타로카드 세 가지를 골라 만든 거예요.

먼저 인생의 성공과 행운을 상징하는 태양 카드부터 시작하죠. 그다음의 별 카드는 희망과 행복을 나타내는 또 다른 긍정적인 카드입니다. 별은 다가올 쇄신과 기회를 상징한다고 해요. 마지막으로 양말 바닥에는 운명의 수레바퀴 모티프가 있습니다. 이 카드는 행운과 긍정적인 변화를 상징합니다. 타로카드의 예언을 믿든 믿지 않든, 이 상징이 나타내는 낙관적인 의미를 좋아하지 않을 수 있을까요? 신비로운 양말 한 켤레를 완성하면, 여러분 자신이나 사랑하는 사람에게 행운을 가져다줄지도 모릅니다

양말 구조

이 양말은 위에서 아래로 내려 뜹니다. 한 단에서 두 가지 색상으로만 뜬 이 양말에는 태양, 별, 운명의 수레바퀴 카드를 상징하는 세 가지 모티프가 있습니다. 각각의 모티프 사이 플로트는 느슨하게 하세요. 양말은 고무뜨기 발목단으로 시작하고 되돌아뜨기 뒤꿈치가 특징입니다. 발끝에서 코를 줄인 다음 메리야스잇기로 마무리합니다.

사이즈

1 (2, 3)
발 둘레: 22.5~24 (22.5~25, 26~27.5)cm
완성치수: 19 (21, 24)cm
권장 여유분: 마이너스 2.5cm. 발 둘레는 발의 가장 넓은 부분을 잰다. 바늘 호수를 높이거나 낮춰서 더 크거나 더 작은 사이즈를 뜰 수 있다.

사진 속 작품은 사이즈2(US 8.5/EU 39/UK 6), 발 둘레 22.5cm로 떴다.

재료

실
핑거링 굵기, PRU 얀의 소울(슈퍼워시 메리노 울 85%, 나일론15%), 1타래 400m 100g

사진 속 작품에서는 다음 색상을 사용
바탕실: 스타더스트Star Dust 1타래
배색실: 네온오츠Neon Oat s1타래
같은 게이지 치수를 얻을 수 있다면 핑거링 굵기의 실은 무엇이든 사용할 수 있다.

바늘
고무뜨기와 메리야스뜨기에 사용: 2.25mm
80cm 길이 줄바늘(매직루프)/23cm 길이 줄바늘 1개 또는 2개/장갑바늘 중 선호하는 바늘 사용
배색뜨기에 사용: 2.5mm
80cm 길이 줄바늘(매직루프)/23cm 길이 줄바늘 1개 또는 2개/장갑바늘 중 선호하는 바늘 사용
주의사항: 잘 맞는 양말을 뜨기 위해 게이지를 체크할 것. 바늘 호수를 높이거나 낮춰서 추가 사이즈를 뜰 수 있다.

부자재
표시링, 가위, 돗바늘

게이지
36코×44단=10cm×10cm 고무뜨기와 메리야스뜨기
34코×38단=10cm×10cm 배색뜨기

팁 & 스페셜 기법

배색뜨기 다시 보기(8쪽)

플로트(9쪽)

발끝 메리야스잇기(186쪽)

주요 기법(184쪽 참고)

만드는 법

발목단

바탕실과 2.25mm 바늘을 사용해서 56 (64, 72)코 만든다. 2개의 바늘에 동일하게 콧수를 나눈다. 장갑바늘을 사용할 경우, 3개(또는 4개)의 바늘에 동일하게 콧수를 나눠 옮긴다. 단 시작에 표시링을 건다. 코가 꼬이지 않도록 조심하며 원통으로 잇는다.

고무뜨기 단: *겉뜨기2, 안뜨기2*, *~*를 단 끝까지 반복한다. 2코고무뜨기로 총 12단 뜬다(약 2.75cm).

양말목

겉뜨기로 1단 뜬다.

바탕실을 사용해서 코를 2.5mm 바늘로 옮기면서 다음과 같이 코늘림 단을 뜬다:

사이즈1: 겉뜨기3, M1L코늘림, *겉뜨기5, M1L코늘림*, *~*을 단 끝에 3코 남을 때까지 반복한다, 겉뜨기3, M1L코늘림. 12코 늘어남. 총 68코.

사이즈2: *겉뜨기8, M1L코늘림*, *~*을 단 끝까지 반복한다. 8코 늘어남. 총 72코.

사이즈3: *겉뜨기9, M1L코늘림*, *~*을 단 끝까지 반복한다. 8코 늘어남. 총 80코.

이제 도안이 지시하는 곳에서 배색실을 연결하며, 배색뜨기 무늬도안A(173, 176, 179쪽) 1~32단을 뜬다. 무늬도안을 각 단마다 2회 반복한다. 선택한 사이즈의 배색뜨기 무늬도안 B(174, 177, 180쪽) 1~16단을 뜬다.

되돌아뜨기 뒤꿈치

바탕실을 사용해서 2.25mm 바늘1만 가지고, 선택한 사이즈에 맞는 뒤꿈치 지시사항을 따라 뜰 것이다.

사이즈1(바늘1에 34코 있음):

1단(겉면): 1코걸러뜨기, [겉뜨기3, 왼코줄임]을 단 끝에 3코 남을 때까지 6회 반복, 겉뜨기2. 안면이 보이도록 편물을 뒤집는다(1코는 뜨지 않고 둔다). 6코 줄어듦. 이제 뒤꿈치에 총 28코 있다.

2단(안면): 1코걸러뜨기, 안뜨기25(끝의 1코는 뜨지 않고 둔다). 겉면이 보이도록 편물을 뒤집는다.

3단: 1코걸러뜨기, 겉뜨기24(끝의 2코는 뜨지 않고 둔다). 편물을 뒤집는다.

4단: 1코걸러뜨기, 안뜨기23(구멍 1코 전까지). 편물을 뒤집는다.

5단: 1코걸러뜨기, 겉뜨기22(구멍 1코 전까지). 편물을 뒤집는다.

6단: 1코걸러뜨기, 안뜨기21(구멍 1코 전까지). 편물을 뒤집는다.

7단: 1코걸러뜨기, 구멍 1코 전까지 겉뜨기. 편물을 뒤집는다.

8단: 1코걸러뜨기, 구멍 1코 전까지 안뜨기. 편물을 뒤집는다.

7~8단을 5회 더 반복한다.

19단: 1코걸러뜨기, 구멍 1코 전까지 겉뜨기. 편물을 뒤집는다.

20단: 1코걸러뜨기, 안뜨기7.

중심에는 안뜨기 8코가 있고 그 양옆에 뜨지 않은 코가 10코씩 있다. 편물을 뒤집는다.

이제 편물을 뒤집어서 생긴 구멍을 막으면서 뒤꿈치를 평면뜨기로 편물을 뒤집어가며 뜬다.

21단(겉면): 1코걸러뜨기, 겉뜨기6, (구멍 양옆의 각 1코를 이용해서) 오른코줄임, M1L코늘림. 편물을 뒤집는다.

22단(안면): 1코걸러뜨기, 안뜨기7, 안뜨기로 2코모아뜨기, M1P코늘림. 편물을 뒤집는다.

23단: 1코걸러뜨기, 겉뜨기8, 오른코줄임, M1L코늘림. 편물을 뒤집는다.

24단: 1코걸러뜨기, 안뜨기9, 안뜨기로 2코모아뜨기, M1P코늘림. 편물을 뒤집는다.

계속해서 이미 만들어진 규칙대로 14단 더 뜬다.

39단(겉면): 1코걸러뜨기, 겉뜨기24, 오른코줄임, M1L코늘림. 편물을 뒤집는다.

40단(안면): 1코걸러뜨기, 안뜨기25, 안뜨기로 2코모아뜨기, M1P코늘림. 편물을 뒤집는다.

41단(겉면): 1코걸러뜨기, [겉뜨기4, M1L코늘림]을 6회 반복, 겉뜨기3. 6코 늘어남. 편물을 뒤집는다.

이제 바늘1에 34코 있다.

42단(안면): 1코걸러뜨기, 안뜨기33, 편물을 뒤집는다.

계속해서 발 섹션(172쪽)을 진행한다.

사이즈2(바늘1에 36코 있음):

1단(겉면): 1코걸러뜨기, [겉뜨기6, 왼코줄임]을 4회 반복, 겉뜨기2. 안면이 보이도록 편물을 뒤집는다(1코는 뜨지 않고 둔다). 4코 줄어듦. 이제 뒤꿈치에 총 32코 있다.

2단(안면): 1코걸러뜨기, 안뜨기29(끝의 1코는 뜨지 않고 둔다). 겉면이 보이도록 편물을 뒤집는다.

3단: 1코걸러뜨기, 겉뜨기28(끝의 2코는 뜨지 않고 둔다). 편물을 뒤집는다.

4단: 1코걸러뜨기, 안뜨기27(구멍 1코 전까지). 편물을 뒤집는다.

5단: 1코걸러뜨기, 겉뜨기26(구멍 1코 전까지). 편물을 뒤집는다.

6단: 1코걸러뜨기, 안뜨기25(구멍 1코 전까지). 편물을 뒤집는다.

7단: 1코걸러뜨기, 구멍 1코 전까지 겉뜨기. 편물을 뒤집는다.

8단: 1코걸러뜨기, 구멍 1코 전까지 안뜨기. 편물을 뒤집는다.

7~8단을 5회 더 반복한다.

19단: 1코걸러뜨기, 구멍 1코 전까지 겉뜨기. 편물을 뒤집는다.

20단: 1코걸러뜨기, 안뜨기11.

중심에 안뜨기 12코가 있고 그 양옆에 뜨지 않은 코가 10코씩 있다. 편물을 뒤집는다.

이제 편물을 뒤집어서 생긴 구멍을 막으면서 뒤꿈치를 평면뜨기로 편물을 뒤집어가며 뜬다.

21단(겉면): 1코걸러뜨기, 겉뜨기10, (구멍 양쪽의 각 1코를 이용해서) 오른코줄임, M1L코늘림. 편물을 뒤집는다.

22단(안면): 1코걸러뜨기, 안뜨기11, 안뜨기로 2코모아뜨기, M1P코늘림. 편물을 뒤집는다.

23단: 1코걸러뜨기, 겉뜨기12, 오른코줄임, M1L코늘림. 편물을 뒤집는다.

24단: 1코걸러뜨기, 안뜨기13, 안뜨기로 2코모아뜨기, M1P코늘림. 편물을 뒤집는다.

계속해서 이미 만들어진 규칙대로 14단 더 뜬다.

39단(겉면): 1코걸러뜨기, 겉뜨기28, 오른코줄임, M1L코늘림. 편물을 뒤집는다.

40단(안면): 1코걸러뜨기, 안뜨기29, 안뜨기로 2코모아뜨기, M1P코늘림. 편물을 뒤집는다.

41단(겉면): [겉뜨기8, M1L코늘림]을 4회 반복한다. 4코 늘어남. 편물을 뒤집는다.

이제 바늘1에 36코 있다.

42단(안면): 1코걸러뜨기, 안뜨기35, 편물을 뒤집는다.

계속해서 발 섹션(172쪽)을 진행한다.

사이즈3(바늘1에 40코 있음):

1단(겉면): 1코걸러뜨기, [겉뜨기8, 왼코줄임]을 3회 반복, 겉뜨기6, 왼코줄임. 안면이 보이도록 편물을 뒤집는다(1코는 뜨지 않고 둔다). 4코 줄어듦. 이제 뒤꿈치에 총 36코 있다.

2단(안면): 1코걸러뜨기, 안뜨기33(끝의 1코는 뜨지 않고 둔다). 겉면이 보이도록 편물을 뒤집는다.

3단: 1코걸러뜨기, 겉뜨기32(끝의 2코는 뜨지 않고 둔다). 편물을 뒤집는다.

4단: 1코걸러뜨기, 안뜨기31(구멍 1코 전까지). 편물을 뒤집는다.

5단: 1코걸러뜨기, 겉뜨기30(구멍 1코 전까지). 편물을 뒤집는다.

6단: 1코걸러뜨기, 안뜨기29(구멍 1코 전까지). 편물을 뒤집는다.

7단: 1코걸러뜨기, 구멍 1코 전까지 겉뜨기. 편물을 뒤집는다.

8단: 1코걸러뜨기, 구멍 1코 전까지 안뜨기. 편물을 뒤집는다.

7~8단을 6회 더 반복한다.

21단: 1코걸러뜨기, 구멍 1코 전까지 겉뜨기. 편물을 뒤집는다.

22단: 1코걸러뜨기, 안뜨기13.

중심에 안뜨기 14코가 있고 그 양옆에 뜨지 않은 코가 11코씩 있다. 편물을 뒤집는다.

이제 편물을 뒤집어서 생긴 구멍을 막으면서 뒤꿈치를 평면뜨기로 편물을 뒤집어가며 뜬다.

23단(겉면): 1코걸러뜨기, 겉뜨기12, (구멍 양쪽의 각 1코를 이용해서) 오른코줄임, M1L코늘림. 편물을 뒤집는다.

24단(안면): 1코걸러뜨기, 안뜨기13, 안뜨기로 2코모아뜨기, M1P코늘림. 편물을 뒤집는다.

25단: 1코걸러뜨기, 겉뜨기14, 오른코줄임, M1L코늘림. 편물을 뒤집는다.

26단: 1코걸러뜨기, 안뜨기15, 안뜨기로 2코모아뜨기, M1P코늘림. 편물을 뒤집는다.

계속해서 이미 만들어진 규칙대로 16단 더 뜬다.

43단(겉면): 1코걸러뜨기, 겉뜨기32, 오른코줄임, M1L코늘림. 편물을 뒤집는다.

44단(안면): 1코걸러뜨기, 안뜨기33, 안뜨기로 2코모아뜨기, M1P코늘림. 편물을 뒤집는다.

45단(겉면): 1코걸러뜨기, [겉뜨기9, M1L코늘림]을 3회 반복, 겉뜨기7, M1L코늘림, 겉뜨기1, 4코 늘어남. 편물을 뒤집는다.

이제 바늘1에 40코 있다.

46단(안면): 1코걸러뜨기, 안뜨기39, 편물을 뒤집는다.

발(모든 사이즈)

다시 원통으로 연결해서 바탕실과 2.5mm 바늘(또는 배색뜨기 게이지 치수를 얻을 수 있는 호수의 바늘)을 사용해 뜬다. 선택한 사이즈의 배색뜨기 무늬도안B 17단부터 다시 뜬다. 무늬도안B를 완성하면, 계속해서 배색뜨기 무늬도안C(175, 178, 181쪽)의 1~32단을 뜬다. 발 길이가 원하는 완성품 길이에서 약 3 (4, 5)cm 모자랄 때가 되면 무늬도안의 마지막 몇 단을 뜨지 못하더라도 무늬도안을 끝낸다. (아직 발끝을 시작하기에 필요한 치수가 되지 않는다면, 다음의 코줄임을 뜬 후 바탕실을 사용해서 원하는 치수까지 몇 단 더 겉뜨기한다.) 배색실을 자른다.

바탕실을 사용해서 겉뜨기로 1단 뜬다.

바탕실을 사용해서 코를 2.25mm 바늘로 다시 옮기면서 다음과 같이 코줄임 단을 뜬다:

사이즈1: 겉뜨기2, 왼코줄임, *겉뜨기4, 왼코줄임*, *~*을 단 끝에 4코 남을 때까지 반복한다, 겉뜨기2, 왼코줄임. 12코 줄어듦. 총 56코.

사이즈2: *겉뜨기7, 왼코줄임*, *~*을 단 끝까지 반복한다. 8코 줄어듦. 총 64코.

사이즈3: *겉뜨기8, 왼코줄임*, *~*을 단 끝까지 반복한다. 8코 줄어듦. 총 72코.

발끝

이제 바늘1과 바늘2에 동일한 콧수가 있어야 한다. 단 시작 표시링을 제거한다. 바늘1에는 발바닥 28 (32, 36)코가 있다. 바늘2에는 발등 28 (32, 36)코가 있다.

바탕실과 바늘1을 사용해서 14 (16, 18)코 겉뜨기한다. 방금 뜬 코 다음에 단 시작 표시링을 건다. 이곳은 발바닥 부분인 바늘1의 가운데여야 한다.

바탕실을 사용해 단 시작 표시링에서 시작해서:

1단(코줄임 단):

바늘1: 3코 남을 때까지 겉뜨기, 왼코줄임, 겉뜨기1.

바늘2: 겉뜨기1, 오른코줄임, 3코 남을 때까지 겉뜨기, 왼코줄임, 겉뜨기1.

바늘1: 겉뜨기1, 오른코줄임, 단 시작 표시링까지 겉뜨기. 4코 줄어듦.

2단: 모든 코 겉뜨기한다.

각 바늘에 20코 남을 때까지 1~2단을 반복한다(총 40코). 계속해서 각 바늘에 10코 남을 때까지 1단만 반복한다(매 단 코줄임한다)(총 20코).

단 시작 표시링을 제거한다. 양말의 옆선을 만날 때까지 5코 겉뜨기한다. 각 바늘에 남은 10코를 메리야스잇기로 연결한다.

마무리

실끝을 정리한다. 두 번째 양말을 뜬다. 찬물에 부드럽게 손빨래하고 평평하게 뉘어 말린다.

배색뜨기 무늬도안-사이즈1

무늬도안A

■ 바탕실: 스타더스트

□ 배색실: 네온오츠

무늬도안B

■ 바탕실: 스타더스트

□ 배색실: 네온오츠

배색뜨기 무늬도안-사이즈1

무늬도안C

■ 바탕실: 스타더스트

□ 배색실: 네온오츠

배색뜨기 무늬도안-사이즈2

무늬도안A

바탕실: 스타더스트

배색실: 네온오츠

배색뜨기 무늬도안-사이즈2

무늬도안B

바탕실: 스타더스트

배색실: 네온오츠

배색뜨기 무늬도안-사이즈2

무늬도안C

■ 바탕실: 스타더스트

□ 배색실: 네온오츠

배색뜨기 무늬도안-사이즈3

무늬도안A

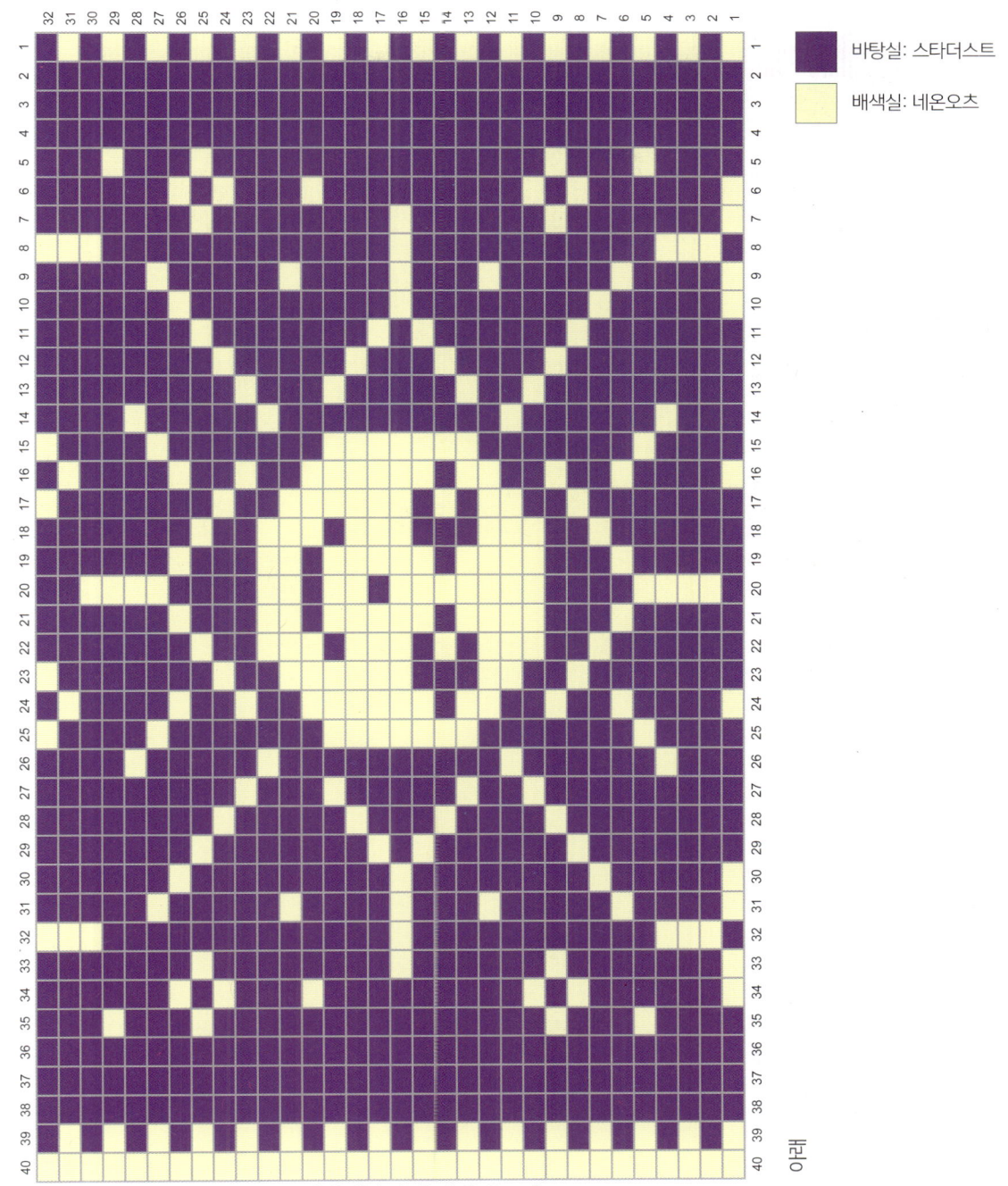

바탕실: 스타더스트

배색실: 네온오츠

배색뜨기 무늬도안-사이즈3

무늬도안B

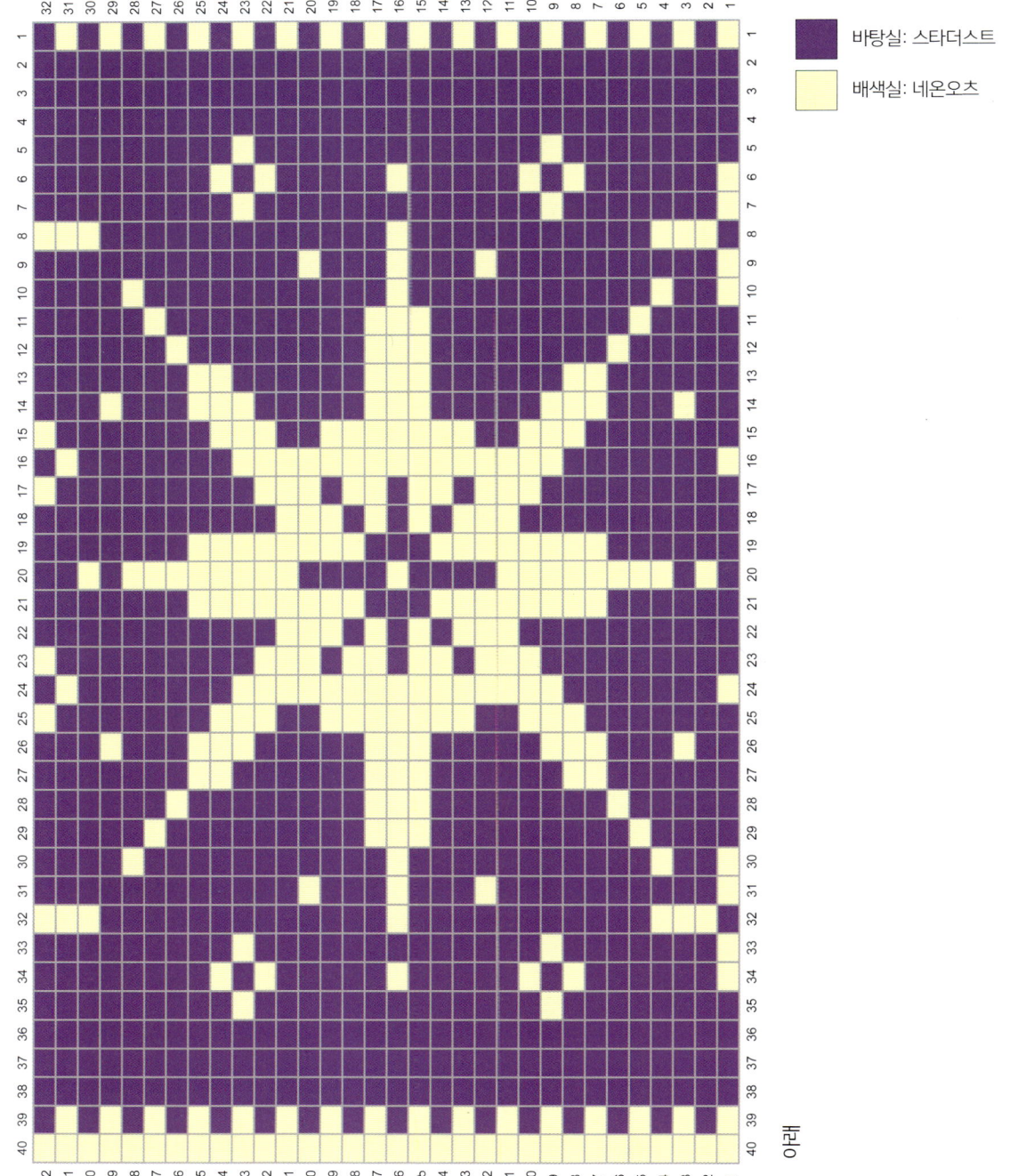

바탕실: 스타더스트

배색실: 네온오츠

무늬도안C

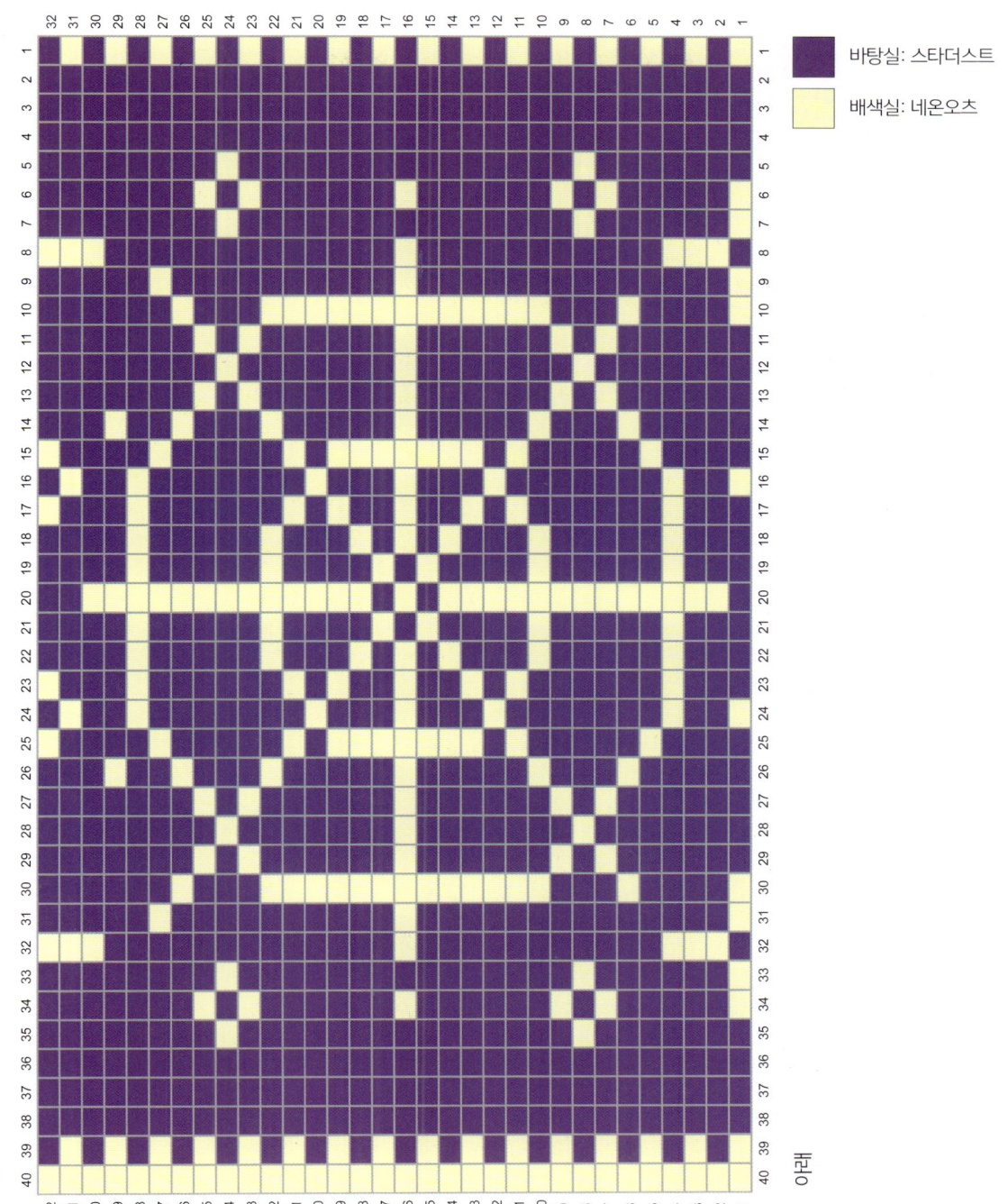

바탕실: 스타더스트

배색실: 네온오츠

실에 대하여

저는 이 책의 도안에 쓰인 실 제조사를 전 세계에 배송할 수 있는 업체로 선정하려고 노력했습니다. 많은 양말 도안은 색상당 소량의 실만 사용하므로 양달 실 바구니에 이미 적합한 실이 있는지 확인해보세요. 일부 디자인에는 일부러 자투리 실을 사용하기도 했습니다! 어떤 양말 실이든 제안된 실과 같은 굵기로 쿤류되고 도안에 주어진 게이지를 얻을 수 있다면 사용할 수 있습니다. 특정 브랜드를 구할 수 없거나 특정 색상이 더 이상 생산되지 않는 경우, 여러분이 거주하는 지역의 해당 실 유통업체에 문의해보세요.

이 책에 사용된 모든 실 회사의 목록과 웹사이트는 다음과 같습니다.

니트픽스 Knit Picks
www.knitpicks.com
- 스트롤 트위드 Stroll™ Tweed, 스트롤 Stroll
  아삭한 당근(73쪽)

라이프인더롱그래스 Life in the Long Grass
www.litlg.com
- 파인 삭 Fine Sock
  캠핑카를 세우면 어디든 집(163쪽)

랑 얀 Lang Yarns
www.langyarns.com
- 야볼 삭 Jawoll Sock
  개구리에게 키스(33쪽)
  아삭한 당근(73쪽)
  캠핑카를 세우면 어디든 집(163쪽)
  체크메이트(151쪽)
- 알파카 삭스 Alpaca Soxx
  · 낭벽해(27쪽)

레기아 Regia
www.regiayarns.com
- 유니 6합 Uni 6ply
  모닥불의 밤(93쪽)

레트로사리아 Retrosaria
www.retrosaria.rosapomar.com
- 몬딤 Mondim
  레트로 게임(157쪽)

리틀 라이언헤드 니트 Little Lionhead Knits
www.littlelionheadknits.com
- 메리노 나일론 핑거링 Merino Nylon Fingering
  마음속의 그루브(87쪽)

말라브리고 malabrigo
www.malabrigoyarn.com
- 얼티밋 삭 4합 Ultimate Sock 4ply
  귀찮게 하지 마(55쪽)
  피자파티(125쪽)

매들린토시 Madelinetosh
www.madelinetosh.com
- 트위스트 라이트 Twist Light
  사과 따기(61쪽)
  지느러미가 멋진 물고기(37쪽)

문드레이크 Moondrake Co.
www.moondrakeco.com
- 피카피카 Pika Pika
  캠핑카를 세우면 어디든 집(163쪽)

산네스 가른 Sandnes Garn
www.sandnes-garn.com
- 틴 실크 모헤어 Tynn Silk Mohair
  활짝 핀 꽃들(51쪽)

주요 기법

1코걸러뜨기 slip 1 stitch
실을 편물 뒤에 두고 1코를 안뜨기하듯이 왼손 바늘에서 오른손 바늘로 옮긴다

꼬아뜨기 knit through the back loop
코의 뒷가닥에 바늘을 넣어 겉뜨기한다.

안뜨기로 2코모아뜨기 purl 2 stitches together
2코를 함께 안뜨기한다.

오른코줄임 slip, slip, knit
1코를 겉뜨기하듯이 걸러뜨기하고, 다음 1코도 겉뜨기하듯이 걸러뜨기한다. 걸러뜨기한 2코의 뒷가닥에 바늘을 넣어 함께 겉뜨기한다.

왼코줄임 knit 2 stitches together
2코를 함께 겉뜨기한다.

M1L코늘림 Make 1 left
왼손 바늘을 편물 앞에서 뒤로 가져가며, 방금 뜬 코와 다음 뜰 코 사이의 가로줄을 들어 올린다. 코의 뒷가닥에 바늘을 넣어 겉뜨기해 새로운 코를 만든다.
(뒤꿈치/힐 섹션의 경우) 왼손바늘을 편물 앞에서 뒤로 가져가며, 오른코줄임과 왼손 바늘의 다음 코 사이에서 가로줄을 들어 올린다. 코의 뒷가닥에 바늘을 넣어 겉뜨기해 새로운 코를 만든다.

M1P코늘림 Make 1 purl
(뒤꿈치/힐 섹션의 경우) 왼손 바늘을 편물 앞에서 두로 가져가며, 안뜨기로 2코모아뜨기와 왼손 바늘의 다음 코 사이 구멍에서 가로줄을 들어 올린다. 코의 뒷가닥에 바늘을 넣어 안뜨기해 새로운 코를 만든다.

참고: 양말의 부분 명칭

거싯 gusset
양말목에 추가된 삼각형 모양의 조각이나 삽입물. 착용 시 편안함을 주고 움직임을 자유롭게 한다.

힐턴 heel turn
양말을 만들 때 수직 방향에서 수평 방향으로 바뀌는 뒤꿈치 부분.

힐플랩 heelfalp
양말 발뒤꿈치 부분에 있는 추가적인 패널이나 부분을 가리킨다. 발뒤꿈치의 편안함과 내구성을 강화하고 디자인에도 특징을 부여한다.

팁과 스페셜 기법

이 섹션에서는 양말을 완성하는 데 도움이 되는, 도안에서 사용되는 보다 전문적인 기법에 대한 자세한 내용을 제공합니다. 스페셜 기법을 봐도 아직 확실하지 않은 부분이 있다면, 뜨개질 튜토리얼을 유튜브에서 검색해서 보는 것을 추천합니다! 저는 몇 년 동안 새로운 뜨개질 기법을 배울 때 종종 그렇게 해왔습니다.

무늬도안 읽기
(모든 도안에 사용됨)
배색뜨기 무늬도안은 오른쪽에서 왼쪽으로, 아래에서 위로 읽습니다. 각각의 만드는 법에는 각 사이즈마다 무늬도안을 몇 회 반복하는지 적혀 있습니다.

덧수
[냥벽해(27쪽), 개구리에게 키스(33쪽), 지느러미가 멋진 물고기(37쪽), 폴리는 크래커를 원해(43)쪽, 크리스마스 요정이 사는 집(105쪽), 생일 축하 컵케이크(119쪽)에 사용됨]
덧수는 뜨개코를 모방해 배색뜨기 무늬에 디테일을 추가하는 데 사용됩니다. 이것은 뜨개질에 자수를 추가하는 것과 비슷하며, 뜨개코 위에 어울리는 스티치를 만듭니다. 덧수를 놓으면 각 단에서 두세 가지 이상의 색상을 더 뜨지 않아도 디테일을 추가할 수 있다는 점이 유용합니다.

먼저 덧수 디테일 없이 양말을 떠야 합니다. 그러고 나서, 편물의 안면 여러분이 코를 추가하고 싶은 곳 근처에서, 돗바늘에 필요한 색 실을 꿰입니다. 실끝을 고정하기 위해 뒤쪽에서 여러 번 매듭짓습니다(실끝을 정리하듯이).

편물은 일련의 작은 V로 이루어져 있습니다. 덧수를 작업할 V 스티치 하단을 편물을 통과해 올라옵니다. 무늬도안은 스티치를 배치할 위치를 보여줍니다. 덮으려고 하는 작은 V 스티치 위에 있는 V 뒤로 바늘을 넣습니다. 바늘이 처음 올라온 V의 아래쪽으로 다시 내려가세요. 실의 장력을 팽팽하게 유지하되 스티치가 보이지 않을 정도로 팽팽해지지 않도록 하세요. 이 스티치는 아래에 있는 스티치를 덮어야 합니다.

덧수를 사용해본 적이 없다면 모티프 하나에 덧수를 놓고 나서 실을 자르는 것을 추천합니다. 정리해야 할 실끝이 더 많아지긴 하지만, 신기에 편합니다. 이어진 실로 여러 모티프에 덧수를 놓으면, 종종 양말의 장력을 변화시켜 양말을 신기 어렵게 만들 수 있습니다.

메리야스잇기
(대부분의 도안에 사용됨)

양말을 뜨는 마지막 단계에서 메리야스잇기 기법을 사용할 준비가 되면, 작업하던 실을 나머지 발끝 코를 연결할 수 있을 만큼 길게 남기고 자릅니다. (만드는 법에 설명된 것처럼) 양쪽 바늘에 똑같이 코가 남은 상태에서 남은 긴 실을 돗바늘에 꿰세요.

1. 돗바늘을 앞쪽 바늘의 첫 번째 코에 겉뜨기하듯이 넣고 코를 바늘에서 빼냅니다.

2. 이제 돗바늘을 앞쪽 바늘의 다음 코에 안뜨기하듯이 넣고 코를 그대로 둡니다.

3. 뒤쪽 바늘의 첫 번째 코에 안뜨기하듯이 실을 통과시키고 코를 바늘에서 빼냅니다.

4. 이제 돗바늘을 뒤쪽 바늘의 다음 코에 겉뜨기하듯이 넣어 실을 통과시키고 코를 바늘에 그대로 둡니다.

단 끝에 도달하고 모든 코를 연결할 때까지 이 4단계를 반복합니다. 그런 다음 실을 양말의 안면으로 넣어 실끝을 정리합니다. 메리야스잇기 작업할 때 실을 너무 세게 당기지 마세요. 그것들은 편물의 뜨개 코와 비슷해야 하고 이음매가 보이지 않아야 합니다.

방울뜨기 (작은 버전)
[사과 따기](61쪽)에 사용됨, 원한다면 크리스마스 요정이 사는 집(105쪽)에 사용할 수 있음]

한 코의 앞가닥에 겉뜨기하고, 뒷가닥에 겉뜨기해서 2코를 만듭니다. 그런 다음 왼손 바늘로 오른손 바늘의 첫 번째 코를 두 번째 코 위로 덮어씌웁니다. 이제 한 코가 남았습니다. 그 코를 안뜨기하듯이 왼손 바늘에 옮기고 겉뜨기합니다. 이제 편물 앞에 멋진 모양의 방울이 생겼을 것입니다.

방울뜨기 (큰 버전)
[활짝 핀 꽃들(51쪽)에 사용됨]

한 코의 [앞가닥에 겉뜨기, 뒷가닥에 겉뜨기]를 세 번 반복해서 6코를 만듭니다.

그런 다음 편물을 안면이 보이도록 뒤집습니다. 왼손 바늘의 첫 번째 코를 (뜨지 않고) 오른손 바늘로 옮깁니다, 남은 5코를 안뜨기합니다.

편물을 겉면이 보이도록 뒤집습니다. 실을 편물 뒤에 두고 왼손 바늘의 첫 번째 코를 (뜨지 않고) 오른손 바늘로 옮깁니다, 남은 5코를 겉뜨기합니다. 그런 다음 왼손 바늘로 오른손 바늘의 5번 코를 마지막 코(6번 코) 위로 덮어씌우고 4번 코를 6번 코 위로, 3번 코를 6번 코 위로, 2번 코를 6번 코 위로, 1번 코까지 6번 코 위로 덮어씌웁니다. 이제 한 코가 남았습니다. 그 코를 안뜨기하듯이 왼손 바늘에 옮기고 다시 한번 겉뜨기합니다. 이제 편물 앞에 멋진 모양의 방울이 생겼을 것입니다.

감사의 말

이 책을 쓸 수 있게 도와준 모든 니터들, 가족, 친구들 (그리고 제 고양이!)에게 감사의 마음을 전합니다.

두 번째 양말 샘플을 만들고 신속하게 도안 테스트를 해준 루이스 링(@louling)에게 정말 감사드립니다. 스위스에서 영국까지 많은 실과 뜨개 양말 소포가 성공적으로 도착했습니다(양쪽 우편 시스템 모두 감사합니다!).

이 책의 모든 도안을 떠보며 양말이 뜨기 쉽고 신기 편하도록 열심히 도와준, 인내심 있고 열정적인 테스트 니팅 팀에게 특별히 감사드립니다! 또한 그들의 전염성 있는 열의와 응원, 우정에 대해서도 감사의 말을 전하고 싶습니다. 각 디자인을 좋아해주고 피드백해준 덕분에 도안을 만드는 것이 정말 즐거웠습니다! 아냐 앤더슨Anya Anderson(@g_nuvine_gal), 세라 비(www.veggie.dog), 줄라이 브리체노(@joyfulyarn), 웬디 피요(@wendy_knits_things), 데버러 게러티(@debgar58), 에미(@emmie.makes), 페트라 랑(@p_serendipity), 카린 리엔하르트(@aarauwestknits), 어맨다 머스터드(@amandadianemustard), 루스 오그든(@craftymamaotter)에게 감사드립니다. 그리고 저를 위해 모든 도안을 꼼꼼하게 읽어준 테스트 니터 에밀리 윌리엄스(@emilydawnlove)에게 깊은 감사를 표합니다! 이 도안으로 뜬 놀라운 버전의 양말을 직접 확인하고 영감을 얻고 싶어 할 분들을 위해 인스타그램 계정과 웹사이트를 추가해두었습니다!

인내심을 갖고 친절하게 모든 실수를 바로잡아주고, 만드는 법이 간단하고 이해하기 쉽도록 도와준 기술 편집자 케이시 수스코에게 감사드립니다. 함께 일할 수 있어서 즐거웠습니다.

스트리트 출판사에서 이 책을 작업해준 모든 분에게 감사드립니다. 제가 가장 큰 열정을 가지고 만드는 배색 무늬 양말에 관한 또 다른 책을 선보일 기회를 주셔서 정말 감사합니다. 이 책을 완벽하게 만들어준 모든 분의 기술, 전문성, 노력에 경외심을 느낍니다. 그리고 이 책을 전 세계의 모든 열성적인 양말 뜨는 사람들에게 소개하고 배송해주시는 것도 감사해요!

이 책에 실을 제공해준 모든 실 염색업체와 제조회사에도 특별히 감사드립니다. 파머스도터 파이버, 하우스 오브 아라모드, 존 아번 텍스타일, 랑 얀, 리틀 라이언헤드 니트, 펑크록유니콘(PRU) 얀 등이 그 주인공입니다. 멋진 실을 사용해서 아름다운 디자인을 만들 수 있도록 저를 믿어주셔서 감사합니다.

이 책을 만드는 데 대부분의 에너지를 쏟느라 약간은 은둔자 같은 생활을 하는 저를 이해해주고 디자인, 색상 조합, 아이디어에 대해 끊임없이 피드백해준 모든 가족, 친구, 이웃들, 정말 고마웠습니다. 지지와 격려에 정말 감사드립니다.

글쓰기, 뜨개, 사진촬영 과정의 모든 단계에 함께해준 약간 엉뚱하고 털실에 집착하는 고양이 아이비에게도 고마움을 전합니다. 끊임없는 영감과 기쁨의 원천이 되어준 것은 물론, 아이비에게 밥을 주고 문을 (자주!) 열어주느라 틈틈이 휴식을 취할 수 있었습니다.

마지막으로 이 책을 구입해주시고 손뜨개 양말에 대한 저의 열정과 기쁨을 공유해주신 여러분께 감사를 전합니다! 스톤 니츠를 계속 응원하고 즐겨주시는 모든 니터들과 고객들께도 정말 감사드립니다! 여러분 없이는 이 모든 것을 할 수 없었을 거예요! 양말을 뜨면서 행복하고 포근한 시간을 많이 보내시길 바랍니다.

저자 소개

샬럿 스톤은 스톤 니츠의 창립자이자 디자이너입니다. 뜨개 도안 디자인으로 국제적으로 유명하며, 특히 가로 배색 뜨기 기법의 기발한 배색 무늬 디자인 양말 전문가 입니다.

어릴 때부터 뜨개를 해온 샬럿은 2017년부터 배색 무늬 양말을 디자인하고 있습니다. 다양한 양말 도안 컬렉션을 선보이며 화려하고 복잡한 양말 디자인에 능숙하다는 평가를 받고 있습니다. 스톤 니츠를 통해 이러한 전문성을 성공적인 비즈니스로 발전시켰으며, 뜨개 잡지《레인Laine》매거진과《울잇Wool It》에 작품이 소개된 바 있습니다. 샬럿은 2019년부터 유럽 전역에서 배색 무늬 양말을 뜨는 방법에 대한 워크숍을 진행하며 자신의 기술과 기법을 공유하고 있습니다. 2022년에 출간된 첫 번째 저서《사랑스러운 배색 무늬 손뜨개 양말》에는 25가지 배색 무늬 양말 디자인이 소개되었습니다. 이 책은 뜨개 분야에서 세계적인 베스트셀러가 되었으며 이후 독일어, 한국어, 프랑스어로 번역되었습니다. 샬럿은 도메스티카 사이트에서 양말 뜨개에 관한 베스트셀러 온라인 튜토리얼 시리즈도 진행하고 있습니다.

영국 런던 출신인 샬럿은 스위스 취리히의 언덕 위에서 가족 및 까다로운 고양이 아이비와 함께 수년째 살고 있습니다. 언제든 뜰 수 있는 양말 한 켤레를 가까이에 두고 있지요! 그녀의 뜨개(그리고 고양이!) 모험을 계속 팔로우하고 싶다면 인스타그램(@stoneknits)을 확인해보세요.

찾아보기